Heidi Ursula Heinrichs

Analyse der langfristigen Auswirkungen von Elektromobilität auf das deutsche Energiesystem im europäischen Energieverbund

PRODUKTION UND ENERGIE

Karlsruher Institut für Technologie (KIT)
Institut für Industriebetriebslehre und Industrielle Produktion
Deutsch-Französisches Institut für Umweltforschung

Band 5

Eine Übersicht über alle bisher in dieser Schriftenreihe erschienene Bände
finden Sie am Ende des Buches.

Analyse der langfristigen Auswirkungen von Elektromobilität auf das deutsche Energiesystem im europäischen Energieverbund

von
Heidi Ursula Heinrichs

KIT Scientific Publishing

Dissertation, Karlsruher Institut für Technologie (KIT)
Fakultät für Wirtschaftswissenschaften, 2013
Referent: Prof. Dr. Wolf Fichtner
Korreferent: Prof. Dr. Dominik Möst

Impressum

Scientific
Publishing

Karlsruher Institut für Technologie (KIT)
KIT Scientific Publishing
Straße am Forum 2
D-76131 Karlsruhe

KIT Scientific Publishing is a registered trademark of Karlsruhe
Institute of Technology. Reprint using the book cover is not allowed.

www.ksp.kit.edu

Print on Demand 2013

ISSN 2194-2404
ISBN 978-3-7315-0131-2

Analyse der langfristigen Auswirkungen von Elektromobilität auf das deutsche Energiesystem im europäischen Energieverbund

Zur Erlangung des akademischen Grades eines
Doktors der Ingenieurswissenschaften
(Dr. Ing.)
von der Fakultät für
Wirtschaftswissenschaften
des Karlsruher Instituts für Technologie (KIT)

genehmigte
DISSERTATION
von
Diplom-Ingenieurin
Heidi Ursula Heinrichs

Tag der mündlichen Prüfung: 19. Juli 2013

Referent: Prof. Dr. Wolf Fichtner
Korreferent: Prof. Dr. Dominik Möst
2013 Karlsruhe

Danksagung

Die vorliegende Arbeit entstand vornehmlich während meiner Zeit als wissenschaftliche Mitarbeiterin am Lehrstuhl für Energiewirtschaft im Institut für Industriebetriebslehre und Industrielle Produktion (IIP) am Karlsruher Institut für Technologie (KIT). Dem Institutsleiter und Hauptreferenten, Herrn Prof. Dr. Wolf Fichtner, gilt ebenso wie seinem Vorgänger Herrn Prof. Dr. Otto Rentz mein herzlicher Dank für die stetige, fachliche Förderung, das entgegengebrachte Vertrauen sowie die Möglichkeit die Forschung und Lehre des Lehrstuhls mitgestalten zu dürfen. Für die Übernahme des Korreferats und die prüfende Durchsicht der Arbeit danke ich Herrn Prof. Dr. Dominik Möst ebenso wie für die bereichernde Betreuung und Zusammenarbeit in seiner Zeit als Leiter der Arbeitsgruppe Energiesystemanalyse und Umwelt.

Für die vielfältigen, wertvollen und kritischen Anregungen und Diskussionen in einem angenehmen Arbeitsumfeld bedanke ich mich bei allen derzeitigen und ehemaligen Kolleginnen und Kollegen am Lehrstuhl für Energiewirtschaft. Insbesondere danke ich dem Leiter der Arbeitsgruppe Transport und Energie, Herrn Dr. Patrick Jochem, für die wertvolle Zusammenarbeit und die umfangreiche Betreuung sowie Sonja Babrowski, Anke Eßer, Alexandra-Gwyn Paetz, Thomas Kaschub, Christoph Nolden, Lutz Hillemacher, Dogan Keles und Robert Kunze für die sehr konstruktiven Modell- und Datendiskussionen.

Herrn Prof. Jürgen-Friedrich Hake und Herrn Dr. Peter Markewitz danke ich für die Möglichkeit und Unterstützung parallel zu meinen Tätigkeiten als wissenschaftliche Mitarbeiterin am Institut für Energie- und Klimaforschung - Systemforschung und Technologische Entwicklung (IEK-STE) meine Arbeit abschließen zu können. Herrn Alexander Kihm möchte ich für die gute Zusammenarbeit bei der Entwicklung des Elektromobilitätsmodells danken sowie meinen Diplomanden und wissenschaftlichen Hilfskräften für die Diskussionen und Anregungen.

Nicht zuletzt gilt mein innigster Dank meinen Eltern und meinem Ehemann für ihr Verständnis und ihre vollumfängliche Unterstützung während der Entstehung der Arbeit.

Karlsruhe, im Juli 2013   *Heidi Heinrichs*

Meinen Eltern

Inhaltsverzeichnis

Nomenklatur

Indizes

$bpID$	:=	Index für Bankingperioden
CO_2	:=	Kohlendioxid
ec	:=	Index für Energieträger, -formen und Stoffe
$electr$	:=	Elektrischer Strom
exp	:=	Index der Senken der Graphenstruktur
ext	:=	Index für externe Netzknoten (z.B. Übertragungsnetzknoten)
$heattype$	:=	Index für Wärmeformen
imp	:=	Index für Quellen der Graphenstruktur
$kyoID$	:=	Index für CDM- / JI-Zertifikatekontingente
$proc$	:=	Index für Prozesse
$prod, prod'$	:=	Indizes für Produzenten
reg	:=	Index für Regionen
$seas$	:=	Zeitscheibenindex
sec	:=	Index für Sektoren
t	:=	Jahresindex
$unit$	:=	Index für Anlagen

Indexmengen

$BASEPROC$	:=	Energiebereitstellungs- und -umwandlungsprozesse, für die ein strikter Grundlastbetrieb vorgegeben ist
$BPID$	:=	Bankingperioden
$DEMPROC_{prod,ec}$	:=	Nachfrageprozesse nach ec eines Produzenten $prod$
EC	:=	Energieträger (inkl. Nutzenergieformen und Stoffe)
EC_{seas}	:=	Energieträger mit saisonal differenzierter Nachfrage
$EC_{non-seas}$	:=	Energieträger ohne saisonal differenzierte Nachfrage
EC_{RES-E}	:=	Regenerative Energieträger (Teilmenge von EC)
$EMISS$	:=	Emissionen
EXP	:=	Senken der Graphenstruktur
EXT	:=	Menge der externen Netzknoten
EV	:=	Elektromobilitätsproduzenten
$GENPROC_{prod,ec}$	:=	Stromerzeugungsprozesse des Produzenten $prod$, in denen zur Stromerzeugung der Energieträger ec eingesetzt wird
$GENUNIT$	:=	Strom-/wärmeerzeugende Anlagen
$HEAT$	:=	Wärmeformen (Teilmenge von EC)
$HEATPROC_{unit,heattype}$	:=	Wärmebereitstellungsprozesse der Anlage $unit$ zur Erzeugung von $heattype$
IMP	:=	Quellen der Graphenstruktur
$KYOID$	:=	CDM- / JI-Zertifikatekontingente
NUC_{reg}	:=	Kernkraftwerke (Teilmenge von $UNIT$) der Region reg

h_{seas}	:=	Stundenzahl, die auf die Zeitscheibe *seas* entfällt
h_{year}	:=	Jahresstundenzahl (8760h/a)
$HGF_{unit,t,seas,heattype}$	:=	Laststruktur der Wärmenachfrage
$KLEV_{unit,t}$	:=	Definierter Anteil eines Prozesses am Gesamtoutput der betreffenden Anlage
$KMAX_{unit,t}$	:=	Maximaler Anteil eines Prozesses am Gesamtoutput der betreffenden Anlage
$KyoMax_{kyoID,t}$	:=	Obergrenze des marktexternen Zertifikatekontingents *kyoID*
$Kmin_{uni,t}$	:=	Mindestanteil eines Prozesses am Gesamtoutput der betreffenden Anlage
$MaxCAP_{unit,t}$	:=	Obergrenze für die insgesamt installierte Leistung (inkl. Zubau der Anlage *unit* in Periode t
$MinCAP_{unit,t}$	:=	Minimalgrenze für die in der Periode t zu gewährleistende, insgesamt installierte Leistung der Anlage *unit*
$MaxADD_{unit,t}$	:=	Maximal zulässiger Kapazitätszuwachs der Anlage *unit* in der Periode t
$NO_{seas,seas'}$	:=	Anzahl der Übergänge zwischen den Zeitscheiben *seas'* und *seas* innerhalb eines Jahres
$NucMax_{reg,t}$	:=	Maximal zulässige installierte KKW-Leistung einer Region *reg* in der Periode t
$ProcEmiss_{CO_2,proc,t}$	:=	Emissionsfaktor für Prozessemissionen
$RESe\text{-}target_{reg,t}$	:=	Ausbauziel für die Nutzung regenerativer Energieträger in der Region *reg* in der Periode t

$ResCap_{unit,t}$	:=	Bereits installierte, in der Periode t noch zur Verfügung stehende Kapazität der Anlage *unit*
$Reserve$	:=	Reservefaktor
$Slack_{ext}$	:=	Indikator für den Slackknoten
$ThLim_{ext,ext',t}$	:=	Thermisches Limit der Übertragungsleitung ext,ext' in Periode t
TLT_{unit}	:=	Technische Lebensdauer der Anlage *unit*
$TradeMax_{reg,CO_2,t}$	:=	Beschränkung des zulässigen Zertifikateverkaufs einer Region
$VlhMax_{proc,t}$	:=	Begrenzung der maximalen Volllaststunden für den Prozess *proc* in der Periode t
$VlhMin_{proc,t}$	:=	Vorgabe der minimalen Volllaststunden für den Prozess *proc* in der Periode t
$years_t$	:=	Anzahl der in der Periode t zusammengefassten Jahre

Modellvariablen

$\Theta_{ext,t,seas}$	:=	Phasenwinkeldifferenz am Netzknoten ext in der Zeitscheibe $seas$ in der Periode t
$Cap_{unit,t}$	:=	Installierte Kapazität der Anlage *unit* in der Periode t
$\Delta Emiss_{sec,CO_2,t}$	:=	CO_2-Zertifikatehandelsvolumen des Sektors *sec* in Periode t
$Emissaux^+_{sec,CO_2,t}$	:=	Emissionsrechtebezug (Hilfsvariable)
$Emissaux^-_{sec,CO_2,t}$	:=	Emissionsrechteverkauf (Hilfsvariable)
$EmissLoss_{sec,CO_2,t}$	:=	verfallene CO_2-Emissionsrechte des Sektors *sec* in der Periode t

$EmissPen_{sec,CO_2,t}$	:=	pönalisierte CO_2-Emissionsrechte des Sektors *sec* in der Periode *t*
$EmissVol_{sec,CO_2,t}$	:=	CO_2-Emissionsvolumen des Sektors *sec* in der Periode *t*
$FL_{prod,prod'ec,t}$	:=	Niveau des *ec*-Flusses von *prod* zu Produzenten *prod'* in der Periode *t* (Jahreswechsel)
$FL_{prod,prod'ec,seas}$	:=	Niveau des *ec*-Flusses von *prod* zu Produzenten *prod'* in der Zeitscheibe *seas* der Periode *t*
$KyoCert_{kyoID,t}$	:=	Bezug marktexterner Zertifikate
$LVup_{unit,seas',seas,t}$	:=	Laständerung (Hilfsvariable)
$LVdown_{unit,seas',seas,t}$	:=	Laständerung (Hilfsvariable)
$NetIn_{ext,elec,t,seas}$	:=	Nettoelektrizitätseinspeisung in den Netzknoten *ext* in der Zeitscheibe *seas* in der Periode *t*
$NewCap_{unit,s}$	:=	In der Periode *t* neu installierte Kapazität der Anlage *unit* (Zubau)
$PL_{proc,t}$	:=	Aktivitätsniveau des Prozesses *proc* in der Periode *t* (Jahreswert)
$PL_{proc,t,seas}$	:=	Aktivitätsniveau des Prozesses *proc* in der Zeitscheibe *seas* der Periode *t*
$ReserveDem_{reg,seas,t}$	:=	Reservebedarf in der Region *reg* in der Zeitscheibe *seas* in der Periode *t*
$ReserveCap_{unit,seas,t}$	:=	Beitrag der Kapazität der Anlage *unit* zur Reservekapazität in der Zeitscheibe *seas* in der Periode *t*

Abkürzungsverzeichnis

AC	Wechselstrom
ACEA	European Automobile Manufacturers Association
ACER	Agency for the Cooperation of Energy Regulators
AEA	Automovilistas Europeos Asociados
AGEB	Arbeitsgemeinschaft Energiebilanzen
ARE	Arbeitsgemeinschaft regionaler Energieversorgungs-Unternehmen - e.V., Hannover
BBC	British Broadcasting Corporation
BBSR	Bundesinstitut für Bau-, Stadt- und Raumforschung (BBSR) im Bundesamt für Bauwesen und Raumordnung (BBR)
BDI	Bundesverband der Deutschen Industrie e.V., Berlin
BEV	Battery Electric Vehicle
BFS	Bundesamt für Strahlenschutz
BK	Braunkohle
BMF	Bundesministerium der Finanzen
BMU	Bundesministerium für Umwelt, Naturschutz und Reaktorsicherheit
BMVBS	Bundesministerium für Verkehr, Bau und Stadtentwicklung
BMWI	Bundesministerium für Wirtschaft und Technologie
BVU	Beratergruppe Verkehr + Umwelt GmbH
CDM	Clean Development Mechanism
CER	Certified Emission Reductions
CH_4	Methan

CO_2	Kohlendioxid
CONCAWE	The oil companies' European association for environment, health and safety in refining and distribution
CSP	Concentrated Solar Power
DC	Gleichstrom
DFT	Department for Transport, United Kingdom
DGAIEC	Direcção-Geral das Alfândegas e dos Impostos Espesiais sobre o Consumo.
DSM	Demand Side Management
DTU	Danmark Tekniske Universitet
EE	Erneuerbare Energien
EEG	Erneuerbare Energien Gesetz
EEX	European Energy Exchange AG
EnLAG	Energieleitungsausbaugesetz
ENTD	Enquête Nationale Transports et Déplacements
ENTSOE	European Network of Transmission System Operators for Electricity
EnWG	Energiewirtschaftsgesetz
EREV	Extended Range Electric Vehicle
ERU	Emission Reduction Units
EU	Europäische Union
EUCAR	European Council for Automotive R&D
EU-ETS	Europäisches Emmissionshandelssystem
Eurostat	Statistisches Amt der Europäischen Union
EV	Electric Vehicle / Elektrofahrzeug
FINNRA	Finnish Road Administration
GRT	Transportation Research Group of the University of Namur (FUNDP) and Langzaam Verkeer, Institut Wallon and University of Antwerp (UIA).
HCFG	Hungarian Customs and Finance Guard
HEV	Hybrid Electric Vehicle

HFC	Hydrofluorkarbonat
HS	Haushaltssteckdose
IEA	International Energy Agency
IER	Institut für Energiewirtschaft und Rationelle Energieanwendung (IER), Universität Stuttgart
IFEU	Institut für Energie- und Umweltforschung Heidelberg GmbH
IIP	Institut für Industriebetriebslehre und Industrielle Produktion, Karlsruher Institut für Technologie
IVS	Institut für Verkehr und Stadtbauwesen, Technische Universität Braunschweig
IVT	Institut für Angewandte Verkehrs- und Tourismusforschung e.V., Heilbronn
JI	Joint Implementation
JRC	Joint Research Centre of the European Commission
KBA	Kraftverkehr Bundesamt Flensburg
KIT	Karlsruher Institut für Technologie
KKW	Kernkraftwerk
LVP	Lastverschiebepotenzial
MDF	Gobierno de Espana, La ministra de Fomento
N_2O	Distickstoffmonoxid (Lachgas)
NABEG	Netzausbaubeschleunigungsgesetz Übertragungsnetz
NAP-I	National Allocation Plans: First Phase
NAP-II	National Allocation Plans: Second Phase
NEA	Nuclear Energy Agency
NEFZ	Neuer europäischer Fahr-Zyklus
OECD	Organisation für wirtschaftliche Zusammenarbeit und Entwicklung
ÖPNV	Öffentlicher Personennahverkehr
PFC	Perfluorkohlenwasserstoff
PHEV	Plug-in Hybrid Electric Vehicle

Pkw	Personenkraftwagen
P.U.T.V.	Projektforschung, Unternehmensberatung Transport und Verkehr, Gappenach
PV	Photovoltaik
REEV	Range Extended Electric Vehicle
RWI	Rheinisch-Westfälisches Institut für Wirtschaftsforschung, Essen
RWS	Ministerie van Verkeer en Waterstaat / Rijkswaterstaat
SF_6	Schwefelhexafluorid
SIKA	Swedish Institute for Transport and Communications Analysis
SK	Steinkohle
SKAT	Ministry of Taxation Denmark
SKATSE	The Swedish Tax Agency
THG	Treibhausgase
TPS-PTV	Transport Planning Service, Perugia - Planung Transport Verkehr AG, Karlsruhe
TTW	Tank to Wheel
UNFCCC	United Nations Framework Convention on Climate Change
V2G	Vehicle to grid
VDEW	Verband der Elektrizitätswirtschaft e.V., Berlin
VDI	Verein Deutscher Ingenieure
VDN	Verband der Netzbetreiber e.V. beim VDEW, Berlin
VIK	Verband der Industriellen Energie- und Kraftwirtschaft e.V., Essen
VKU	Verband kommunaler Unternehmen e.V., Köln
VRT	Very Reasonable Transport
VW	Volkswagen AG
WTT	Well to Tank

WVI	Professor Dr. Wermuth Verkehrsforschung und Infrastrukturplanung GmbH, Braunschweig
ZEW	Zentrum für Europäische Wirtschaftsforschung, Mannheim

1. Einleitung

Zahlreiche Akteure bemühen sich derzeit, Elektrofahrzeuge im europäischen Markt zu platzieren oder zu fördern. Wenn diese Bemühungen erfolgreich sind, wird sich die höhere Marktpenetration von Elektrofahrzeugen gerade auch langfristig auf das gesamte europäische Elektrizitätssystem auswirken. Dies stellt für alle Beteiligten an diesem Markt, besonders aber für Politik und Wirtschaftsunternehmen eine neue Herausforderung dar, weil die Art und der Umfang dieser Auswirkung aufgrund der komplexen Zusammenhänge im Energiesystem schwer abschätzbar sind.

Trotz dieser Komplexität müssen diese Akteure teilweise bereits heute langfristig wirkende Entscheidungen treffen. Um diese Entscheidungen zu unterstützen, wird in dieser Arbeit der langfristige Einfluss von Elektromobilität auf das europäische Energiesystem modellbasiert analysiert. Dafür wird erstmals in dieser Tiefe die europaweite Entwicklung von Elektromobilität und des Energiesystems durch eine Modellkopplung integriert betrachtet, so dass die gegenseitigen Wechselwirkungen endogen berücksichtigt werden können.

1.1. Ausgangslage und Problemstellung

Elektrofahrzeuge stellen für das Energiesystem zuallererst eine zusätzliche Elektrizitätsnachfrage dar, deren Höhe und zeitliche Struktur das System beeinflussen. Zusätzlich verursacht die vermehrte Elektrizitätsproduktion für Elektrofahrzeuge umfangreichere CO_2-Emissionen, die dem Elektrizitätssystem zuzurechnen sind und die sich im Rahmen des europäischen Emissionshandels darauf auswirken. Aufgrund länderspezifischer Anreizsysteme für Elektromobilität und unterschiedlicher Elektrizitätspreise je Land, die auch direkt vom jeweiligen Kraftwerkspark abhängen, ist von einer heterogenen räumlichen Entwicklung von Elektromobilität in Europa auszugehen.

Die Elektromobilitätsentwicklung trifft dabei auf ein europäisches Energiesystem, das zur gleichen Zeit verschiedene andere, sich gegenseitig beeinflussende Entwicklungen durchläuft. Dazu gehören insbesondere die Liberalisierung des europäischen Energiebinnenmarktes, der europäische Emissionshandel, der Ausbau erneuerbarer Energien sowie der damit verbundene Netzausbau und die volatile Elektrizitätseinspeisung, die die Nutzung von Energiespeichern oder die Flexibilisierung der Energienachfrage erfordern.

Das politische Ziel im Rahmen der Liberalisierung einen einheitlichen europäischen Energiebinnenmarkt zu schaffen führt dazu, dass sich die ehemals vor allem national geprägten Energiesysteme in zunehmendem Maße gegenseitig beeinflussen und nur noch begrenzt isoliert analysiert werden können. Analog ist die Wirkung des europäischen Emissionshandels auf die Zusammenhänge des europäischen Energiesystems einzuordnen. Zugleich steigt durch den Ausbau erneuerbarer Energien der Anteil dezentraler Anlagen zur Elektrizitäts- oder Wärmebereitstellung, so dass neben den europäischen Zusammenhängen auch regionale Unterschiede zunehmend relevanter für die Entwicklung des Energiesystems werden. Der dabei oft lastferne Ausbau erneuerbarer Energien bringt zum einen die Notwendigkeit eines Netzausbaus und zum anderen eine vom Verbrauch entkoppelte Einspeisung von Elektrizität mit sich. Aufgrund der volatilen Einspeisung erneuerbarer Energien werden neue Möglichkeiten benötigt Nachfrage und Angebot zu synchronisieren. Hierzu zählen z.B. die umfangreichere Nutzung von verschiedenen Energiespeichern und die Flexibilisierung der Energienachfrage. Letzteres bedingt, dass die ehemals kaum elastische Energienachfrage in direkte Wechselwirkung mit der volatilen Elektrizitätserzeugung tritt, womit ein neuer Freiheitsgrad im System geschaffen wird.

Die hier aufgeführten Aspekte erhöhen die Komplexität der bis dahin vorwiegend zentralen und hierarchischen Elektrizitätsversorgung. Sie stellen damit für die Planungsaufgaben der Akteure im Energiesystem Herausforderungen dar. Eine zusätzliche Elektrizitätsnachfrage durch Elektrofahrzeuge kann diese Planungsaufgaben weiter erschweren. So ist die Entwicklung von Elektromobilität mit vielen Unsicherheiten behaftet, weil insbesondere auch sektorübergreifende wechselwirkende Entwicklungen betroffen sind. Zusätzlich erschwert die Möglichkeit Elektrofahrzeuge als flexible Elektrizitätsnachfrage oder als Energiespeicher zu nutzen, die Analyse der Auswirkungen von Elektromobilität auf das Energiesystem. Dies gilt insbesondere für einen langfristigen Zeithorizont, weil für diesen Fall neben der Kraftwerkseinsatzplanung auch die Kraftwerksausbauplanung und weitere langfristig wirkende Einflüsse auf das Energiesystem (z.B. technologische Entwicklungen) berücksichtigt werden müssen.

1.2. Zielsetzung und Vorgehensweise

Die vorliegende Arbeit zielt drauf ab, die langfristigen Auswirkungen von Elektromobilität auf das deutsche Energiesystem im europäischen Energieverbund quantitativ zu analysieren. Dazu ist es erforderlich einen Ansatz zu wählen, der die zuvor aufgeführten Entwicklungen im europäischen Energiesystem sowie mögliche Entwicklungen von Elektromobilität adäquat berücksichtigt. Deswegen müssen sowohl der europäische Energiebinnenmarkt und Emissionshandel als auch der dezentrale Ausbau vor allem erneuerbarer Energieanlagen sowie mögliche Netzengpässe integriert betrachtet werden. Dazu werden Ansätze zur Entscheidungsunterstützung gemäß der Zielsetzung dieser Arbeit weiterentwickelt und um die Betrachtung von Elektromobilität ergänzt. Ein Hauptaugenmerk wird dabei auf die national differenzierten Entwicklungen von Elektromobilität in Europa und auf ihre Integration in das Energiesystem gelegt. Die damit erzielbaren Analyseergebnisse können vor allem für politische Akteure, europäisch agierende Energieversorgungsunternehmen sowie für die vielfältigen Interessensgruppen in den Bereichen Elektromobilität und erneuerbare Energien von Interesse sein, weil mittels einer Szenarienanalyse der Einfluss verschiedener teilweise noch aktiv gestaltbarer Rahmenbedingungen aufgezeigt werden kann.

Um das gewählte Ziel dieser Arbeit zu erreichen, wird die folgende Vorgehensweise gewählt:

Zunächst werden in Kapitel 2 die wesentlichen Rahmenbedingungen für das europäische Energiesystem beschrieben. Hierzu zählen insbesondere der Liberalisierungsprozess der europäischen Energiemärkte, die politisch gesetzten Ziele für den Ausbau der erneuerbaren Energien, der europäische Emissionszertifikatehandel sowie die zukünftige Nutzung von Kernkraftwerken in Europa. Diese Rahmenbedingungen werden in den Kontext der Investitionsplanung im europäischen Energiesystem gesetzt und Schlußfolgerungen für entscheidungsunterstützende Instrumente gezogen.

Daran schließt sich in Kapitel 3 die Einordnung des Begriffs Elektromobilität an. Dazu werden Elektrofahrzeuge kategorisiert, die Dimensionen ihrer Auswirkungen auf und ihre Integration in das Energiesystem an einer beispielhaften Abschätzung dargelegt und die länderspezifischen Rahmenbedingungen für Elektromobilität beschrieben.

Mit Kapitel 4 beginnt die Beschreibung der Modellentwicklung. Hier werden zunächst die Planungsebenen und -aufgaben im Energiesystem dargelegt, um daraus Anforderungen für den hier entwickelten Modellansatz abzuleiten. Die Darstellung bereits bestehender Modellansätze im Bereich der Kraftwerksausbauplanung sowie der Auswirkungen von Elektromobilität dienen dazu, diese Arbeit in die aktuelle Forschungslandschaft einzuordnen. Dabei werden parallel weitere Anforderungen an den hier erarbeiteten Modellansatz abgeleitet. Das Kapitel schließt mit der Beschreibung des aus den Anforderungen abgeleiteten Modellkonzepts.

Das Modellkonzept setzt sich zum einen aus einer Methode zur Abschätzung der Marktpenetration von Elektrofahrzeugen in Europa, die in Kapitel

5 vorgestellt wird, und zum anderen aus zwei Energiesystemmodellen zusammen, die in Kapitel 6 beschrieben werden. Kapitel 5 teilt sich dabei in die Darlegung der verfügbaren Datenlage und der Potenzialableitung für Elektromobilität je europäischem Land auf. Ergänzt wird dies durch die Beschreibung der betrachteten Szenariovariationen für Elektromobilität.

Kapitel 6 beschreibt die mathematischen Gleichungen und den strukturellen Aufbau der beiden Energiesystemmodelle in *PERSEUS-EMO*. Dieses umfasst *PERSEUS-EMO-EU*, welches das europäische Energiesystem und den europäischen Emissionshandel abbildet, und *PERSEUS-EMO-NET*, welches das deutsche Energiesystem regional differenziert betrachtet und auf einer Lastflussberechnung aufbaut. Dabei wird der entwickelte Modellansatz gegenüber Vorläufern abgegrenzt und die zugrundeliegenden Annahmen werden kritisch diskutiert.

Bevor auf die Ergebnisse der modellbasierten Analyse eingegangen wird, werden in Kapitel 7 der detaillierte Modellaufbau sowie die verwendete Datenbasis in den Energiesystemmodellen aufgezeigt.

In Kapitel 8 werden nach der Beschreibung der betrachteten Szenarienausprägungen für das Energiesystem die Analyseergebnisse präsentiert. Diese umfassen die EV-Marktpenetrationen je Land und die damit verbundene Elektrizitätsnachfrage durch EVs sowie die endogen ermittelten Ladekurven der EV-Flotten. Daran schließen sich die Ergebnisse zu der Entwicklung des Kraftwerksparks, den ökonomischen Implikationen für das Energiesystem, den Elektrizitätsaustauschsalden sowie den CO_2-Emissionen und dem damit verbundenen Zertifikatehandel an. In den Ergebnissen wird jeweils an geeigneter Stelle der Einfluss von Elektromobilität auf das Energiesystem herausgearbeitet.

Die Arbeit schließt mit den wesentlichen Schlußfolgerungen aus der modellbasierten Analyse und einem Ausblick für weitere Forschungsansätze in Kapitel 9.

2. Rahmenbedingungen und Entwicklungen im europäischen Elektrizitätssystem

Die Entwicklung des europäischen Energiesystems wird durch vielfältige Rahmenbedingungen beeinflusst. So wird es sowohl stark von den politischen Rahmenbedingungen auf europäischer und nationaler Ebene geprägt als auch wesentlich vom technologischen Fortschritt beeinflusst. Daneben ist seine Entwicklung in gesellschaftliche Rahmenbedingungen eingebettet. Zusammen führen diese Einflüsse dazu, dass sich die Voraussetzungen für Investitionen im europäischen Energiesystem verändern.

Eine modellbasierte Unterstützung von Investitionsentscheidungen muss sowohl die sich verändernden internationalen Rahmenbedingungen berücksichtigen als auch den spezifischen Charakteristika von Energiesystemen Rechnung tragen, insofern sie investitionsrelevant sind. Darüber hinaus ist es erforderlich die zunehmenden Wechselwirkungen zwischen den nationalen Energiesystemen zu beachten. Diesen drei Aufgaben kann man nur gerecht werden, wenn sowohl die europäische als auch die nationale Ebene betrachtet werden. Insbesondere die Wechselwirkungen der nationalen Energiesysteme lassen sich allein aus einer Perspektive nicht hinreichend erfassen, weil sie von Eigenschaften der nationalen Systeme abhängen. Im Rahmen der vorliegenden Untersuchung wird deshalb regelmäßig neben dem europäischen Energieverbund tiefer auf die Beschaffenheit und Entwicklung des deutschen Energiesystems eingegangen.

2.1. Politische und regulatorische Rahmenbedingungen

Im Folgenden werden diejenigen politischen Einflüsse auf das europäische und insbesondere das deutsche Energiesystem beschrieben, die für die in Kapitel 6 dargelegte Modellentwicklung vornehmlich relevant sind. Diese umfassen den bereits über 10 Jahre andauernden Prozess der Liberalisierung der europäischen Elektrizitätsmärkte (Kap. 2.1.1), die gezielte Förderung des Ausbaus von erneuerbaren Energiequellen (Kap. 2.1.2), das europäische Emissionshandelssystem (Kap. 2.1.3) und die unterschiedlichen Haltungen zur Nutzung von Kernkraftwerken in Europa (Kap. 2.1.4)[1].

2.1.1. Liberalisierung der europäischen Elektrizitätsmärkte

1996 wurde die Liberalisierung der europäischen Elektrizitätsmärkte mit der Elektrizitätsbinnenmarktrichtlinie 96/92/EG (Europäische Kommission, 1996) eingeleitet. Ihr primäres Ziel lag darin einen gemeinsamen, freien und wettbewerblichen europäischen Binnenmarkt für Elektrizität zu schaffen, unter besonderer Beachtung der Versorgungssicherheit und des Umweltschutzes. Damit wurden grundlegende Änderungen an den bis dahin existierenden regulierten und monopolistischen Energiemarktstrukturen begonnen. Von der Begünstigung des Wettbewerbs erhoffte man sich zum einen eine Reduzierung der Überkapazitäten sowie weitere Effizienzerhöhungen und zum anderen daraus resultierende niedrigere Elektrizitätspreise für die Endkunden.

Zuvor waren die Elektrizitätsmärkte durch eine regulierte Wertschöpfungskette geprägt. Diese umfasste die Elektrizitätserzeugung, den Transport, Verteilung und Vertrieb. Die Wertschöpfungskette war zumeist in Energieverbundunternehmen vereint. Die Versorgungsgebiete der Verbundun-

---

[1]Hier nicht berücksichtigte Maßnahmen sind beispielsweise Energieeffizienzsteigerung im Endverbrauchersektor. Diese werden nicht explizit ausgeführt, weil die damit verbundenen Maßnahmen außerhalb der Systemgrenzen des entwickelten Energiesystemmodells liegen. Sie werden durch die angenommenen Elektrizitäts- und Wärmenachfragen (vgl. Kap. 7.7) implizit mitberücksichtigt.

ternehmen, innerhalb derer Kunden den Elektrizitätsanbieter nicht wechseln konnten, waren z.B. in Deutschland durch sogenannte Demarkationsverträge festgelegt. Bei den Elektrizitätsnetzen handelte es sich um Verbundnetze, die vor allem aus Gründen der Versorgungssicherheit miteinander verbunden wurden. Insgesamt waren die Märkte stark national ausgerichtet. Der grenzüberschreitende Elektrizitätsaustausch diente vornehmlich der Erhöhung der Versorgungssicherheit, der verbesserten Ausnutzung von Laufwasser- und Braunkohlekraftwerken sowie der Verringerung der benötigten Kraftwerksreserven. (vgl. Oeding & Oswald, 2011)

Um einen freien Marktzugang sowohl auf der Nachfrage- als auch auf der Angebotsseite zu gewähren, wurde auf die Entflechtung der Wertschöpfungsstufen hingewirkt. Dazu wurde die EU-Richtlinie 96/92/EG erlassen und z.B. in Deutschland 1998 mit dem „Gesetz zur Neuregelung des Energiewirtschaftsrechts" (Bundesjustizministerium, 1998) in nationales Recht umgesetzt. Explizit zielte dieses Gesetz darauf ab, eine möglichst sichere, preisgünstige, umweltverträgliche und leitungsgebundene Versorgung der Allgemeinheit mit Elektrizität und Gas zu gewährleisten. Die Energieverbundunternehmen wurden darin verpflichtet die Wertschöpfungskette buchhalterisch zu trennen, was sie in Form einzelner Gesellschaften[2] innerhalb eines Energiekonzerns umsetzten. Gleichzeitig wurden auch die Demarkationsverträge und das Ausschließlichkeitsrecht in den Konzessionsverträgen zwischen Gemeinde und Energiekonzern abgeschafft. Deutschland hatte sich als einziges Land in Europa gegen einen regulierten und für den verhandelten Netzzugang[3] entschieden, in dem die Marktteilnehmer die Netzzugangsregeln (BDI et al., 1998, 1999, 2001) formulieren.

Die Öffnung der Elektrizitätsmärkte wurde wie vorgesehen stufenweise umgesetzt und der erreichte Fortschritt wurde in sogenannten „benchmarking reports" kontinuierlich dokumentiert und bewertet. Dabei beobachte-

---

[2]Meist waren dies Erzeugung, Vertrieb, Verteilung und Elektrizitätshandel, wobei die konzerninterne Handelsgesellschaft die Schnittstelle zwischen Erzeugung und Vertrieb schuf.

[3]Beim verhandelten Netzzugang handeln die Unternehmen untereinander die Konditionen des Netzzugangs aus, der diskriminierungsfrei erfolgen muss (Kleest & Reuter, 2002).

te Fehlentwicklungen bzw. Defizite in der Umsetzung wurden in den novellierten Richtlinien 2003/54/EG (Europäische Kommission, 2003b) und 2009/72/EG (Europäische Kommission, 2009a) aufgegriffen und zu korrigieren versucht. So muss gemäß der ersten novellierten Richtlinie, um mehr Effizienz bei der Entflechtung insbesondere im Netzbereich zu erzielen, eine nationale Regulierungsbehörde für die Übertragungs- und Verteilnetze benannt werden. Diese soll einen diskriminierungsfreien und transparenten Netzzugang ermöglichen. Zusätzlich wurde ein Kompensationsmechanismus für grenzüberschreitende Elektrizitätsflüsse vorgesehen, ein auf diskriminierungsfreien, marktbasierten Mechanismen aufbauendes Engpassmanagment eingeführt sowie die Regeln für die Netzentgelte und die Vergabe von Kuppelkapazitäten harmonisiert. Die zweite Novelle in 2009 detailliert und erweitert die Aufgaben der nationalen Regulierungsbehörden sowie die Anforderungen an die Entflechtung der Wertschöpfungsstufen[4]. Sie initiiert zudem die Schaffung einer neuen europäischen Agentur für die Zusammenarbeit der nationalen Regulierungsbehörden (ACER)[5]. Dies zielte jeweils darauf ab, insbesondere den grenzüberschreitenden Elektrizitätshandel weiter zu beleben. Bereits Ende 2008 schlossen sich dazu die europäischen Übertragungsnetzbetreiber zur ENTSO-E[6] zusammen, deren Ziel darin besteht, das europäische Übertragungsnetz optimal zu managen und einen europaweiten grenzüberschreitenden Elektrizitätshandel und -bezug zu ermöglichen.

Die Novellierungen auf europäischer Ebene führten in Deutschland im ersten Schritt in 2005 zu einer Novelle des Energiewirtschaftsgesetzes (EnWG, 2005), in der Energiekonzerne ab 100.000 angeschlossener Kunden dazu verpflichtet wurden den Netzbereich nicht nur buchhalterisch sondern auch informationell, organisatorisch und gesellschaftlich zu trennen. Gemäß der Netzzugangsverordnung des gleichen Jahres (StromNZV,

---

[4]Diese Detaillierung umfasst vor allem das marktbasierte Engpassmanagement, das Management und die Vergabe von grenzüberschreitenden Netzkapazitäten.

[5]**A**gency for the **C**ooperation of **E**nergy **R**egulators

[6]**E**uropean **N**etwork of **T**ransmission **S**ystem **O**perators for **E**lectricity

2005) unterliegen die Netznutzungsentgelte einer Genehmigungspflicht durch die Bundesnetzagentur als nationale Regulierungsbehörde[7]. Sie werden auf Basis der Kosten einer effizienten Betriebsführung festgelegt. Dies entspricht einem regulierten Netzzugang. Dabei berechnen sich die Durchleitungsentgelte anhand der durch die Elektrizitätseinleitung oder -ausspeisung betroffenen Spannungsebenen und sind damit distanzunabhängig. Im Rahmen der Anreizregulierungsverordnung aus 2008 wurde das System der Kostenkontrolle durch eine Anreizregulierung für effizientere Leistungserbringung ersetzt (Bundesnetzagentur, 2008).

Die EU-Richtlinie 2009/72/EG wurde durch die Novelle des Energiewirtschaftsgesetzes in 2011 (BMWi, 2011) in deutsches Recht umgesetzt. Neben den bereits beschriebenen Maßnahmen, wird darin festgesetzt, dass auf der Verbraucherseite variable Tarife eingeführt und intelligente Messsysteme installiert werden müssen[8].

Zusätzlich wird die bisher geltende Frist zur Befreiung von Speicherkraftwerken von den Netzentgelten verlängert, um Anreize für Speicherneubauten zu setzen. Ein weiteres wesentliches Element stellt die jährliche Erstellung eines Netzentwicklungsplans dar, um zwischen den Transportnetzbetreibern einen koordinierten Netzbetrieb und -ausbau zu gewährleisten. Dazu ist auch eine öffentliche Konsultation vorgesehen, um die bisher nur eingeschränkt vorhandene Akzeptanz für Netzbauprojekte zu erhöhen. Der Entwurf des ersten Netzentwicklungsplans (NEP, 2012) ist seit dem 30.05.2012 online zur öffentlichen Konsultation gestellt.

---

[7] Darüber hinaus gehört es u.a. zu den Aufgaben der Bundesnetzagentur den Unbundling-Prozess, die Höhe der Durchleitungsentgelte sowie die Versorgungssicherheit zu überwachen.

[8] Die Pflicht zur Installation solcher Messsysteme unterliegt der Einschränkung, dass eine Ausrüstung wirtschaftlich vertretbar und technisch möglich sein muss (BMWi, 2011). Darüber hinaus gibt es noch keine eindeutige Definition für den Begriff „intelligentes Messsystem". Bisher gilt *„Ein Messsystem im Sinne dieses Gesetzes ist eine in ein Kommunikationsnetz eingebundene Messeinrichtung zur Erfassung elektrischer Energie, das den tatsächlichen Energieverbrauch und die tatsächliche Nutzungszeit widerspiegelt."* (EnWG, 2011). Konkrete Anforderungen sollen in einer Verordnung noch festgelegt werden.

Die hier beschriebene Regulierung der Elektrizitätsnetze wird damit begründet, dass es sich bei den Übertragungs- und Verteilnetzen um natürliche Monopole handelt. Abgesehen von dieser Einschränkung ist ein vollständiger Wettbewerb angestrebt. Dazu wurden Großhandelsplätze wie z.B. die EEX in Leipzig eingerichtet, um weitere Absatz- und Vertriebswege z.B. für Elektrizitätsvertriebsunternehmen zu schaffen. (vgl. Genoese, 2010) Der aktuelle Stand der Liberalisierung der Elektrizitätsmärkte in Deutschland ist in Abb. 2.1 schematisch dargestellt. Auch wenn die Liberalisierung im Bereich des Netzzugangs, bei Betreibern von fossilen Kraftwerken und bezüglich der Etablierung von Marktplätzen kontinuierlich Fortschritte erzielt, beschränkt sich der rein wettbewerbliche Markt auf fossile Kraftwerke, deren Marktanteil aufgrund des Ausbaus von erneuerbaren Energieanlagen voraussichtlich zurückgehen wird. Folglich wird der Anteil des wettbewerblichen Marktes ebenfalls zurückgehen sofern die Rahmenbedingungen nicht geändert werden. Europaweit betrachtet wachsen durch die zuvor beschriebenen Maßnahmen die ehemals vor allem national geprägten Elektrizitätsmärkte enger zusammen und beeinflussen sich ökonomisch und technisch zunehmend gegenseitig.

2.1.2. Entwicklung der Rahmenbedingungen der Elektrizitätserzeugung aus erneuerbaren Energien

Aktuell ist die Elektrizitätserzeugung auf Basis erneuerbarer Energien bis auf wenige Ausnahmen wie beispielsweise Wasserkraft noch nicht wettbewerbsfähig (Kaltschmitt et al., 2006). Ihre Kostennachteile sind auch dadurch begründet, dass in den heutigen Elektrizitätspreisen nicht alle externen Kosten enthalten sind, wie sie z.B. bei der Elektrizitätsgestehung auf Basis fossiler oder nuklearer Brennstoffe entstehen[9]. Einzig die CO_2-Emissionen sind mittels des europäischen Emissionshandelssystem inter-

---

[9]Hierunter fallen beispielsweise der Landverbrauch von Tagebauen oder die Problematik der Endlagerung von atomarem Abfall.

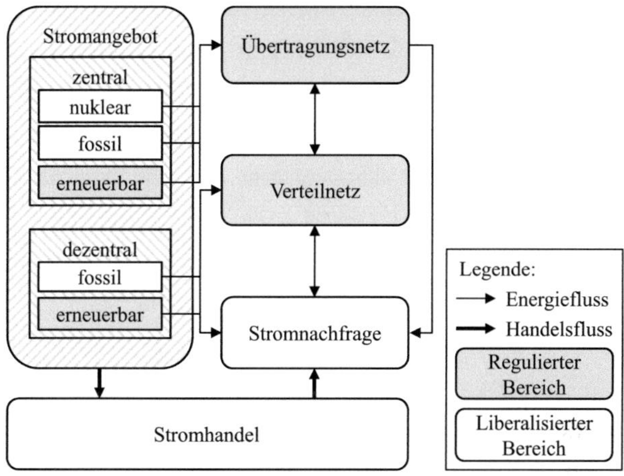

Abbildung 2.1.: Struktur der deutschen Elektrizitätswirtschaft (in Anlehnung an (Genoese, 2010))

nalisiert. Aufgrund der fehlenden Wirtschaftlichkeit werden diese Anlagen ohne entsprechende Fördertarife nicht zugebaut.

Neben den Kostennachteilen bringt die Nutzung von erneuerbaren Energiequellen eine Reihe von Vorteilen mit sich. Zum einen reduziert sich die mit fossilen Energieträgern verbundene Importabhängigkeit Europas. Zum anderen kann die Nutzung erneuerbarer Energien einen Beitrag zur CO_2-Minderung leisten und es wird von einem positiven Beschäftigungsaspekt ausgegangen. Aufgrund dieser Vorteile hat sich die Europäische Union erstmals mit der Richtlinie 2001/77/EG (Europäische Kommission, 2001) verbindlich das Ziel gesetzt bis 2010 einen Anteil von 12% erneuerbare Energien im Bruttoinlandsenergieverbrauch und 22,1% in der Elektrizitätserzeugung in der EU-15 zu erreichen[10]. Dieses europaweite Ziel ist unterschiedlich auf die Länder verteilt in Abhängigkeit vom bereits realisierten und noch nutzbaren Potenzial erneuerbarer Energien sowie weiterer

---

[10]Mit der EU-Erweiterung in 2004 wurde das 12%-Ziel auf 21% für die EU-25 angepasst. (Europäische Kommission, 2011)

politischer und wirtschaftlicher Aspekte. Die Spanne reicht von 5,7% für Luxemburg bis 78,1% für Österreich. Für Deutschland liegt das Ziel bei 12,5%. Zur Erreichung dieser Ziele sind in den europäischen Ländern unterschiedliche Förderinstrumente wie Quotensysteme, Ausschreibungsmodelle, Investitionszuschüsse oder - wie in Deutschland - Einspeisevergütungen umgesetzt worden (vgl. Held (2006) oder Rosen (2007)). Diese für 2010 gesetzten Ziele wurden sowohl in der EU-15 als auch in der EU-25 nicht erreicht, weil der Elektrizitätsanteil aus erneuerbaren Energien selbst in der EU-25 in 2010 nur 19,74% (Eurostat, 2012b) und der Anteil der erneuerbaren Energien am Bruttoinlandsverbrauch in 2010 in der EU-15 und EU-25 nur knapp 10% erreichte (Eurostat, 2012e, 2012g).

In 2009 wurde mit der Richtlinie 2009/28/EG (Europäische Kommission, 2009c) das europaweite Ausbauziel bis 2020 auf 20% erneuerbare Energien am Bruttoendenergieverbrauch sowie auf 10% des Endenergieverbrauchs im Verkehrssektor fortgeschrieben. Jedes Land erhielt wiederum einen eigenen Prozentsatz, der für Deutschland bei 18% des gesamten Bruttoendenergieverbrauchs liegt. Zusätzlich wurden die einzelnen Länder verpflichtet bis Mitte 2010 „Nationale Aktionspläne Erneuerbare Energien" (Europäische Kommission, 2010; Beurskens & Hekkenberg, 2011) als detaillierte Roadmaps zur Erreichung dieses Ausbauziels zu erstellen. In diesen Roadmaps werden auch die Wärmeerzeugung aus erneuerbaren Energiequellen und die Nachfragereduktion durch Energieeffizienzmaßnahmen berücksichtigt. Daneben wurde die Möglichkeit geschaffen über Kooperationsmaßnahmen zwischen den Ländern das europaweite Ziel möglichst kosteneffizient zu erreichen.

Bereits in 2000 trat in Deutschland das „Erneuerbare Energien Gesetz" (EEG) (EEG, 2000) in Kraft. Es löste das Stromeinspeisegesetz aus 1990 (Bundesregierung, 1990) ab und führte zur Unterstützung des Ausbaus von erneuerbaren Energien feste Einspeisevergütungen[11] ein. Dieses politische

---

[11]Zuvor war die Höhe der Einspeisevergütungen abhängig vom durchschnittlichen Erlös für die Elektriziztätsversorgung aller Endverbraucher (Bundesregierung, 1990).

Instrument ist seitdem durch mehrere Novellen vervollständigt und angepasst worden. Mit der Novelle vom 30. Juni 2011 wurden die Ausbauziele des Energiekonzepts der Bundesregierung (EEG, 2011) für erneuerbare Energien im Elektrizitätssektor ins EEG übertragen. Für 2020 ist demnach ein minimaler Anteil erneuerbarer Energien am Elektrizitätsverbrauch von 35% vorgesehen, der bis 2030 auf mindestens 50% ansteigen und in 2040 65% sowie 2050 80% erreichen soll.

Die gewährte Einspeisevergütung wird üblicherweise ab Inbetriebnahme der erneuerbaren Energieanlage 20 Jahre lang mit konstantem Vergütungssatz gezahlt[12]. Die Höhe der gewährten Einspeisevergütung hängt vom Jahr der Inbetriebnahme ab und im Fall von Photovoltaikanlagen zusätzlich von der ingesamt zugebauten Kapazität. Dabei sinkt die Vergütung für spätere Inbetriebnahmejahre oder entfällt für Photovoltaikanlagen vollständig, wenn der Ausbaukorridor überschritten wird. Mit der jährlichen Degression der Einspeisevergütung wird ein Anreiz für einen früheren Zubau gesetzt und die Kostenentwicklung aufgrund des technischen Fortschritts berücksichtigt.

Finanziert wird die Einspeisevergütung über die EEG-Umlage, mit der die Ausgaben auf die nicht privilegierten Letztverbraucher verteilt werden. Für die privilegierten Letztverbraucher gemäß §16 EEG wurden die Differenzkosten durch die EEG-Umlage zunächst auf 0,05 ct/kWh begrenzt. Privilegierte Letztverbraucher waren auf Antrag Unternehmen des produzierenden Gewerbes und Schienennetzbetreiber, deren Elektrizitätsbezug 15% der Bruttowertschöpfung des Unternehmens überstieg und einen Elektrizitätsbezug je Abnahmestelle von über 10 GWh/a aufwiesen. Diese Grenzen sind im ab 2012 geltendem EEG (EEG, 2011) auf 14% und 1 GWh/a heruntergesetzt worden und die EEG-Umlage wird stufenweise begrenzt. So wird für den Elektrizitätsanteil bis 1 GWh/a keine Begrenzung der EEG-Umlage gewährt, für den Anteil über 1 GWh/a bis 10 GWh/a bzw. über

---

[12]Es existiert für offshore Windanlagen noch ein sogenanntes Stauchungsmodell in dem die Vergütung kostenneutral in 8 anstatt 20 Jahren ausgezahlt wird.

10 GWh/a bis 100 GWh/a eine Begrenzung auf 10% bzw. 1% der EEG-Umlage. Für eine über 100 GWh/a hinausgehende Elektrizitätsnachfrage liegt die EEG-Umlage wie zuvor konstant bei 0,05 ct/kWh.

Tabelle 2.1.: Entwicklungen der erneuerbaren Energien gemäß EEG (vgl. BMU, 2012b)[1]

Jahr	2007	2008	2009	2010	2011
EEG-Elektrizitätsmenge [TWh]	67,0	71,1	75,1	80,7	91,2
EEG-Umlage [ct/kWh]	1,0	1,1	1,3	2,3	3,5
EEG-Durchschnittsvergütung [ct/kWh]	11,36	12,25	13,95	15,86	17,94
Anteil erneuerbarer Energien am Bruttoelektrizitätsverbrauch [%]	14,3	15,1	16,4	17,1	20,5

[1] Die EEG-Werte für das Jahr 2012 liegen derzeit noch nicht vor.

Trotz der degressiven Einspeisetarife stieg die Durchschnittsvergütung für Elektrizität aus erneuerbaren Energien von 11,36 ct/kWh in 2007 auf 17,94 ct/kWh in 2011 an (siehe Tab. 2.1). Dies ist u.a. darauf zurückzuführen, dass sich die Zusammensetzung aus den verschiedenen erneuerbaren Energien verändert hat. So lag die Elektrizitätseinspeisung aus Photovoltaik (PV)-Anlagen in 2011 bereits bei 21,2% der EEG-Elektrizitätsmenge, während sie noch in 2007 mit ca. 3 TWh bei ungefähr 4,5% lag (BMU, 2011, 2012b). Weil PV-Anlagen mit Errichtung bis zum 1. April 2012[13] die spezifisch höchsten Einspeisevergütungen erhielten, verteuert sich durch die prozentuale Zunahme dieser Anlagen der Erneuerbare-Energien-Mix in Deutschland. Dies hat zur Folge, dass der Elektrizitätspreis durch eine weiter steigende EEG-Umlage belastet wird. In 2000 lag der Anteil der

---

[13]Bei PV-Anlagen mit Errichtung ab dem 1. April 2012 gelten reduzierte Vergütungssätze, die teilweise geringer sind als diejenigen für Biogasanlagen (EEG, 2012).

EEG-Umlage am Elektrizitätspreis für Haushaltskunden noch bei ungefähr 1,4%, während er in 2011 bereits 13,9% erreichte (BMU, 2012b). Der steigende Trend der EEG-Umlage wird durch eine ab 2012 geltende zusätzliche Marktprämie für die Vermarktung der EE-Elektrizität an der Börse weiter verstärkt (EEG, 2011). So stieg die EEG-Umlage in 2013 auf ca. 5,3 ct/kWh (Amprion, Tennet, 50 Hertz, Transnet BW, 2013). Dieser Umstand hat Einfluss u.a. auf die gesellschaftliche Akzeptanz für erneuerbare Energien und muss vor dem Hintergrund der explizit formulierten Zielsetzung des EEGs einer nachhaltigen Energieversorgung beobachtet werden. In diesem Zusammenhang wurde am 23. August 2012 rückwirkend zum 1. April 2012 mit der sogenannten PV-Novelle des EEGs eine wesentliche Reduktion der PV-Vergütungssätze und eine Förderbegrenzung für PV ab einer installierten Leistung von 52 GW beschlossen (EEG, 2012).

Daneben hängt der Ausbau der erneuerbaren Energieanlagen auch wesentlich vom parallelen Netzausbau ab, denn die Hauptpotenziale der erneuerbaren Energien (z.B. an den norddeutschen Küsten) liegen nicht bei den Hauptverbrauchszentren (z.B. in den Industriegebieten in Südwestdeutschland). Die derzeit existierenden Elektrizitätstransportnetze sind nicht primär für den Transport großer Energiemengen über weite Distanzen ausgelegt, sondern weisen noch die gewachsenen Strukturen von Verbundnetzen zur Gewährleistung einer hohen Versorgungssicherheit auf. Deswegen müssen für den fortgesetzten Ausbau der Nutzung von erneuerbaren Energien vor allem die Transportnetze[14] erweitert werden. Die dafür und für die Anbindung neuer, hocheffizienter konventioneller Kraftwerke sowie für den europaweiten Elektrizitätshandel nötigen Höchstspannungstrassen sind im Energieleitungsausbaugesetz (EnLAG) (Bundesjustizministerium, 2009) als vordringliche Leitungsbauvorhaben ausgewiesen worden. Der aktuelle Stand des Netzausbaus weist allerdings bereits hinsichtlich der

---

[14]Verteilnetze weisen ebenso einen durch erneuerbare Energien bedingten Ausbaubedarf auf (vgl. DENA, 2012a). Allerdings sind diese aufgrund der sehr heterogenen Netzstrukturen für eine detaillierte Analyse schwerer zugänglich.

EnLAG-Projekte Verzögerungen auf (siehe Abb. 2.2[15]). Um die Entwicklung der erneuerbaren Energieanlagen netzbedingt nicht zu erschweren, wurde 2011 das Netzausbaubeschleunigungsgesetz (NABEG) (NABEG, 2011) beschlossen. Es soll dazu dienen das Genehmigungsverfahren für den Bau von Elektrizitätsnetzen zu beschleunigen. Dies soll u. a. durch eine einheitliche Bundesfachplanung[16], die verstärkte Beteiligung der Öffentlichkeit, einen Offshore-Masterplan zur koordinierten Ausbauplanung und eine Vereinheitlichung der Genehmigungsverfahren zum Netzbau erreicht werden.

2.1.3. Der europäische Emissionszertifikatehandel

Ein klimapolitisches Instrument, um die im Kyoto-Protokoll (United Nations, 1998) vereinbarten Ziele[17] zur Emissionsreduktion in Europa möglichst kosteneffizient zu erreichen, ist das Europäische Emissionshandelssystem (EU-ETS). Es basiert auf dem sogenannten „cap and trade"-Mechanismus, mit dem der bisher freiverfügbare Produktionsfaktor Emissionsrecht beschränkt und handelbar wird (Convery & Redmond, 2007). Der Vorteil eines solchen marktbasierten Instruments z.B. im Vergleich zu Steuern ist, dass durch das sektorübergreifende Reduktionsziel die Treibhausgasemissionen in den Sektoren mit den günstigsten Grenzvermeidungskosten gemindert und die Ziele auf diese Weise kosteneffizient erreicht werden.

Eingeführt wurde dieses Instrument erstmals in 2005 (Europäische Kommission, 2003a) und seitdem wird es phasenweise um zusätzliche Länder,

---

[15]Die Nummern in der Abbildung entsprechen der Nummerierung der Ausbauvorhaben durch die Bundesnetzagentur.

[16]Diese soll einen Bundesnetzplan entwickeln, der notwendige Trassenkorridore bundesweit ausweist.

[17]Im Rahmen des Kyoto-Protokolls haben sich die EU15-Länder zu einer Reduktion ihrer Treibhausgasemissionen um 8% bezogen auf 1990 im Zeitraum von 2008 bis 2012 verpflichtet. Dennoch hätte kein Land ernsthafte Sanktionen bei Nichterfüllung seiner Reduktionsziele zu erwarten, da in der 1. Periode zwar eine Differenz zum Emissionsziel zuzüglich eines Strafzuschlages von 30% als zusätzliche Reduktion in der 2. Phase erbracht werden müsste, aber für diese Phase bei Nichterfüllung der Reduktionsziele dann keine weiteren Sanktionen vorgesehen sind. (United Nations, 1998)

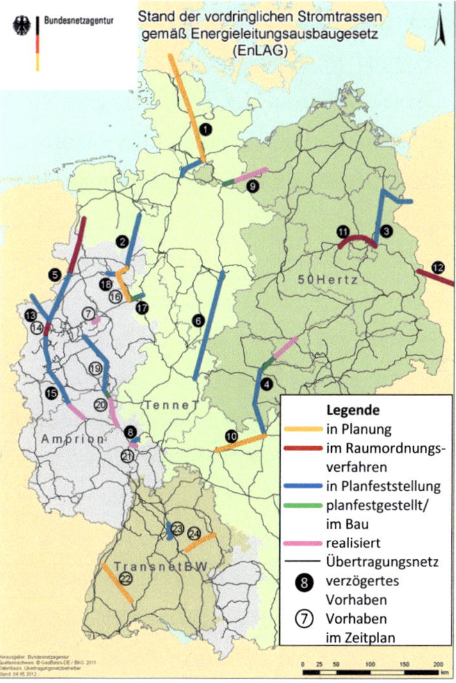

Abbildung 2.2.: Stand Mai 2012 der Netzausbauprojekte gemäß EnLAG (Bundesnetzagentur, 2012)

Sektoren und Emissionsarten erweitert; zugleich wird die Emissionsobergrenze schrittweise reduziert. So erweiterte sich der Kreis der in der 1. Phase teilnehmenden Länder von den EU-25 ab der 2. Periode auf die EU-27 plus Norwegen, Island und Lichtenstein. Zukünftig steht es weiteren Ländern offen sich am EU-ETS zu beteiligen (Europäische Kommission, 2003a). Die Schweiz steht derzeit in Verhandlungen über eine Teilnahme am EU-ETS und hat ihr nationales Emissionshandelssystem von 2013 bis 2020 bereits weitestgehend am EU-ETS orientiert (UVEK-BAFU, 2012). Zu den betroffenen Sektoren gehörten ursprünglich Anlagen der Elektrizitäts- und Wärmeerzeugung mit einer gesamten Feuerungsleistung größer 20 MW, der Eisen- und Stahlverhüttung sowie Kokereien, Raffinerien und Cracker, die Zement- und Kalkherstellung sowie die Glas-, Keramik- und Ziegelindustrie und die Papier- und Zelluloseproduktion. Diese wurden in der 3. Handelsperiode um die Sektoren Luftfahrt und die Produktion des Großteils der organischen Chemikalien sowie der Wasserstoff-, Ammoniak- und Aluminiumherstellung erweitert (Europäische Kommission, 2009d). Zu Beginn des EU-ETS wurden nur CO_2-Emissionszertifikate gehandelt, was ebenfalls in der 3. Phase um N_2O- und PFC-Emissionen bestimmter Industriezweige[18] ergänzt wurde. Alle Treibhausgasemissionen werden in CO_2-Äquivalente umgerechnet und jedes Emissionszertifikat entspricht einer Tonne CO_2. Darüber hinaus unterscheidet sich je Handelsperiode die Art der Zuteilung der Emissionsrechte. So wurden die Emissionszertifikate in den ersten beiden Perioden weitestgehend kostenlos allokiert, während danach der überwiegende Teil versteigert wird. Allen Phasen gemein hingegen ist, dass die betroffenen Anlagenbetreiber bis zum 30. April des Folgejahres Emissionszertifikate im Umfang der emittierten Treibhausgase einreichen müssen. Für jedes zu wenig eingereichte Zertifikat muss eine Pönale gezahlt werden, deren Höhe je Phase variiert. Zusätzlich müssen die fehlenden Zertifikate nachgereicht werden. Für die erste Phase von 2005 bis 2007 lag die Pönale bei $40€/t_{CO_2}$ und in den folgenden Perioden bei $100€/t_{CO_2}$. In der aktuellen Phase umfasst der europäische Zertifikatehandel dabei ca. 11.000 Anlagen und etwa 40% der europaweiten Treibhausgasemissionen. Damit stellt der europäische Emissionszertifikatehandel den ersten grenzüberschreitenden und den weltweit größten Emissionshandel dar. (Europäische Kommission, 2012) Ausgehend von diesem allgemeinen Rahmen, auf dem das EU-ETS aufbaut, wird in den folgenden Abschnitten die detailliertere Umsetzung je Handelsperiode beschrieben. So sind für die ersten beiden Perioden (2005-

---

[18]Für N_2O (Lachgas), das eine knapp 300-mal so große Treibhauswirksamkeit wie CO_2 hat, sind dies Emissionen aus der Salpeter-, Adipin- und Glycolsäureproduktion und für PFC (Perfluorcarbon) Emissionen des Aluminiumsektors. Perfluorcarbon stellt eine Stoffgruppe dar, deren Klimawirksamkeit im Vergleich zu CO_2 zwischen 7.390- und 12.200-mal größer ist. (Solomon et al., 2007)

2007, 2008-2012) die sektorspezifischen Zuteilungsmengen und -mechanismen in den nationalen Allokationsplänen (NAP) (NAP-I, 2004; NAP-II, 2006) festlegt. Sie basieren auf der zwischen den europäischen Ländern vereinbarten Aufteilung des europaweiten Emissionscaps (*Burden Sharing*), in dessen Rahmen sich Deutschland bis 2012 zu einer Reduktion von 21% bezogen auf 1990 verpflichtet hat (BMU, 2006). In diesen beiden ersten Handelsperioden wurde wie erwähnt von den sechs im Kyoto-Protokoll genannten Treibhausgasen (THG)[19] nur Kohlendioxid gehandelt. Die Zuteilung der Emissionsrechte variierte zwischen Alt- und Neuanlagen sowie in Abhängigkeit des Brennstoffs. Dabei übertraf die zugeteilte Menge in der 1. Handelsperiode die tatsächliche Nachfrage bei weitem, so dass der Zertifikatspreis gegen Ende der Phase auf fast null fiel (s. Abb. 2.3[20]). Ein Grund für diesen niedrigen Zertifikatspreis wird darin gesehen, dass Zertifikate aus diesem auch als Einführungsperiode bezeichneten Zeitraum nicht in spätere Perioden transferiert werden konnten. Dieser als *banking* bezeichnete Vorgang ist für Zertifikate der 2. Handelsperiode gestattet.[21]

Zur Erreichung der Kyotoziele sind als Flexible Instrumente neben einem Emissionshandel auch sogenannte projektbasierte Maßnahmen zulässig (United Nations, 1998), deren Nutzungsbedingungen in den Regelungen des EU-ETS integriert wurden und sich je Handelsperiode unterscheiden (vgl. Europäische Kommission, 2003a, 2009d). Dazu gehören Joint Implementation (JI) und Clean Development Mechanism (CDM) Projekte. Erstere sind Maßnahmen, welche von einem Annex-B-Land[22] in einem anderen Annex-B-Land umgesetzt werden. Hingegen handelt es sich bei CDM-Projekte um Maßnahmen von einem Annex-B-Land in einem

---

[19]Kohlendioxid (CO_2), Methan (CH_4), Lachgas (N_2O), Hydrofluorkarbonat (HFC), Perfluorkohlenwasserstoff (PFC) und Schwefelhexafluorid (SF_6) (United Nations, 1998).

[20]An der EEX werden CO_2-Zertifikate seit März 2005 gehandelt, deswegen sind davor keine Preise angegeben.

[21]Der umgekehrte Prozess *borrowing*, bei dem Zertifikate späterer Perioden bereits heute genutzt werden, ist nicht gestattet (Flachsland et al., 2008).

[22]Als Annex-B-Land werden die Länder bezeichnet, die sich im Rahmen des Kyotoprotokolls zu einer Emissionsobergrenze verpflichtet haben und entsprechend im Annex B des Kyotoprotokolls aufgeführt sind (United Nations, 1998).

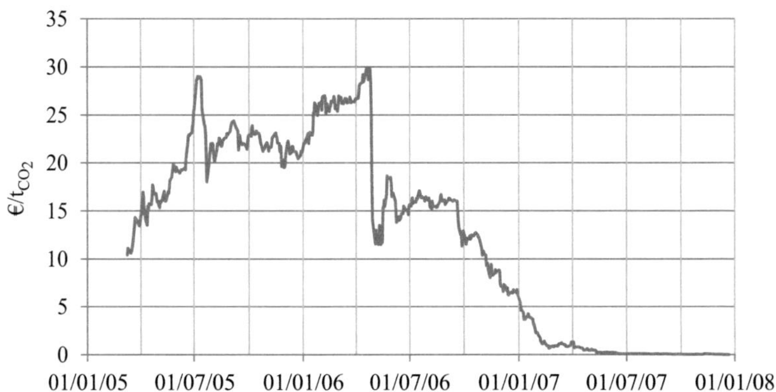

Abbildung 2.3.: Entwicklung der CO_2-Zertifikatspreise in der 1. Handelsperiode des EU-ETS (EEX, 2012)

Entwicklungs- bzw. Schwellenland. Bei JI-Maßnahmen werden sogenannte Emission Reduction Units (ERU) und bei CDM-Maßnahmen Certified Emission Reductions (CER) generiert, die bei der Erreichung des nationalen Emissionsziels mit angerechnet werden können. (Cames et al., 2007) Hintergrund der JI- und CDM-Maßnahmen ist, dass Kohlendioxid ein global wirksames Treibhausgas ist und somit für den Klimaschutz irrelevant ist, wo CO_2 vermieden wird. Um jedoch zu vermeiden, dass Reduktionsmaßnahmen vorwiegend außerhalb der am EU-ETS beteiligten Länder umgesetzt werden, wurde der Umfang begrenzt, mit dem JI- und CDM-Projekte in das EU-ETS integriert werden können (vgl. Europäische Kommission, 2003a, 2009d). Daneben wird die Nachweisbarkeit der für CDM- und JI-Projekte geforderten Zusätzlichkeit kritisch diskutiert und teilweise in Frage gestellt (vgl. Matthes, 2008). So waren zunächst in der 1. Handelsperiode ERU aus JI-Projekten nicht zugelassen, während CER unbegrenzt angerechnet werden konnten (NAP-I, 2004). Von Letzterem wurde allerdings kaum Gebrauch gemacht (The World Bank, 2011).

Die zweite Periode, die auch als Kyotoperiode bezeichnet wird, weil sie zeitlich mit den Jahren zusammenfällt, in dem die im Kyotoprotokoll vereinbarte Emissionsreduktion der Treibhausgase erreicht werden muss, fiel auch zusammen mit der Weltwirtschaftskrise Ende 2008, die vor allem Anfang 2009 das EU-ETS beeinflusste. So kam es aufgrund des Produktionsrückgangs in den am ETS beteiligten Industriezweigen und einer Verringerung der industriellen Elektrizitätsnachfrage zu einer geringeren Nachfrage an Zertifikaten und der Zertifikatspreis fiel fast auf 30% des bisherigen Niveaus dieser Handelsperiode (s. Abb. 2.4). Parallel gab es in Folge einen starken Rückgang bei Investitionen in projektbasierte Maßnahmen, was zu einer wesentlich geringeren als der zugelassenen Nutzung von CDM- und JI-Projekten in der 2. Handelsperiode führte (The World Bank, 2011). Die CER bzw. ERU wurden im Zeitraum 2008 bis 2011 durchschnittlich für knapp 10 bis 15 €/tCO$_2$ bzw. für um die 10 €/tCO$_2$ gehandelt (The World Bank, 2013).

Weil die nicht genutzten CER in die 3. EU-ETS-Phase übertragen werden können, erhöht sich deren zugelassener Umfang in dieser Phase durch deren geringere Nutzung in der 2. Handelsperiode. ERU aus JI-Projekten hingegen können nicht von der 2. in die 3. Handelsperiode übertragen werden und müssen entsprechend bis spätestens zum 30. April 2013 als Emissionszertifikat eingereicht sein oder sie verfallen. Die zulässigen CER- und ERU-Mengen der 2. Handelsperiode, die folglich die 3. Handelsperiode maßgeblich mit beeinflussen, wurden als Prozentsatz der länderspezifischen Emissionscaps in den NAPs festgelegt und variieren je Land. Für Deutschland gelten 20% der jahresdurchschnittlichen anlagenbezogenen Zuteilungsmenge zwischen 2008 und 2012 als Obergrenze für CDM- und JI-Projekte. (NAP-I, 2004; NAP-II, 2006)

Für die 3. Phase von 2013 bis 2020 gibt es im Vergleich zu den länderspezifischen Emissionscaps der vorherigen Perioden eine europaweite, sich jährlich linear verringernde Emissionsobergrenze, um eine Reduktion von 21% in 2020 bezogen auf 2005 erreichen zu können (Europäische Kommission, 2009d). Zugleich werden die Emissionszertifikate einheitlich zugeteilt. Nur in sehr begrenzten Ausnahmefällen ist eine kostenlose Zuteilung für

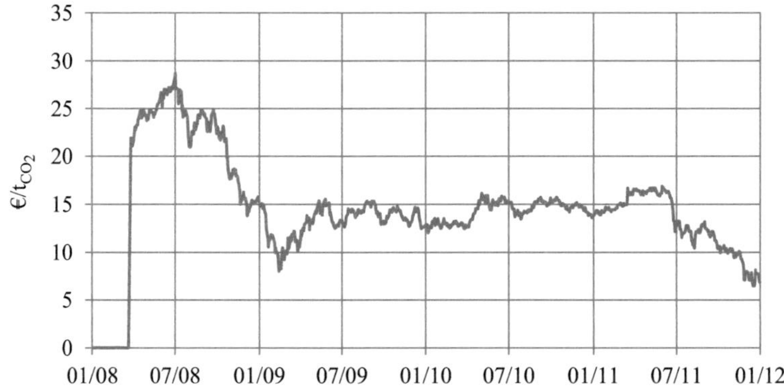

Abbildung 2.4.: Entwicklung der CO_2-Zertifikatspreise ab Beginn der 2. Handelsperiode des EU-ETS (EEX, 2012)

den Kraftwerkssektor vorgesehen, so dass dieser Sektor ab 2013 fast alle Emissionszertifikate über Auktionierungen erwerben muss. Anders wird die Zuteilung im Industriesektor gehandhabt. Dort nehmen zwar insgesamt die kostenlos zugeteilten Emissionszertifikate über die Zeit von 2013 (80%) bis 2020 (30%) auch ab, aber es gibt eine Reihe von Sonderregelungen, um ein sogenanntes *carbon leakage*[23] zu verhindern (Europäische Kommission, 2009d). Die Hauptlast der Emissionsreduktion wird also weiterhin im Elektrizitäts- und Wärmeerzeugungssektor liegen, weil hier die kostengünstigsten Reduktionspotenziale gesehen werden.

Die Nutzbarkeit von CDM- und JI-Projekten wurde ab der 3. Handelsperiode ebenfalls angepasst. Zum einen darf die in der 2. Handelsperiode noch nicht ausgeschöpfte zugelassene Menge in der Folgeperiode genutzt werden und zum anderen wurde die Verwendung von ERU und CER auf maximal 50% der Minderungsleistung zwischen 2008 und 2020 begrenzt (Europäische Kommission, 2009d).

---

[23] Unter *carbon leakages* wird die Verlagerung von energieintensiven Produktionsstätten in Länder ohne Emissionsbeschränkungen verstanden, wodurch keine Emissionsreduktion erreicht wird (Europäische Kommission, 2009d).

Die 3. und darauf folgende Handelsperiode umfassen mit 8 Jahren einen längeren Zeitraum als die vorherigen. Damit soll eine größere Kontinuität für den Markt gewährleistet werden. Für die 4. Periode von 2021 bis 2028 wurde bisher nur festgelegt, dass sich die europaweite Emissionsobergrenze jährlich um 1,74% weiter verringern wird und dieser Reduktionsfaktor spätestens bis 2025 revidiert werden muss. (Europäische Kommission, 2009d)

Auch wenn der europäische Emissionshandel phasenweise um Sektoren und Treibhausgase erweitert wird, umfasst er dennoch wesentliche Treibhausgasemittenten noch nicht (z.B. den Straßenverkehr oder Methanemissionen der Landwirtschaft). Teilweise ist dies damit begründet, dass die Emissionserfassung in manchen Bereichen nicht praktikabel umsetzbar ist. Unter anderem deswegen wurden in einigen Bereichen ordnungspolitische Maßnahmen eingeführt, wie beispielsweise die spezifischen Emissionsobergrenzen für die Fahrzeugflotten der Automobilhersteller (Europäische Kommission, 2009e). Daneben wird durch den Schutz energieintensiver Industrien die Last der Emissionsreduktion weiter heterogenisiert. Dies schränkt den Vorteil des europäischen Emissionshandels ein, dass die Grenzvermeidungskosten jedes Sektors im Vorhinein nicht bekannt sein müssen, um dennoch das übergeordnete Emissionsreduktionsziel kosteneffizient erreichen zu können. Folglich kann das Ausschließen einzelner Bereiche zu Ineffizienzen bei der Erreichung der Klimaschutzziele führen.

2.1.4. Zukünftige Kernenergienutzung in Europa

In Europa wurden in 2011 24,7% der Elektrizität in Kernkraftwerken erzeugt, was in den OECD-Ländern neben dem Pazifikraum[24] mit 25% den weltweit größten Anteil darstellt (NEA, 2012a). Der OECD-Durchschnitt liegt bei 21,8% und die amerikanischen OECD-Länder produzieren 19% ihrer Elektrizität in Kernkraftwerken. Damit stellt Uran aktuell einen wich-

---

[24]Hierzu zählen vor allem Japan und die Republik Korea.

tigen Energieträger in Europa dar. Dies gilt auch in Hinsicht auf die von einem diversifizierten Energiemix begünstigte Versorgungssicherheit sowie auf den Umstand, dass Elektrizität in Kernkraftwerken CO_2-frei erzeugt werden kann[25]. Letzteres erleichtert der EU ihre Emissionsreduktionsziele zu erreichen. Darüber hinaus verfügt Europa in der Tschechischen Republik über regionale Uranvorkommen, was die Importabhängigkeit Europas bei Energieträgern reduziert. Hinzu kommt, dass Elektrizität aus abgeschriebenen Altanlagen aufgrund der geringen variablen Kosten und hohen zeitlichen Verfügbarkeit von ungefähr 90% vergleichsweise günstig erzeugt werden kann. Kernkraftwerke stellen damit vornehmlich die Grundlast. Durch den steigenden Anteil vor allem auch volatiler erneuerbarer Energien im Erzeugungsmix sinkt allerdings der Bedarf an Grundlastkraftwerken bzw. die erreichbaren jährlichen Volllaststunden sinken.

Auch wenn Kernkraftwerke bisher vornehmlich für den Grundlastbetrieb eingesetzt wurden, weisen sie dennoch eine Lastfolgefähigkeit auf, die mit der von Steinkohlekraftwerken als typische Vertreter der Mittellastkraftwerke vergleichbar ist oder diese im Nennlastbereich von über 80% sogar übersteigt (Hundt et al., 2009a). Nur Gasturbinen weisen eine noch höhere und umfassendere Lastfolgefähigkeit auf. Dennoch bleibt für Neubauten die Problematik zu geringer Volllaststunden infolge einer hohen Durchdringung mit erneuerbaren Energien in Kombination mit ihrer aktuell geltenden Vorrangigkeit bei der Einspeisung in die Elektrizitätsnetze bestehen. Allerdings eröffnet die Lastfolgefähigkeit den Bestandsanlagen eine größere Einsatzbandbreite. Dieser Flexibilitätsgewinn wird jedoch durch eine erhöhte Materialermüdung, eine damit verbundene geringere Lebensdauer sowie einen bis zu 5% geringeren Wirkungsgrad erkauft und unterliegt rechtlichen Beschränkungen (Hundt et al., 2009a). Auch muss die Wasseraufbereitungsanlage unter Umständen an diese neuen Bedingungen ange-

---

[25] In den vorgelagerten Prozessstufen zur Urangewinnung werden allerdings THG emittiert. Diese fallen aber zumeist in Regionen an, die vom EU-ETS nicht erfasst sind und beeinflussen somit den Emissionshandel nicht, obgleich sie global wirken.

passt werden, da sie im dynamischen Betrieb mehr leisten muss. Wird ein Kernkraftwerk gar für die Bereitstellung von Regelvorgängen wie z.B. Sekundärregelung genutzt, kommt es durch die hohe Zahl an Regelstabbewegungen dort zu einem erhöhten Verschleiß[26], dessen Prüfung und Wartung sehr aufwändig ist, da sie im Bereich hoher radioaktiver Strahlung stattfinden müssen (Bongartz et al., 2011).

Die mit der Kernenergienutzung verbundenen Risiken wie die Möglichkeit eines atomaren Unfalls oder offene Fragen zur Lagerung der abgebrannten Brennstäbe werden in den europäischen Ländern kontrovers diskutiert[27]. So hängt der Bau oder Betrieb eines Kernkraftwerks nicht nur von wirtschaftlichen Aspekten ab, sondern zuerst davon, ob der Bau und Betrieb in einem Land gesetztlich überhaupt zulässig ist (vgl. Tab. 2.2). Die zu erfüllenden Sicherheitsanforderungen variieren dabei zwischen den Ländern, sie liegen aber in Europa auf einem vergleichsweise hohen Niveau. Zusätzlich ist zu berücksichtigen, dass die geltenden Gesetze Änderungen unterliegen können[28], etwa nach Regierungswechseln oder besonderen Ereignissen wie dem Atomunfall in Fukushima Anfang 2011. Letzteres war z.B. in Deutschland der Fall, wo Anfang 2011 umgehend 8 Kernkraftwerke abgeschaltet werden mussten (Bundesregierung, 2011b) und die Folgen, wie beispielsweise der massive Anstieg der Netzeingriffe zur Aufrechterhaltung der Versorgungssicherheit im darauffolgenden Winter (vgl. Abb. 2.5), in Kauf genommen wurden (Tennet, 2012).

Die Atompolitik eines Landes unterliegt aber nicht nur den nationalen Rahmenbedingungen. Weil bei einem atomaren Unfall auch Nachbarländer be-

---

[26]Langsamere Laständerungen werden bei Druckwasserreaktoren über die Borsäurekonzentration und bei Siedewasserreaktoren durch den Dampfblasenanteil im Reaktorkern geregelt. Dies ist im Vergleich zu den Regelstabbewegungen verschleißärmer. (Bongartz et al., 2011)

[27]Dies hängt zum einen damit zusammen, dass zwar die Wahrscheinlichkeit des Eintritts eines großen atomaren Unfalls sehr gering ist, aber der Schadensumfang sehr hoch wäre. Zum anderen ist die technische Frage der Endlagerung der gebrauchten Brennstäbe über die sehr langen benötigten Zeiträume nicht geklärt.

[28]Hierbei spielt die Akzeptanz für Kernkraftwerke in der Bevölkerung eine entscheidende Rolle (Goodfellow, Williams & Azapagic, 2011).

Tabelle 2.2.: Politische Rahmenbedingungen der Kernenergienutzung in Europa sowie Norwegen und der Schweiz (vgl. u.a. NEA, 2010, 2012b)

Land	Politischer Status-quo zur Kernkraftnutzung
Belgien	Atomausstieg[1] bis 2025
Bulgarien	Neubau gestoppt
Dänemark	keine Kernkraftwerke
Deutschland	Atomausstieg bis 2022
Estland	Beteiligung an der Planung eines gemeinsamen baltischen KKWs in Litauen
Finnland	KKW der 3. Generation[2] im Bau (Olkiluoto 3), Planung und Bau neuer und Ersatz alter Anlagen
Frankreich	KKW der 3. Generation im Bau (Flamanville), Planung und Bau neuer und Ersatz alter Anlagen
Griechenland	keine Kernkraftwerke
Großbritannien	Bau neuer Anlagen möglich, letzte Planungen aus wirtschaftlichen Gründen gestoppt
Irland	keine Kernkraftwerke
Italien	Referendum in 2011 gegen erneute KKWs, Atomausstieg 1990
Lettland	Beteiligung an der Planung eines gemeinsamen baltischen KKWs in Litauen
Litauen	Atomausstieg Ende 2009, derzeit Beteiligung an der Planung eines gemeinsamen baltischen KKWs in Litauen
Luxemburg	keine Kernkraftwerke
Niederlande	Laufzeitverlängerung bis 2033, Neubauten rechtlich möglich, aber derzeit nicht in Planung
Norwegen	keine Kernkraftwerke[3]
Österreich	seit 1987 Verbot des Baus und Betriebs von KKWs

[1] Mit dem Begriff „Atomausstieg" ist der politische Beschluss gemeint, die aktuell noch betriebenen nationalen Kernkraftwerke gemäß einem Stilllegungsplan (meist an der Lebensdauer und den Sicherheitsstandards orientiert) abzuschalten und darüberhinaus keine Neubauten vorzunehmen.

[2] Kernkraftwerke der III. Generation erfüllen noch höhere Sicherheitsstandards, was sich in den hohen Kosten widerspiegelt.

[3] Norwegen untersucht allerdings seit 2007 den Bau von Thorium-befeuerten Kernkraftwerken aufgrund des eigenen Thorium-Vorkommens.

Tabelle 2.2.: Politische Rahmenbedingungen der Kernenergienutzung in Europa sowie Norwegen und der Schweiz (vgl. u.a. NEA, 2010, 2012b) (Fortsetzung)

Land	Politischer Status-quo zur Kernkraftnutzung
Polen	Atomeinstieg[4], Planung neuer KKWs
Portugal	keine Kernkraftwerke
Rumänien	Planung neuer KKWs
Schweden	Ersatz bestehender Anlagen durch Neuanlagen möglich[5]
Schweiz	Atomausstieg bis 2034
Slowakische Republik	Ausbau bestehender und Bau neuer Anlagenblöcke
Slowenien	Laufzeitverlängerung bis 2043 und Planung eines neuen Blocks
Spanien	Aufhebung der Laufzeitbeschränkung von bisher 40 Jahren für Bestandskraftwerke, keine Planung neuer Anlagen
Tschechische Republik	Ausbau und Bau neuer Blöcke an bestehenden Standorten[6]
Ungarn	Ausbau bestehender und Planung neuer Anlagen

[4] Mit dem Begriff „Atomeinstieg" ist der umgekehrte Vorgang zum Atomausstieg gemeint. Beim Atomeinstieg werden in einem Land, welches vorher keine Kernkraftwerke hatte, solche geplant oder bereits gebaut.

[5] Dies kann in der nächsten Wahlperiode wieder geändert werden. Die Opposition kündigte dies bereits an.

[6] Die Tschechische Republik besitzt eigene Uranvorkommen und eine Uranmine.

troffen sein könnten, kann es auch zu internationalem politischen Druck kommen. Die Rahmenbedingungen stellen damit eine hohe Unsicherheit für die Investoren von Kernkraftwerken dar. Deswegen kann auch dann, wenn einem Kernkraftwerksbau keine politischen Hürden entgegen stehen, die wirtschaftliche Beurteilung unterschiedlich ausfallen. So wurden Planungen für einen Neubau in Großbritannien trotz stabiler politischer Lage aufgegeben, während in anderen Ländern neue Kernkraftwerke bereits gebaut oder weitere geplant werden. Solche Entscheidungen können beispielsweise auf gewährte staatliche Subventionen (z.B. Kredite) oder

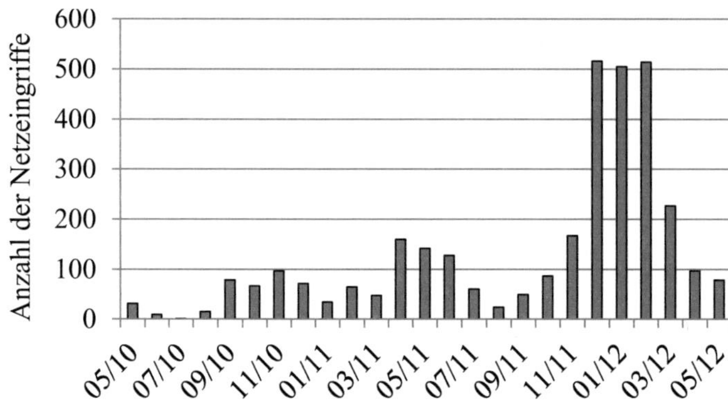

Abbildung 2.5.: Anstieg der Netzeingriffe zur Aufrechterhaltung der Systemstabilität im Übertragungsnetz der Tennet (Tennet, 2012)

rechtliche Rahmenbedingungen (z.B. Verantwortungsumfang bei einem atomaren Unfall bzw. Versicherbarkeit von diesem) zurückgeführt werden. Aber auch die infolge des Ausbaus erneuerbarer Energien mit Unsicherheiten verbundenen erzielbaren Volllaststunden von Kernkraftwerken können hierfür ein Grund sein. Einen weiteren Einfluss in jüngster Vergangenheit hatte dabei auch die Wirtschaftskrise Ende 2008, in deren Folge sich viele Investoren aus der Planung und dem Bau von Kernkraftwerken zurückzogen[29]. Hinzu kommen möglich technische Probleme, wie beispielsweise die Aufrechterhaltung der Kühlung in heißen Sommern, wenn die üblicherweise zur Kühlung genutzten Flüsse kein ausreichendes Temperaturdelta oder eine zu geringe Durchflussmenge aufweisen. Diese Problematik kann durch Klimaveränderungen noch verstärkt werden (Rübbelke & Vögele, 2011). Dies führt in Europa zu einem sehr heterogenen Bild hinsichtlich der zukünftigen Nutzung von Kernkraftwerken (siehe Abb. 2.6). Es ist allerdings davon auszugehen, dass der Energieträger Uran europaweit auch in Zukunft eine wichtige Rolle spielen wird (vgl. IEA, 2010).

---

[29]Z.B. zog sich das Konsortium aus EDF und E.ON aus einem Projekt in Großbritannien zurück oder RWE stellte seine Kernkraft-Aktivitäten in Rumänien ein.

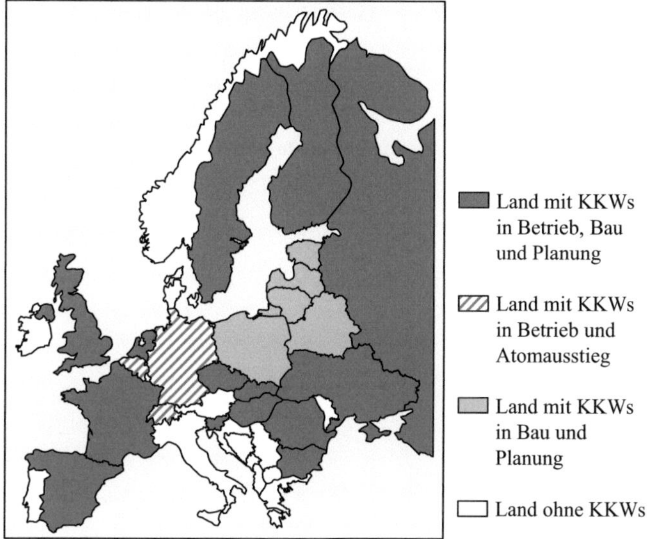

Abbildung 2.6.: Kernkraftwerke: Betrieb, Bau und Planung in Europa

2.2. Investitionsplanung im europäischen Energiesystem

Investitionsplanungen im Energiesystem unterliegen neben den soeben erläuterten Rahmenbedingungen einigen Besonderheiten, die zum einen von
den Produktspezifika und den technischen Anlageeigenschaften herrühren,
sowie zum anderen aus der Einbettung der Akteure in ein unternehmens-
übergreifendes vermaschtes Versorgungssystem und einer starken politischen Einflußnahme stammen. Um die daraus resultierenden Auswirkungen auf strategische Ausbauplanungen im Energiesystem aufzeigen zu können, werden diese Besonderheiten zunächst zusammengefasst. Daran anschließend werden die mit Investitionen im Energiesystem verbundenen
Unsicherheiten dargelegt, bevor die Schlußfolgerungen daraus für entscheidungsunterstützende Instrumente für die Investitionsplanung im europäischen Energiesystem gezogen werden. Letztere werden in Kapitel 4.4 für
die Ableitung der Modellanforderungen erneut aufgegriffen.

2.2.1. Spezifika des Energieversorgungssystems

Elektrizität ist neben Wärme das primäre Produkt eines Energieversorgungssystems. Vor allem Elektrizität weist als Produkt einige Besonderheiten auf, die bei Investitionsplanungen berücksichtigt werden müssen. Diese Charakteristika des Produktes Elektrizität lassen sich wie folgt zusammenfassen (vgl. Enzensberger, 2003; Möst, 2006; Rosen, 2007):

- leitungsgebundene Verteilung,

- nur über Umwandlung der Energieform speicherbar,

- großtechnische Speicherung unterliegt engen Grenzen bezüglich Potenzial und Wirtschaftlichkeit,

- nur sehr begrenzt substituierbar,

- das öffentliche Leben in industrialisierten Staaten ist grundlegend abhängig von einer zuverlässigen Elektrizitätsversorgung,

- homogenes Gut, weil die Qualitätsmerkmale (Spannungs- und Frequenzstabilität) strengen Regeln unterliegen und nach Einspeisung ins Elektrizitätsnetz keine eindeutige Zuordbarkeit zum Erzeuger möglich ist.

Die begrenzte Speicherbarkeit von Elektrizität führt dazu, dass sich Elektrizitätsangebot und -nachfrage in jedem Zeitpunkt entsprechen müssen. Um dies gewährleisten zu können, müssen Reservekapazitäten im Kraftwerkspark vorgehalten werden. Die benötigte Reserve steigt mit sinkender Flexibilität auf der Angebots- und Nachfrageseite. So nimmt mit steigendem Anteil fluktuierender erneuerbarer Energieanlagen oder durch eine ungesteuerte Nachfrage der Reservebedarf zu (DENA, 2012b).
Wärme hingegen wird zwar auch leitungsgebunden verteilt, ihre Verteilung unterliegt räumlich gesehen aber engen Grenzen aufgrund der distanzabhängigen hohen Wärmeverluste. Auch ist Wärme in gewissem Maße speicherbar, so dass ihre zeitliche Erzeugungsstruktur nicht exakt der

Nachfrage entsprechen muss. Darüber hinaus wird der Wärmeabsatz meist langfristig vertraglich geregelt. Folglich ist die gekoppelte Wärmeerzeugung ein wichtiger Aspekt bei Investitionsentscheidungen im Energiesystem, stellt aber nicht so umfassende Anforderungen an den Planungsprozess wie das Produkt Elektrizität (Enzensberger, 2003).

Neben den Charakteristika des Produktes Elektrizität beeinflusst auch die Anlagentechnik mit ihren spezifischen Eigenschaften Investitionsentscheidungen im Energiesystem. Anlagen zur Elektrizitätserzeugung weisen in diesem Zusammenhang folgende relevante Merkmale auf (vgl. Möst, 2006):

- lange technische Nutzungsdauern,

- hohe Kapitalintensität bei sehr langen Amortisationszeiten,

- große Anzahl alternativer Anlagentyen,

- unerwünschte anlagenspezifische Kuppelprodukte (Abwärme, CO_2-Emissionen, Asche, Rauchgase),

- regelmäßiger Wartungsbedarf (planbare Nichtverfügbarkeit).

Neben der im Rahmen von Revisionen planbaren Nichtverfügbarkeit von Kraftwerken können unvorhergesehene Ereignisse zu Kraftwerksausfällen führen. Die damit verbundene Unsicherheit wird in Abschnitt 2.2.2 aufgegriffen. Darüber hinaus sind Kraftwerksinvestitionen partiell oder vollständig irreversibel.

Zusätzlich führt die anfangs erwähnte Einbettung in ein vermaschtes Versorgungssystem zu direkten Wechselwirkungen zwischen den Investitionsentscheidungen verschiedener Marktakteure. Deshalb können Investitionsoptionen nicht einzeln betrachtet werden. Weiterhin unterliegen Investitionsentscheidungen im Energiesystem einer starken politischen Einflussnahme, wie Kapitel 2.1 aufgezeigt hat.

Während die Produkteigenschaften von Elektrizität und die Anlagen zu seiner Herstellung im Detail bekannt und berechenbar sind[30], stellt das Verhalten der anderen Marktakteure und der politischen Akteure Unsicherheiten für Investitionsentscheidungen dar, weil deren Verhalten nur schwer über lange Zeiträume abschätzbar ist.

2.2.2. Unsicherheiten bei der Investitionsplanung im Energiesystem

Seit Beginn der Liberalisierung wurde vor allem in sich vergleichweise schneller amortisierende Kraftwerke investiert, meist Gas- und Dampfturbinenkraftwerke. Ihr Anteil an den Neubauten liegt bei ca. 80% (Platts, 2009) im Zeitraum bis 2010. Dies ist u.a. auch damit zu erklären, dass sich Energieversorgungsunternehmen einer größer werdenden Unsicherheit bei Kraftwerksinvestitionen gegenüber sehen. Neben den im Abschnitt zuvor erwähnten Unsicherheiten, die das Verhalten von Akteuren, hier Wettbewerber und politische Entscheidungsträger, betreffen, gibt es noch eine Reihe weiterer unsicherer Faktoren, die Investitionsentscheidungen beeinflussen. Dies sind vor allem[31]:

- Elektrizitätspreise

- Primärenergieträgerpreise

- CO_2-Zertifikatspreise

- Entwicklung und Struktur der Elektrizitäts- und Wärmenachfrage

- Technologische Entwicklungen (Invention, Innovation, Diffusion)

- Anlagenverfügbarkeit (geplante, ungeplante, unplanbare Nichtverfügbarkeit)

---

[30]Hiermit sind nicht die Einspeisecharakteristika von erneuerbaren Energien und das Verhalten von Verbrauchern gemeint. Diese beiden Unsicherheiten werden später separat angesprochen und dem Energieträger- und Nachfragesektor zugeordnet.

[31]Für weitere Details und darüber hinaus gehende Faktoren siehe Möst (2006).

- Einspeisecharakteristika von erneuerbaren Energieanlagen

- gesellschaftliche Akzeptanz

Diese Unsicherheitsfaktoren betreffen Zeiträume von operativen bis hin zu strategischen Planungsaufgaben und lassen sich unterschiedlich in Investitionsentscheidungen berücksichtigen. Mögliche Verfahren hierzu sind z.B. Korrekturverfahren, Sensitivitäts- und Risikoanalysen sowie Entscheidungsbaumverfahren (vgl. Genoese, 2010). Jedes dieser Verfahren weist spezifische Vor- und Nachteile auf. In dieser Arbeit werden Unsicherheiten mittels eines erweiterten Verfahrens der Sensitivitätsanalyse, der Szenarienanalyse, berücksichtigt. Dies birgt u.a. den Vorteil, dass bei dieser Methode die bestehende Unsicherheit nicht auf eine andere möglicherweise ebenfalls unsichere Systemgröße verschoben wird (z.B. Risikozu- oder abschläge, Wahrscheinlichkeitsverteilungen) und damit die Ergebnisse transparenter sind.

2.2.3. Schlussfolgerungen für entscheidungsunterstützende Instrumente zur Investitionsplanung

Um die charakteristischen Eigenschaften von Investitionsplanungen im Energiesystem und die damit einhergehende Komplexität berücksichtigen zu können, werden häufig entscheidungsunterstützende Instrumente eingesetzt. Weil Änderungen in den Rahmenbedingungen während der langen Nutzungsdauer berücksichtigt werden müssen, werden für diese Aufgabenstellung üblicherweise dynamische Investitionsrechenverfahren angewandt. Um Auswirkungen von Kraftwerksinvestitionen auf das Energiesystem analysieren zu können, werden üblichweise Zeiträume größer als 15 Jahre betrachtet.

Weil sowohl auf europäischer als auch auf nationaler Ebene ein diskriminierungsfreier Netzzugang verfolgt wird, stellt die Elektrizitätserzeugung kein natürliches Monopol dar. Zusätzlich wird Elektrizität als homogenes

Gut in diesem Kontext[32] angesehen. Deswegen kann näherungsweise angenommen werden, dass auf dem liberalisierten Elektrizitätmarkt vollständiger Wettbewerb vorherrscht. Unter dieser Annahme kann dieser als Kostenminimierung modelliert werden (Ventosa et al., 2005). Allerdings müssen die unterschiedlichen Aufgaben, die von verschiedenen Kraftwerken im Energieversorgungssystem wahrgenommen werden, in ihren technischen Zusammenhängen berücksichtigt werden.

Durch das EU-ETS sind CO_2-Emissionen nicht nur ein unerwünschtes Koppelprodukt, sondern das EU-ETS stellt auch einen zum Elektrizitätsmarkt interdependenten Markt dar. Analoges gilt für die gekoppelte Produktion von Elektrizität und Wärme. Um diese gegenseitige Beeinflussung bei Investitionsplanungen berücksichtigten zu können, muss ein adäquates Modell eine kombinierte Investitions- und Produktionsplanung enthalten. Auf diese Weise können die Kraftwerksauslastung und die damit verbundenen CO_2-Emissionen endogen ermittelt und weitere Optimierungspotenziale identifiziert werden. Bei einer solchen kombinierten Betrachtung müssen sowohl technische Anforderungen als auch politische Vorgaben berücksichtigt werden, darunter insbesondere die Einlastbarkeit, Laständerungsgeschwindigkeiten und Anfahrkosten der verschiedenen Kraftwerkstypen. Essentiell hierfür ist die Berücksichtigung der unterschiedlichen Laststrukturen der jeweiligen Produkte und Koppelprodukte.

CO_2-Zertifikate können im Rahmen von Investitionsplanungen ebenso wie Elektrizität als homogenes Gut betrachtet werden. Im Vergleich zu Elektrizität sind diese zwar nicht leitungsgebunden, aber ihre Speicherbarkeit ist durch Regeln zur Übertragbarkeit der Zertifikate zwischen den Handelsperioden des EU-ETS teilweise eingeschränkt. Hinzu kommt, dass das EU-ETS einen Cap-and-Trade-Mechanismus verfolgt und Zertifikatspreise

---

[32]Dies gilt vor allem für die Handelsebene. Danaben erfüllen unterschiedliche Kraftwerkstypen differenzierte Aufgaben im Energieversorgungssystem bezogen auf Lastbereiche und Versorgungsaufgaben.

folglich über technisch bedingte Grenzvermeidungskosten ermittelt werden können (Feess, 2007).

Durch das EU-ETS und das Zusammenwachsen der ehemals vor allem national geprägten Energiemärkte zu einem einheitlichen europäischen Markt müssen auch strategische Aspekte der Standortplanung in Europa berücksichtigt werden, weil die NAPs der Länder unterschiedlich ausgeprägt sind und Elektrizitätsanbieter auf europäischer Ebene miteinander konkurrieren. Der Einfluss der unterschiedlichen NAPs wird ab der 3. Handelsperiode des EU-ETS geringer, weil diese dann durch ein einziges europaweites Emissionsreduktionsziel und einheitliche Allokationsregeln abgelöst werden[33]. Währenddessen wird der Einfluss des europäischen Energiebinnenmarktes weiter zunehmen. Deswegen muss ein entscheidungsunterstützendes Instrument zur Investitionsplanung sowohl regionale Unterschiede in Europa als auch Rückwirkungen durch Engpässe in der Höchstspannungsebene, insbesondere in Kuppelstellen zwischen Ländern, betrachten.

Durch die politischen Vorgaben für den Ausbau erneuerbarer Energieanlagen wird ein Großteil der Kraftwerksneubauten auf erneuerbaren Energieträgern aufbauen. Abgesehen von den zentral an das Elektrizitätstransportnetz angeschlossenen Wind-offshore-Anlagen werden die anderen erneuerbaren Energieanlagen dezentral verteilt Elektrizität einspeisen. Diese verteilt eingespeiste Elektrizität muss über die Übertragungsnetze teilweise zu den Lastzentren transportiert werden. Deswegen ist eine regional differenzierte Betrachtung auf Ebene der Elektrizitätstransportnetze unter Berücksichtigung der volatilen Einspeisung und der Netzrestriktionen erforderlich, um mögliche Probleme oder Beschränkungen beim Ausbau der erneuerbaren Energien analysieren zu können.

---

[33]Vgl. Abschnitt 2.1.3 zum EU-ETS.

2.3. Zusammenfassung

Die Entwicklung des europäischen Energieversorgungssystems wird stark von seinen Rahmenbedingungen beeinflusst. Dazu gehören inbesondere die Liberalisierung der europäischen Elektrizitätsmärkte, die Ausbauförderung für erneuerbare Energien, der europäische Emissionshandel sowie die Haltung zur Kernenergie. Mit der Liberalisierung wachsen die ehemals national geprägten Energiemärkte schrittweise zu einem einheitlichen europäischen Binnenmarkt zusammen und es wird ein weiterer Anstieg des internationalen Elektrizitätsaustausches angestrebt. Der Ausbau teilweise volatil einspeisender erneuerbarer Energien, die oft dezentral errichtet werden, ist verbunden mit neuen Herausforderungen für den konventionellen Kraftwerkspark und erfordert einen Ausbau der Übertragungsnetze und teilweise auch der Verteilungsnetze in Europa. Mit dem europäischen Emissionshandel muss der Produktionsfaktor CO_2-Emissionen beim Kraftwerkseinsatz und -zubau berücksichtigt werden und kann die Verhältnisse zwischen den Kraftwerkstechnologien beeinflussen. Auf diese Verhältnisse wirken sich ebenfalls die Rahmenbedingungen für Kernenergie in Europa aus, die große Unterschiede aufweisen.

Diese Rahmenbedingungen beeinflussen die Investitionsplanung im europäischen Energiesystem grundlegend. Dabei müssen die Spezifika des Energieversorgungssystems und Unsicherheiten bei der Investitionsplanung berücksichtigt werden, um Schlussfolgerungen für entscheidungsunterstützende Instrumente zur Investitionsplanung ableiten zu können und diese in die Modellentwicklung dieser Arbeit einfließen zu lassen.

3. Elektromobilität im europäischen Elektrizitätssystem

Elektromobilität erfährt derzeit eine weitere Entwicklungsphase und ihr wird heute (erneut) eine reale Chance eingeräumt einen erheblichen Anteil an Neuzulassungen einzunehmen (IEA, 2011). Ein Grund für diese aktuelle Entwicklung ist der Fortschritt in der Batterietechnologie[1] und Leistungselektronik. Diese Entwicklungen wurden vor allem durch mobile Anwendungen wie Handys und Laptops begünstigt. Im Gegensatz zu früheren Entwicklungsphasen von Elektrofahrzeugen[2] zeichnet sich die heutige Batterietechnologie z.B. durch ausgereiftere Sicherheitseigenschaften und vergleichweise geringere Preise sowie höhere Energie- und Leistungsdichten aus (Kalhammer et al., 2007). Zusätzlich ist Elektromobilität in den Fokus der Politik gerückt, weil man sich hiervon u.a. Impulse für die Wirtschaft (Technologieführerschaft), einen Beitrag zur Reduzierung der Abhängigkeit von Erdölimporten und zum Umwelt- sowie Klimaschutz verspricht (vgl. beispielsweise Bundesregierung, 2009).

Aus Sicht des Energiesystems stellt Elektromobilität zu allererst eine weitere Elektrizitätsnachfrage dar. Diese sich potentiell entwickelnde Elektrizitätsnachfrage muss in einem Energiesystemmodell adäquat berücksichtigt werden. Dazu ist zunächst die Ermittlung und Ableitung einer Marktpenetration von Elektromobilität sowie die damit verbundene Energienachfrage und Lastkurve erforderlich. Insbesondere im Hinblick auf die Integration steigender volatiler Elektrizitätserzeugung im Rahmen der Energiesys-

---

[1]Wenn im Folgenden von Batterien gesprochen wird, sind damit ausschließlich wiederaufladbare Sekundärbatterien bzw. Akkumulatoren gemeint.

[2]Für mehr Details zu den historischen Entwicklungsphasen von Elektrofahrzeugen sei u.a. auf (Abt, 1998) verwiesen.

temanalyse ist es entscheidend mögliche Flexibilitäten der Lastkurven von Elektrofahrzeugen zu identifizieren. Deswegen müssen Mechanismen wie Lastverschiebung oder Rückspeisung von eingespeicherter Energie in das Elektrizitätsnetz in die Analyse miteinfließen.

In diesem Kapitel wird zunächst eine Kategorisierung für Fahrzeuge mit elektrischem Antriebsstrang eingeführt, anhand derer relevante Ausprägungen von Elektromobilität identifiziert werden können. Danach wird beschrieben auf welchen Ebenen das Energiesystem durch Elektromobilität beeinflusst wird und wie Elektromobilität in das Energiesystem integriert werden kann. Abschließend werden der Status-quo und die politischen Rahmenbedingungen von Elektromobilität in Europa erläutert. Auf diese Grundlagen wird die Ableitung der Marktpenetration von Elektromobilität im nächsten Kapitel zurückgreifen.

3.1. Kategorisierung von Elektrofahrzeugen

Elektrofahrzeuge (EV[3]) können anhand der Eigenschaften des Antriebsstrangs unterteilt werden (Naunin et al., 2007; Voß, 2005; Schäfer, 2007). Dabei kann der Antriebsstrang von Elektrofahrzeugen zum einen in Abhängigkeit von der installierten elektrischen Leistung und zum anderen gemäß seines Aufbaus kategorisiert werden. Für die Betrachtung des Energiesystems ist die erste Kategorisierung entscheidend. Bei ihr unterscheidet man zwischen Mikro-, Mild- und Vollhybriden[4] im Bereich der Hybride (HEV[5]), ausschließlich elektrisch betriebenen Fahrzeugen (BEV[6]) (Naunin et al., 2007; Voß, 2005; Schäfer, 2007) und der Sonderform des BEV, die

---

[3]*Electric Vehicle*

[4]Plug-in-Hybride (PHEV: *Plug-in Hybrid Electric Vehicle*) stellen eine Sonderform der Vollhybride dar, die über eine Anschlussmöglichkeit für das Elektrizitätsnetz verfügen.

[5]*Hybrid Electric Vehicle* bezeichnet Fahrzeuge, die neben dem batterieelektrischen noch über einen weiteren Antriebsstrang verfügen. Meist ist dieser zweite Antrieb ein konventionell befeuerter Verbrennungsmotor.

[6]Die Abkürzung *Battery Electric Vehicle* steht für Fahrzeuge, die einzig über einen elektrischen Antrieb verfügen, der über eine Batterie mit Energie versorgt wird. Damit werden sie z.B. gegenüber Brennstoffzellen-Fahrzeugen abgegrenzt.

Variante mit *Range Extender* (REEV[7]), bei der ein externes Modul zur Reichweitenverlängerung an das BEV angekoppelt wird.

Die jeweils typischen gewichtsbezogenen elektrischen Motorleistungen sind in Tabelle 3.1 dargestellt. Mit den jeweiligen Leistungsumfängen können unterschiedliche Funktionen realisiert werden (s. Tab. 3.1). Bei der *Start-Stopp*-Funktion wird der Verbrennungsmotor z.B. an Ampeln abgeschaltet, um Leerlaufverluste zu vermeiden. Diese Funktion ist allen hier aufgeführten Elektrofahrzeugen zu eigen. Die *Rekuperation* hingegen, also die Rückgewinnung von Bremsenergie, kann beim Mikrohybrid nur begrenzt genutzt werden, während das *Boosten*, eine kurzfristige Leistungssteigerung, nur ab Leistungen des Mildhybrids realisiert werden kann. Die Fähigkeit zum *rein-elektrischen Fahren* sowie die Anschlussmöglichkeit ans Elektrizitätsnetz, auch *Plug-In* genannt, besitzen nur Vollhybride oder reine Elektrofahrzeuge. Die rein-elektrisch fahrbare Reichweite liegt bei BEVs deutlich höher als bei Vollhybriden und PHEVs. Diese größere Batteriereichweite bedingt, dass BEVs unter den Elektrofahrzeugen die größte Batterie aufweisen, was sich entsprechend im Fahrzeuggewicht und -preis niederschlägt. REEV werden im Folgenden in der Kategorie PHEV mitgeführt, weil sie in den Eigenschaften, die für die Energiesystemanalyse relevant sind, analog behandelt werden können.

In Summe können bis maximal 25% Einsparungen bei der Antriebsenergie gegenüber einem konventionell betriebenen Fahrzeug erreicht werden (Naunin et al., 2007; Voß, 2005; Schäfer, 2007). Diese Einsparungen gehen vor allem auf die vergleichsweise höhere Effizienz des Elektromotors zurück. Dabei sind die Effizienzen der Elektrizitäts- bzw. Kraftstoffbereitstellung nicht berücksichtigt. Für das Energiesystem sind hiervon nur die plug-in-fähigen Fahrzeuge relevant, weil diese eine Elektrizitätsnachfrage generieren.

---

[7]*Range Extended Electric Vehicle*, teilweise auch EREV: *Extended Range Electric Vehicle*

Tabelle 3.1.: Klassifizierung von Elektrofahrzeugen (vgl. u.a. (Naunin et al., 2007; Voß, 2005; Schäfer, 2007))

	Mikro-hybrid	Mild-hybrid	Voll-hybrid	reines BEV
installierte elektrische Leistung [kW/t]	2,7 - 4	6 - 14	> 20	> 15
Start-Stopp	✓	✓	✓	
Rekuperation	(✓)	✓	✓	✓
Boosten		✓	✓	
rein-elektrisch Fahren			✓	✓
Plug-In			✓	✓
Energieeinsparung[1]	5-10%	<15%	<25%	[2]

[1] Im NEFZ (Neuer Europäischer Fahr-Zyklus) im Vergleich zu einem konventionell angetriebenen vergleichbaren Fahrzeug.
[2] Weil bei BEVs u.a. aufgrund der Elektrizitätsverbräuche der Nebenverbraucher wie z.B. der Heizung oder der Klimaanlage die tatsächliche Energieeinsparung mit hohen Unsicherheiten und einer großen Spannweite verbunden ist, wird hier kein konkreter Wert aufgeführt.

3.2. Elektromobilität - Auswirkungen auf und Integration in das Energiesystem

Elektromobilität als mögliche weitere Elektrizitätsnachfrage beeinflusst das Energiesystem primär über 3 Wirkmechanismen. Dies sind die zusätzliche Energienachfrage, ein weiterer Leistungsbedarf und bedingt durch die höhere Elektrizitätsproduktion ansteigende Emissionen im Energiesektor und sinkende Emissionen im Verkehrssektor. Im Folgenden werden alle 3 Mechanismen beschrieben und anschließend auf die Integration von Elektromobilität in das Energiesystem eingegangen. Parallel dazu wird der dominierende Einfluss des Pkw-Marktes auf Elektromobilität im Energiesystem erläutert, auf den sich diese Arbeit konzentriert.

3.2.1. Energienachfrage

Der Endenergiebedarf im Verkehrssektor wird vom Straßenverkehr dominiert. Dessen Anteil reichte in 2010 in Europa von minimal 68% in Norwegen bis 97% in Slowenien (siehe Abb. 3.1). Zudem kommt hinzu, dass andere Verkehrsarten entweder schon elektrifiziert sind (Schienenverkehr) oder aufgrund der benötigten Reichweite für eine Elektrifizierung kaum in Frage kommen (Flug- und Schiffsverkehr). Deshalb dominiert der Straßenverkehr das Feld der Elektromobilität aus Sicht des Energiesystems. Dementsprechend fokussiert diese Arbeit auf den Straßenverkehr und insbesondere auf den Pkw-Verkehr. Letzteres ist damit begründet, dass vor allem der schwerere, straßengebundene Güterverkehr[8] sich aufgrund der heutigen Energiedichten und Reichweitenbeschränkungen der Batterietechnik nicht bzw. nur in kleinen Bereichen für den Einsatz von Elektrofahrzeugen eignet (IEA, 2011).

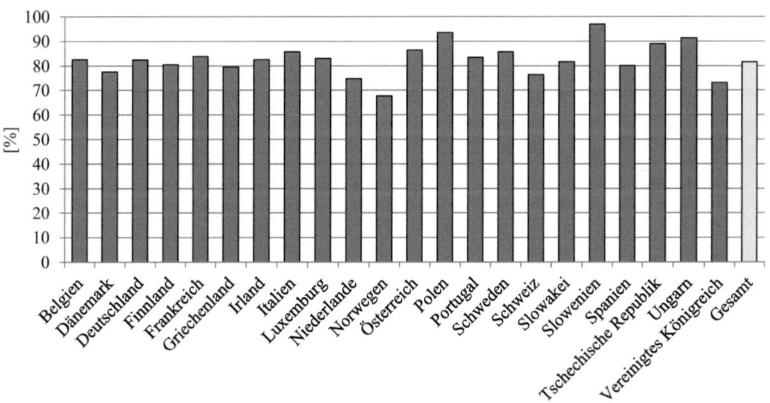

Abbildung 3.1.: Anteil des Straßenverkehrs am Endenergieverbrauch des Verkehrssektors in 2010 (Eurostat, 2012e)

---

[8]Für den leichteren, straßengebundenen Güterverkehr, der sich zumindest teilweise für Elektromobilität eignen könnte, liegen allerdings für Europa nur wenig öffentlich zugängliche Daten zum Mobilitätsverhalten vor.

Um die Größenordnung der möglichen Elektrizitätsnachfrage durch den Pkw-Verkehr einordnen zu können, wird hier für drei beispielhafte Marktpenetrationen die resultierende Elektrizitätsnachfrage in Deutschland abgeschätzt (s. Abb. 3.2). Dabei werden ein vollständiger Ersatz des Pkw-Bestandes durch BEVs ab 2010, alle Neuzulassungen ab 2010 vollständig aus BEVs bestehend und die Ziele der Bundesregierung (Bundesregierung, 2009) vergleichend nebeneinander gestellt. Für die Berechnung der Elektrizitätsnachfrageentwicklung durch Elektromobilität im Pkw-Verkehr wird vereinfachend von einem konstant bleibenden spezifischen Verbrauch der Elektrofahrzeuge von 23,8 kWh/100km inkl. Ladeverlusten ausgegangen (Helms & Hanusch, 2010). Die angenommene Entwicklung des Pkw-Bestandes steigt bis 2020 auf knapp 50 Millionen Fahrzeuge an und bleibt danach konstant (Shell, 2009). Der Anteil der Neuzulassungen am Gesamtbestand wird konstant auf ca. 7,4% (s. KBA, 2012b) gehalten, genauso wie die durchschnittlichen Jahreskilometer von gut 14 tkm gemäß IVS et al. (2002).

Damit ergibt sich für die Vollpenetration eine zusätzliche Elektrizitätsnachfrage durch Elektromobilität von über 160 TWh. Das entspricht ca. 30% der heutigen Endenergienachfrage nach Elektrizität in Deutschland. Dieser Wert stellt somit eine Obergrenze für die Elektrizitätsnachfrage durch BEVs im Pkw-Bereich dar. Die Entwicklung bei Neuzulassungen zu 100% aus BEVs erreicht den Wert der Vollpenetration kurz vor 2025. Eine reale Entwicklung mit geringeren Anteilen BEVs an den Neuzulassungen würde eine wesentlich abgeschwächte Dynamik aufweisen. Deswegen kann diese Entwicklung als Obergrenze für einen zeitlichen Verlauf der Elektrizitätsnachfrage durch EVs interpretiert werden. Würden die Ziele der deutschen Bundesregierung, nämlich 1 Millionen Elektrofahrzeuge in 2020 und 6 Millionen in 2030 realisiert, läge die Elektrizitätsnachfrage wesentlich niedriger. Sie erreichte in 2030 maximal 4% der heutigen Endenergienachfrage nach Elektrizität in Deutschland, was ungefähr der Zunahme

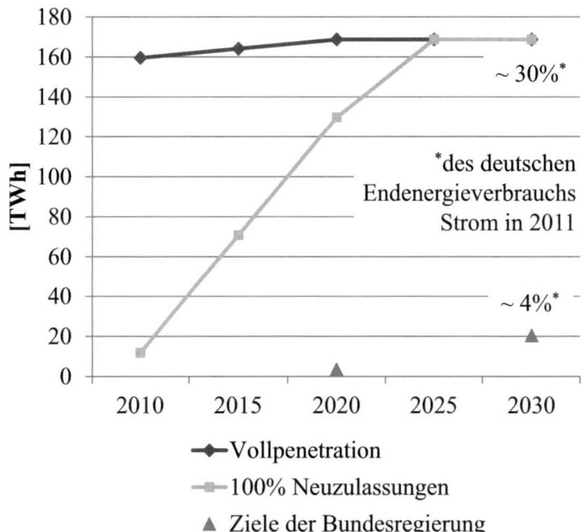

Abbildung 3.2.: Abschätzung der Größenordnung des Energiebedarfs von Elektro-Pkws in Deutschland (AGEB, 2012; KBA, 2012b, 2012c; Shell, 2009; Heinrichs & Trommer, 2011)

der Elektrizitätsnachfrage der letzte 10 Jahre entspricht[9]. Aus dieser relativ geringen Zunahme der Elektrizitätsnachfrage lässt sich ablesen, dass Elektromobilität erst ab mehreren Millionen Fahrzeugen in Deutschland eine nennenswerte zusätzliche Elektrizitätsnachfrage mit sich bringt. Eine solche Marktdurchdringung wird voraussichtlich erst in einigen Jahrzehnten erreicht. In diesem Zeitraum können im Energiesystem wesentliche Anpassungen erfolgen. Somit besteht aktuell noch die Möglichkeit die Entwicklung der Elektrizitätsnachfrage von Elektromobilität bei der Ausgestaltung des zukünftigen Energiesystems zu berücksichtigen. Zusätzlich ist zu bedenken, dass von dieser zusätzlichen Elektrizitätsnachfrage ein fester Anteil aus erneuerbaren Energien stammen muss, weil das politisch gesetzte

---

[9]Diese Ziele der Bundesregierung werden in Kapitel 8.2.3 für die Diskussion der Ergebnisse der modellbasierten Analyse wieder aufgegriffen.

Ziel für Elektrizität aus erneuerbaren Energien ein Prozentsatz des Elektrizitätsverbrauchs ist (vgl. Kap. 2.1.2).

3.2.2. Leistungsbedarf

Neben der Energienachfrage ist der durch Elektromobilität bedingte zusätzliche Leistungsbedarf von grundlegender Bedeutung für das Energiesystem, denn von ihm hängt ab, wie viel Kraftwerks- und Netzkapazitäten vorgehalten werden müssen. Deswegen muss der zeitliche Verlauf der Energienachfrage durch Elektromobilität im Wechselspiel mit den Lastkurven der bisherigen Nachfragen und Netzrestriktionen betrachtet werden.

Ende 2010 waren in Deutschland ungefähr 161 GW elektrische Nettokraftwerksleistung installiert (Bundesnetzagentur, 2012). Der größte Teil davon wird klassisch durch thermische und aktuell noch durch nukleare Kraftwerke bereit gestellt, wobei der Anteil erneuerbarer Energien und insbesondere von volatil einspeisenden Erneuerbaren kontinuierlich wächst. Von dieser Kapazität steht für die Ladung von Batterien aber nur ein kleiner Teil zur Verfügung. Diese kann in einer ceteris paribus Analyse als freie Restkapazität interpretiert werden, die sich aus der Nettoerzeugungskapazität abzüglich der nicht verfügbaren Kraftwerkskapazitäten[10], von Sicherheitsreserven[11] und der bereits existierenden Last ergibt (ENTSO-E, 2012).

Abbildung 3.3 veranschaulicht als Beispiel die freie Restkapazität für einen Hochlasttag, einen typischen Winterwochentag, aus dem Jahre 2008. Sie zeigt den tageszeitlichen Verlauf der verbleibenden Kapazität, die für das Laden der EVs bei bestehendem Kraftwerkspark zur Verfügung steht. Gut zu sehen sind die typischen Zeiten der täglichen Spitzenlasten um die Mittagszeit und am Abend. Hier ist die verfügbare Restkapazität entsprechend am geringsten.

Wie viele Elektrofahrzeuge mit dieser verbleibenden freien Kapazität laden können, hängt zum einen von der Leistung der Ladestation ab und zum

---

[10]z.B. infolge von Wartungen oder Windflauten
[11]für Regelenergie und unvorhergesehene Spitzenlasten sowie für weitere ungeplante Ausfälle

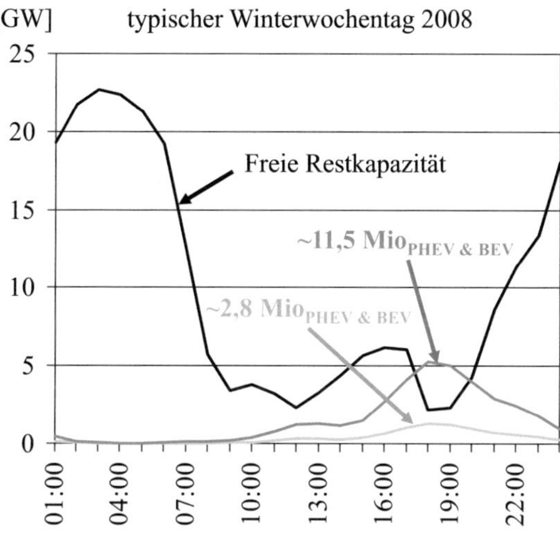

Abbildung 3.3.: Freie Restkapazität in Deutschland an einem typischen Hochlasttag (ENTSO-E, 2007-2011) im Vergleich zur benötigten Ladeleistung von Elektromobilität in 2030 gemäß (Biere et al., 2009)

anderen von der Ladestrategie. Für einen normalen Anschluss im Haushalt kann theoretisch von maximal 3,68 kW[12] ausgegangen werden, während bei Schnellladestationen 15-30 kW, vereinzelt auch Leistungen weit darüber im Gespräch sind (vgl. Nationale Plattform Elektromobilität, 2011). Prinzipiell kann entweder ungesteuert oder gesteuert geladen werden. Ersteres kann je nach verfügbarer Ladeinfrastruktur nach jedem Weg oder nach dem letzten Tagesweg erfolgen. Bei der gesteuerten Ladung können mehrere Strategien zum Einsatz kommen (Link, 2011), die ebenfalls direkt von der Ladeinfrastruktur abhängen.

Beispielhaft dazu zeigt Abb. 3.3 neben der freien Restkapazität aus der Literatur entnommene Ladekurven von Elektrofahrzeugen in 2030 für zwei unterschiedliche Marktentwicklungen in Deutschland (Biere et al., 2009).

---

[12]Dieser Wert ergibt sich aus dem Produkt der für Hausanschlüsse üblichen Absicherung von 16 A und einer Spannung von 230 V.

In diesem Beispiel wird an einem normalen Hausanschluss nach dem letzten Weg des Tages geladen. Die grauen Kurven stellen die nachgefragte Kapazität zum Laden der PHEV und BEV dar. Es ist zu erkennen, dass geringere Penetrationen auch bei ungesteuerter Ladung und der Annahme einer Gleichverteilung der Fahrzeuge in Deutschland beherrschbar sind[13]. Hierfür würden vor allem Spitzenlastkraftwerke eingesetzt, weil das ungesteuerte Laden zeitlich mit den Spitzenlastzeiten der konventionellen Elektrizitätsnachfrage zusammenfallen würde. Bei höheren Penetrationen oder der Verwendung von Schnellladestationen ist dies nicht mehr möglich, so dass hier entweder auf gesteuertes Laden[14] oder einen Kapazitätsausbau zurückgegriffen werden muss.

Die Kapazitätsfrage stellt sich aber nicht nur beim Kraftwerkspark, sondern auch auf der Ebene der Netze. Weil Elektrofahrzeuge normalerweise, wenn sie nicht zu größeren Lasten z.B. auf einem Betriebsparkplatz zusammengefasst werden, auf Ebene der Verteilnetze angeschlossen sind, muss eine Betrachtung der Auswirkungen von Elektromobilität zunächst dort ansetzen. Weil flächendeckend gültige Aussagen auf Ebene der Verteilnetze kaum oder nur aufwendig getätigt werden können (vgl. Pollok et al., 2011), werden sie in dieser Arbeit nicht näher betrachtet. Durch diese Einschränkung werden allerdings keine für das übergeordnete Energiesystem wesentlichen Effekte übersehen, weil allgemein erst ab sehr hohen Penetrationen mit Engpässen in bestimmten Verteilnetzen zu rechnen ist (Haupt

---

[13] Bei einer starken regionalen Konzentration können bei speziellen Netztopologien vereinzelt auch bei geringeren Penetrationen Engpässe in Verteilnetzen entstehen (Wietschel et al., 2008; Bärwaldt & Haupt, 2009).

[14] Durch gesteuertes Laden wird die Elektrizitätsnachfrage in Zeiten freier Kapazitäten verschoben. Dadurch kann die Auslastung bestehender Kraftwerkskapazitäten erhöht werden, bevor ein zusätzlicher Ausbau nötig wird.

& Bärwaldt, 2009)[15]. Transportnetze hingegen sind für eine geografisch umfassende Energiesystemanalyse abbildbar.

3.2.3. Emissionsverschiebungen

Im Zusammenhang mit dem europäischen Emissionshandel sind auch die Treibhausgasemissionen und insbesondere die CO_2-Emissionen von Elektromobilität von Bedeutung[16], weil es durch Elektromobilität zu Sektorverschiebungen bei den Emissionen kommt. CO_2-Emissionen werden vom Verkehrssektor, der nicht in den Emissionshandel integriert ist, in den Elektrizitätssektor verschoben, der hingegen in das EU-ETS eingebunden ist. Damit wird die zu erbringende CO_2-Reduktionsleistung im Elektrizitätssektor erhöht, während der Verkehrssektor Elektrofahrzeuge zur eigenen Emissionszielerfüllung (vgl. Abschnitt 3.3) nutzen kann. Dies kann unter Umständen zu Ineffizienzen bei der Erreichung der Emissionsreduktionsziele führen (vgl. Kap. 2.1.3).

Um den Umfang einer CO_2-Sektorverschiebung abschätzen zu können, müssen die Emissionen konventioneller und elektrisch betriebener Fahrzeuge verglichen werden. Dazu müssen sowohl die Emissionen der Kraftstofferzeugung (*WTT: well to tank*) als auch die Emissionen beim Fahrzeugeinsatz (*TTW: tank to wheel*) berücksichtigt werden[17]. Für durchschnittli-

---

[15]Schwierigkeiten ergeben sich vor allem bei speziellen Netztopologien, wenn beispielsweise der Transformator zum Anschluss an das Mittelspannungsnetz für die neuen Anforderungen zu klein bemessen ist oder an einer Anschlussleitung eine höhere Anzahl von Verbrauchern angeschlossen ist und sich damit bereits im Normallastfall eine überdurchschnittlich hohe Auslastung der Leitung ergibt.

[16]Die anderen 5 im Kyoto-Protokoll genannten Treibhausgase könnten zukünftig zusätzlich oder in zunehmendem Maße in den Emissionshandel integriert werden (vgl. Kap. 2.1.3). Wären von einer solchen EU-ETS-Ausweitung im Fall von Methan und Lachgas der Verkehrs- und/oder der Elektrizitätssektor betroffen, würde auch durch diese Emissionen das Energiesystem durch Elektromobilität beeinflusst, weil diese Emissionen in unterschiedlichem Maße in den beiden Sektoren entstehen. Die anderen 3 Treibhausgase werden weder vom Elektrizitätssektor noch vom Verkehrssektor in erfassbaren Größenordnungen emittiert (UNFCCC, 2012), so dass eine Ausweitung des EU-ETS um diese Treibhausgase den Verkehrs- und Elektrizitätssektor kaum beeinflussen würde.

[17]Dies entspricht einer *well to wheel* (WTW) Betrachtung.

che Pkw-Neuwagen aus dem Jahre 2011 ergeben sich gemäß (KBA, 2012c) Gesamtemissionen von insgesamt ca. 174 g CO_2/km bei einem Diesel und 170 g CO_2/km bei einem Benziner (s. Abb. 3.4). Davon entfallen ungefähr 28 bzw. 25 g CO_2/km auf die Kraftstofferzeugung (CONCAVE et al., 2008). Könnte die Effizienz bei der Kraftstoffherstellung oder beim Kraftstoffverbrauch gesteigert werden, würden diese Emissionen gesenkt.

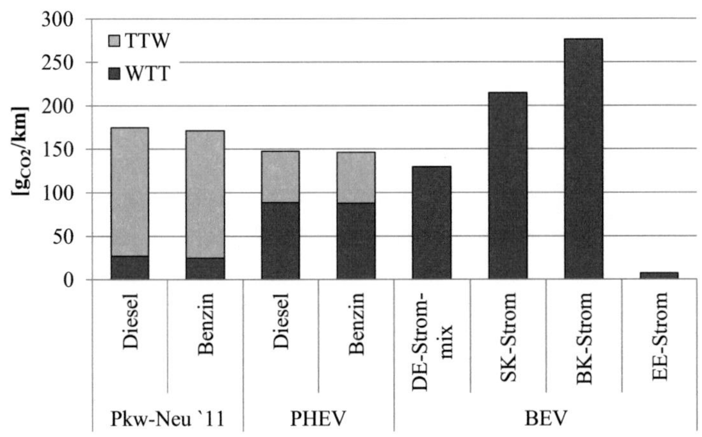

Abbildung 3.4.: Vergleich von CO_2-Emissionen verschiedener Antriebsarten (eigene Berechnung basierend auf (KBA, 2012c; BMU, 2012a, 2013; CONCAVE et al., 2008))

Bei den konventionellen Fahrzeugen dominieren die Emissionen beim Fahrzeugeinsatz, während beim reinen Elektrofahrzeug nur bei der Kraftstofferzeugung, in diesem Fall der Elektrizitätserzeugung, Emissionen anfallen. Die Vollhybride liegen mit ihrem kombinierten Antrieb dazwischen. In einer Beispielrechnung mit einem elektrischen Fahranteil von 60%, dem deutschen Elektrizitätserzeugungsmix aus 2010 mit ca. 544 g CO_2/kWh (BMU, 2012a) und einem spezifischen Verbrauch von 23,8 kWh/100km (vgl. Tab. 5.7) ergeben sich für einen Diesel-Hybrid Emissionen von ca. 147 g CO_2/km und für einen Benziner-Hybrid ca. 146 g CO_2/km.

Die Emissionen der EVs variieren stark in Abhängigkeit vom Erzeugungsmix. In Deutschland belaufen sie sich in 2010 auf ca. 129 g CO_2/km. In anderen europäischen Ländern können sich durch abweichende spezifische CO_2-Emissionen des Kraftwerksparks höhere oder niedrigere Emissionen ergeben. Den höchsten Emissionswert würde ein Elektrofahrzeug mit ca. 275 g CO_2/km erreichen, wenn es mit Elektrizität aus Braunkohle (BK) betrieben würde[18]. Ganz anders sieht es aus, wenn Elektrizität aus erneuerbaren Energien verwendet wird. Bei konservativ angenommenen 30 g CO_2/kWh für Elektrizität aus einem Mix an erneuerbaren Energien (Engel, 2008) würden sich für das Elektromobil spezifische CO_2-Emissionen von knapp 7 g CO_2/km ergeben.

Werden diese spezifischen Emissionen genutzt, um die Verschiebung der CO_2-Emissionen aus dem Verkehrs- in den Energiesektor zu ermitteln, hängt diese zu allererst vom Elektrizitätserzeugungsmix ab. Die Effekte kann man exemplarisch an einer angenommenen Marktpenetration von einer Millionen Elektrofahrzeugen für Deutschland darstellen. Die Menge der aus dem Verkehrssektor herausgenommenen CO_2-Emissionen beläuft sich auf ungefähr 2,72 Millionen Tonnen CO_2 jährlich für eine WTW-Betrachtung. Beim deutschen Elektrizitätserzeugungsmix im Jahr 2010 würden grob 1,85 Millionen Tonnen CO_2 in den Energiesektor verschoben und dadurch ca. 0,88 Millionen Tonnen CO_2 eingespart. Würde die Elektrizität durch einen Mix an erneuerbaren Energien erzeugt, würde sich eine

---

[18]Dieses oft gewählte Beispiel von Braunkohlekraftwerken als Extremvariante berücksichtigt nicht die Korrelation zwischen den typischen Einsatzzeiten und bereits hohen Auslastungen von Braunkohlekraftwerken in der Grundlast und den ungesteuerten Ladekurven von Elektromobilität. Eine Produktionsausweitung bei den existierenden Braunkohlekraftwerken wäre derzeit zwar möglich, weil sie nicht komplett ausgelastet werden. Allerdings müssten dafür Elektrofahrzeuge gesteuert geladen werden. Darüber hinausgehend würde ein Zubau neuer Braunkohlekraftwerke nötig, was aufgrund des Ausbaus erneuerbarer Energien mit ihrem Einspeisevorrang als eher unwahrscheinlich eingeschätzt wird. Ohne eine entsprechend steuerbare Ladeinfrastruktur würde der höchste Emissionswert eines Elektrofahrzeugs eher dem von Elektrizität aus Steinkohlekraftwerken mit ca. 215 g CO_2/km entsprechen.

Sektorverschiebung von 0,10 Millionen Tonnen CO_2 und eine Einsparung von 2,62 Millionen Tonnen CO_2 jährlich ergeben.

Der gesamte Kraftwerkspark in Deutschland hat in 2010 grob 315,56 Millionen Tonnen CO_2 pro Jahr (UNFCCC, 2012) emittiert. Die oben beispielhaft ermittelten 1,85 Millionen Tonnen CO_2, die in den Elektrizitätssektor verschoben würden, entsprechend 0,5% der Gesamt-CO_2-Emissionen des Kraftwerksparks. Bei gleichbleibenden CO_2-Zielen für den Elektrizitätssektor muss dieses halbe Prozent zusätzlich eingespart werden. Auch wenn diese Menge hinsichtlich der Gesamtemissionen gering ist, lassen sich noch keine Aussagen über die damit verbundenen Kosten machen. Es zeigt sich aber, dass auch hier erst bei höheren Penetrationen von Elektrofahrzeugen mit weitreichenderen Auswirkungen zu rechnen ist.

Um das komplette CO_2-Reduktionspotenzial durch Elektromobilität ausnutzen zu können, ist Fahrelektrizität aus erneuerbaren Energien notwendig. Prinzipiell ist ausreichend zusätzliches Potenzial für Fahrelektrizität aus erneuerbaren Energien vorhanden, aber derzeit ist noch fraglich, ob dieses Potenzial wirtschaftlich genutzt werden kann.

3.2.4. Ladeinfrastruktur und -steuerung

Die drei zuvor beschriebenen Auswirkungen von Elektromobilität auf das Energiesystem hängen zusätzlich wesentlich von der Ausgestaltung der Ladeinfrastruktur und -steuerung ab. Die Ladeinfrastruktur und -steuerung stellen einen maßgeblichen Bestandteil der Integration von Elektromobilität in das Energiesystem dar. Die benötigten Kraftwerkskapazitäten und zusätzlichen CO_2-Emissionen hängen von der Anschlussleistung und den fahrzeugspezifischen Ladekurven ab. Deswegen wird hier zunächst auf diejenige Ladeinfrastruktur eingegangen, die während des Betrachtungszeitraums dieser Arbeit wahrscheinlich vorherrscht. Im Anschluss werden der Begriff der Ladesteuerung und die ihm zugrunde liegenden Konzepte im Sinne dieser Arbeit definiert und näher erläutert.

Laut dem zweiten Bericht der Nationalen Plattform für Elektromobilität in Deutschland (Nationale Plattform Elektromobilität, 2011) wird davon ausgegangen, dass sich eine öffentliche Ladeinfrastruktur nicht aus rein privatwirtschaftlicher Initiative heraus entwickeln wird. Dies deckt sich auch mit Kley (2011), dem zufolge sich der Aufbau einer Ladeinfrastruktur zunächst auf die Elektrifizierung privater Stellplätze beschränkt, weil die anderen Alternativen (halböffentlich, öffentlich) wesentlich teurer sind und dafür (noch) nicht ausreichend Bedarf besteht. Ebenfalls übereinstimmend damit wird in IEA (2009) in der privaten Ladeinfrastruktur vor allem zur Übernachtladung ein Schwerpunkt gesehen. Weil halböffentliche oder öffentliche Ladeoptionen eine ausreichend große Marktpenetration mit Elektrofahrzeugen benötigen, werden sie wahrscheinlich erst in einiger Zeit zur Verfügung stehen. Deswegen wird hier zunächst nicht auf die damit verbundenen technischen Optionen eingegangen, sondern es werden erst bei der Ermittlung der Lastkurven durch Elektromobilität im Rahmen der in dieser Arbeit betrachteten Szenarien(welten) weitere Ladeoptionen anteilig berücksichtigt.

Die Elektrifizierung privater Stellplätze, vornehmlich von Garagen, wird zunächst auf den vorhandenen Hausanschluss an das Elektrizitätsnetz zurückgreifen. Auf diese Weise ist für eine minimale Absicherung eines Hausanschlusses mit 16 A[19] entweder eine übliche Haushaltssteckdose mit maximal ca. 3,68 kW oder eine Drehstromsteckdose mit maximal ca. 11,08 kW, wie sie für den Elektroherd oder Kreissägen häufig verwendet wird, am einfachsten realisierbar. Dies entspricht der Ladebetriebsart 1 gemäß DIN EN 61851-1 (VDE 0122) (DIN EN 61851-1, 2012), in der ingesamt vier Ladebetriebsarten für elektrische Fahrzeuge unterschieden werden (s. Tab. 3.2). Dabei ist allerdings zu beachten, dass diese Leistung nicht immer allein für die Ladung des Elektrofahrzeugs zur Verfügung steht, son-

---

[19]Darüber hinaus gibt es Hausanschlüsse mit höheren Absicherungen (z.B. 32 A) (vgl. Hauke et al., 1998; DIN VDE 0298-4, 2003). Dort stehen entsprechend höhere Leistungen zur Ladung eines EVs zur Verfügung.

dern für den jeweiligen Elektrizitätskreis (einphasig) bzw. Hausanschluss (dreiphasig) gilt. So liegt die praktische Ladekapazität bei Annahme eines Hausanschlusses von 16 A unter den aufgeführten Leistungswerten. (Kley, 2011)

Tabelle 3.2.: Ladebetriebsarten für EVs nach DIN EN 61851-1 (vgl. DIN EN 61851-1, 2012)

Ladebetriebsart	1		2		3	4[1]
maximaler Bemessungsstrom [A]	16		32		250	400
Betriebsspannung [V]	230	400	230	400	400	400
Ladeleistung im Niederspannungsnetz [kW]	3,68	11,08	7,36	22,17	173,2	277,1

[1] Bei dieser Ladebetriebsart wird im Gegensatz zu den anderen, bei denen Wechselstrom genutzt wird, das EV mit Gleichstrom geladen.

Im einfachsten Fall werden diese beiden Anschlussoptionen ungesteuert genutzt. Möchte man die Lastverschiebepotenziale von Elektromobilität, welche sich aus der üblicherweise langen Standzeit von Pkws[20] ergeben, für das Energiesystem nutzen, muss die Ladung gesteuert erfolgen. Laststeuerungen gehören zu den Demand-Side-Management-Maßnahmen (DSM)[21]. Laststeuerungen bedürfen einer genaueren Betrachtung und umfangreicheren Modellierung für die Forschungsfrage dieser Arbeit. Daneben zählen auch Verbrauchssenkungen oder Effizienzerhöhungen zu diesen nachfrageseitigen Maßnahmen (Paetz et al., 2012). Letztere fließen in

---

[20]Diese beträgt durchschnittlich 23 Stunden Gesamtstandzeit am Tag und zuhause meistens mehr als 12 Stunden (Follmer, 2002).

[21]Jedoch sind die Lastverschiebepotenziale in Haushalten ohne EV um ein Vielfaches geringer und ein DSM würde sich wahrscheinlich nur in Haushalten mit EV eignen (Jochem, Kaschub, Paetz & Fichtner, 2012).

Form von sinkenden spezifischen Verbräuchen durch Weiterentwicklung der Technik für Elektrofahrzeuge in die hier entwickelten Modelle ein.

Laststeuerungen lassen sich hinsichtlich der Steuerungsart und dem Steuerungsziel differenzieren. Bei der Steuerungsart kann entweder über technische Einrichtungen die Last direkt von außen gesteuert oder durch Anreizsysteme indirekt beeinflusst werden. Solche Anreizsysteme sind beispielsweise variable Tarife (Paetz et al., 2012). Für sie sind Prognosemodelle zur Abschätzung des Kundenverhaltens notwendig. Darüber hinaus kann es neben diesen beiden Ansätzen auch Mischformen geben, die sowohl indirekte als auch direkte Steuerelemente z.B. für bestimmte Situationen oder Ereignisse beinhalten.

Als übergeordnetes Steuerungsziel kann die kostenminimale Auslastung der Erzeugungs-, Transport- und Verteilsysteme gesehen werden. Dies lässt sich aufteilen in eine möglichst vollständige Ausnutzung der eingespeisten Elektrizität aus erneuerbaren Energien und eine Vergleichmäßigung der fossilen und nuklearen Kraftwerkseinsätze. Letzteres dient dazu Wirkungsgradverluste, Emissionszunahmen und Lebensdauerverringerungen durch häufige An- und Abfahrvorgänge zu vermeiden.

Diese Steuerungsziele können vor allem durch 3 Strategien erreicht werden, wozu das Senken der Spitzenlast (*Peak clipping*), das Auffüllen von Lasttälern (*Valley filling*) und allgemein die zeitliche Verlagerung von Last (*Load shifting*) zählen. Die ersten beiden begünstigen vor allem die Vergleichmäßigung des Kraftwerkseinsatzes und die Betriebsmittelauslastung der Elektrizitätsnetze. Die dritte Strategie eignet sich insbesondere für die Verbesserung der Integration von erneuerbaren Energien. (Wietschel, 1995) Bei Elektrofahrzeugen kommt über die Möglichkeit zur Laststeuerung hinaus noch die Rückspeisung von in der Fahrzeugbatterie gespeicherter Elektrizität in das Netz (*Vehicle to grid*) hinzu. Ob dies für den Besitzer eines Elektrofahrzeugs rentabel ist, hängt von vielfältigen Nebenbedingungen ab. So ist die Differenz zwischen Elektrizitätspreisen bei Spitzenlast und Grundlast, den Kosten der zusätzlichen Batteriealterung sowie der Effizienzverluste des Lade- und Entladeprozesses gegenüber zu stellen, wenn die gehandelte Elektrizität aus der Fahrzeugbatterie z.B. über die EEX vermarktet wird. Zeitlich weiter eingeschränkt wird die Möglichkeit zur Nutzung von Preisspreads dadurch, dass die Primärnutzung der EVs für Mobilitätszwecke gewährleistet sein muss. Wenn die Rückspeisung nicht von den Netzentgelten befreit wird, müssen diese sowohl für die Ladung als auch Rückspeisung mitberücksichtigt werden. In diesem Fall ist davon auszugehen, dass Vehicle-to-grid-Anwendungen (V2G) bei heutigen Batteriepreisen und Preisspreads auf den Energiebörsen nicht zum Einsatz kommen (Jochem, Kaschub & Fichtner, 2013).

Aber auch wenn eine Befreiung von Netzentgelten vorliegt, kann es infolge der höheren Zyklenzahl und des umfangreicheren Energiedurchsatzes zur deutlichen Reduzierung der Batterielebensdauer kommen (Linßen et al., 2012), so dass auch dann ein gewinnbringender Einsatz unsicher ist. Diese Unsicherheit wird noch dadurch erhöht, dass die Kosten der Batteriealterung u.a. von der jeweiligen Chemie der heutigen und zukünftigen Batterietypen und den Außentemperaturen abhängen[22] (Zhou et al., 2011). Auf Seite der Energiemärkte kommen je Land unterschiedliche Preisspreizungen hinzu, deren Entwicklung langfristig schwer abzuschätzen ist.

Zur lokalen Systemstabilisierung im Verteilnetz mit geringeren Energiedurchsätzen könnten Elektrofahrzeuge dennoch einen Beitrag leisten. Dies gilt allerdings nur unter der durchaus unsicheren Voraussetzung, dass die EV-Nutzer die Verfügbarkeit der Elektrofahrzeuge für solche Dienstleistungen verlässlich angeben. Auch der Einsatz im Rahmen der Reservemärkte könnte unter Umständen[23] Vermarktungsmöglichkeiten bieten, auch wenn

---

[22]Weitere Aspekte, die die Batteriealterung maßgeblich beeinflussen sind die C-Raten (Lade-/Entladegeschwindigkeit), die Entladetiefe, die Anzahl der Zyklen und Vibrationen (vgl. Kalhammer et al., 2007; Lunz, Yan, Gerschler & Sauer, 2012; Vetter et al., 2005).

[23]Hierzu zählt insbesondere, dass EVs an der Netzebene, in der die Reserveenergie oder -kapazität nachgefragt wird angeschlossen sind, weil die Erbringung von Systemdienstleistung über Spannungsebenen hinweg mit großen Effizienzverlusten behaftet ist (Maurer & Haubrich, 2010).

dafür derzeit noch nicht die gesetzlichen Rahmenbedinungen geschaffen wurden. (Jochem, Kaschub & Fichtner, 2013)

Aufgrund der mit V2G verbundenen Unsicherheiten bezüglich der Entwicklung der technischen und ökonomischen Rahmenbedingungen und der fehlenden Datengrundlage sind belastbare Aussagen für einen langfristigen Zeithorizont und für Europa je Land nicht möglich. Deswegen wird die Rückspeisung von Elektrizität aus den Fahrzeugbatterien in dieser Arbeit nicht betrachtet.

3.3. Rahmenbedingungen für Elektromobilität in Europa

Aktuell ist der Anteil von elektrisch betriebenen Fahrzeugen im europäischen Straßenverkehr vernachlässigbar klein. So betrug der Anteil der Pkws mit elektrischem Antrieb am europäischen Straßenverkehr in 2007 gerade einmal ungefähr 0,2 Promille (Eurostat, 2012c, 2012d). In anderen Ländern liegt der Anteil bereits wesentlich höher (z.B. 2% in den USA oder sogar 9% in Japan (IEA, 2011)). Verschiedene europäische Staaten haben sich teilweise sehr ambitionierte Ziele für Elektromobilität gesetzt (s. Tab. 3.3), die in Abb. 3.5 als Anteil am gesamten Pkw-Bestand[24] dargestellt sind. Nach Ableitung der Marktpenetration in Kapitel 5.4.1 wird hierauf noch einmal zurückgegriffen.

Neben den Zielsetzungen der einzelnen Länder wird Elektromobilität auch von der europäischen Verordnung „zur Festsetzung von Emissionsnormen für neue Personenkraftwagen im Rahmen des Gesamtkonzepts der Gemeinschaft zur Verringerung der CO_2-Emissionen von Personenkraftwagen und leichten Nutzfahrzeugen" (Nr. 443/2009) (Europäische Kommission, 2009e) beeinflusst. In dieser Verordnung wird den Automobilherstellern ein durchschnittlicher spezifischer CO_2-Emissionswert für ihre Neuwagenflot-

---

[24]Die derzeit aktuellsten, einheitlich verfügbaren Bestandszahlen für die in der Abbildung aufgeführten Länder sind aus dem Jahr 2007.

Tabelle 3.3.: Politisch anvisierte nationale Verkaufszahlen von Elektrofahrzeugen in Europa (vgl. (IEA, 2011; Eurostat, 2012c, 2012d; Bundesregierung, 2011a; BMWi & BMU, 2010; U.S. Commercial Service Global Automotive Team, 2011; Pratt, 2011; Portuguese Ministry for Economy and Innovation, 2009; Roland Berger Strategy Consultants, 2011; Tudor, 2011))

Land	nationale Ziele für den EV-Bestand in [1.000]			EV-Typ		
	2015	2020	2030	BEV	PHEV	Restl. HEV
Belgien	10/a	-	-	✓	✓	✓
Dänemark	-	50-200	-	✓	✓	
Deutschland	-	1.000	6.000	✓	✓	✓
Frankreich	100[1]	2.000	4.000[2]	✓	✓	✓
Irland	-	230 - 350	40%	✓	✓	
Italien	-	7%	>50%	✓		
Luxemburg	-	10%[3]	-	✓		
Niederlande	20	200	-	✓	✓	
Österreich	-	250	-	✓	✓	✓
Portugal	-	180	-	✓		
Schweden	-	600	-	✓	✓	
Schweiz	-	145	-	✓	✓	
Slowenien	-	-	23%	✓		
Spanien	-	2.500	-	✓	✓	
Ungarn	10%	-	-			✓
Vereinigtes Königreich	-	1.200/ 350[4]	3.300/ 7.900	✓	✓	

[1] nur BEV
[2] Ziel bereits bis 2025
[3] Anteil an den Neuwagenverkäufen
[4] BEV/PHEV

te vorgeschrieben. Dieser CO_2-Zielwert wird schrittweise verschärft und Emissionsüberschreitungen sind mit gestaffelten Abgaben sanktioniert.

So muss gemäß dieser Verordnung ab 2012 zunächst nur ein Teil der Neuwagenflotte, der bis 2015 auf 100% ansteigt, den CO_2-Zielwert erreichen. Der zu erzielende CO_2-Emissionswert der Neuwagenflotte berechnet sich

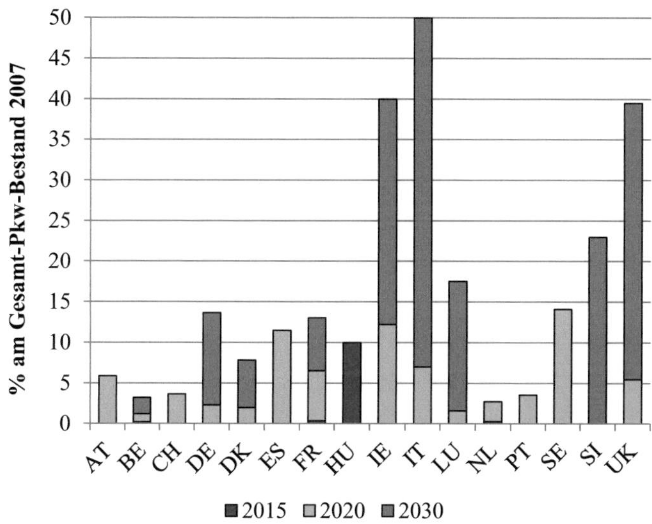

Abbildung 3.5.: Anvisierte Anteile von Elektrofahrzeugen an den gesamten nationalen Pkw-Beständen in [%] (Eurostat, 2012c, 2012d)

aus einer vom Leergewicht des Pkws abhängigen Gleichung, die schwere-
ren Fahrzeugen vor allem vor 2016 höhere Emissionen erlaubt.

Zusätzlich kann durch die Fahrzeugfähigkeit ein Kraftstoffgemisch mit bis
zu 85%-Bioethanol zu tanken und einer ausreichend großen Verfügbarkeit
eines solchen Kraftstoffes an den Tankstellen des jeweiligen Landes (min
30% der Tankstellen) der Zielemissionswert noch um 5% reduziert werden. Die Abgaben bei Überschreitung des CO_2-Zielemissionswertes staf-
feln sich bis 2018 von 5 € pro Neuwagen für das erste überschreitende
Gramm CO_2 über 15 € für das zweite und 25 € für das dritte. Darüber
hinaus beläuft sich die Abgabe auf 95 € je weiterem Gramm CO_2 und
Neuwagen. Ab 2019 gilt diese erhöhte Abgabe von 95 € für jedes Gramm
über dem Grenzwert.

Daneben, und das ist der für Elektromobilität relevante Punkt, ist in der Verordnung vorgesehen, dass Fahrzeuge mit durchschnittlichen spezifischen

CO_2-Emissionswerten von unter 50 g CO_2/km mehrfach für die Berechnung des Flottenemissionswertes angerechnet werden können. Diese Mehrfachanrechnung reicht vom Faktor 3,5 in 2012 und sinkt je Jahr um 1, bis in 2016 keine Mehrfachanrechnung mehr vorgenommen wird. Elektrofahrzeuge zählen in diesem Zusammenhang als Fahrzeuge mit spezifischen Emissionen von 0 g CO_2/km trotz der bei der Elektrizitätserzeugung entstehenden CO_2-Emissionen. Unterschreiten Hybridfahrzeuge mit ihrem kombinierten Verbrauch aus Kraftstoff und Elektrizität diesen Schwellenwert von 50 g CO_2/km, gelten für sie ebenfalls die Mehrfachanrechnungen. Ein Automobilhersteller kann also mit einer relativ kleinen Anzahl verkaufter Elektrofahrzeuge oder entsprechend sparsamer Hybridfahrzeuge seinen Flottenemissionswert durch die Mehrfachanrechnung und durch höhere Zielemissionswerte bedingt durch das höhere Leergewicht von Elektrofahrzeugen verbessern. Durch diese Verordnung wurde auf europäischer Ebene indirekt ein Anreiz für Automobilhersteller gesetzt Elektrofahrzeuge oder ausreichend sparsame Hybridfahrzeuge anzubieten und zu verkaufen. Neben der indirekten Förderung von Elektromobilität auf europäischer Ebene existieren auf nationaler Ebene weit mehr Fördermaßnahmen. Im Folgenden wird nur auf die monetären Begünstigungen eingegangen, weil die spätere Ableitung der Marktentwicklung von Elektromobilität darauf aufbaut. Die Förderung von Elektromobilität ist in Europa unterschiedlich ausgestaltet (vgl. Tab. 3.4) und ändert sich in kurzen zeitlichen Abständen[25]. Sie reicht von direkten Kaufsubventionen bis hin zu Steuerersparnissen. In einigen Ländern stehen EVs aber auch ungünstiger da als vergleichbare konventionelle Fahrzeuge, weil aufgrund von prozentualen Abgaben EVs mit ihrem höheren Kaufpreis absolut höher besteuert werden. Dieser Nachteil könnte sich erst bei günstigeren Preisen für Elektrofahrzeuge ausgleichen, die allerdings, wenn überhaupt, erst wesentlich später erwartet werden. In wiederum anderen Ländern sind die Förderungen noch an wei-

---

[25]Während Tabelle 3.4 die Angaben enthält, auf die die nachfolgende Analyse aufbaut, können aktuelle Anpassungen der Fördermaßnahmen ACEA (2012, 2013) entnommen werden.

tere Bedingungen geknüpft, z.B. an die Verwendung von Elektrizität aus erneuerbaren Energien oder bestimmte spezifische CO_2-Emissionsgrenzen. Die meisten Förderungen von Elektrofahrzeugen sind bereits zeitlich begrenzt und fokussieren darauf den Markteintritt für Elektrofahrzeuge zu erleichtern.

Tabelle 3.4.: Besteuerung und Subventionierung von Elektrofahrzeugen in Europa

Land	Beschreibung
Belgien	BEV-Käufer erhalten eine Einkommensteuerreduktion von 30% des BEV-Kaufpreises und maximal 9.190 EUR. PHEVs werden, wenn sie weniger als 105 g CO_2/km emittieren, mit 15% des Kaufpreises (maximal 4.640 EUR[1]) subventioniert. Zusätzlich gibt es in der Wallonie ein Bonus-Malus-System, welches für BEVs und PHEVs bis maximal 30.000 EUR Kaufpreis und unter 99 g CO_2/km einen Bonus von 600 EUR vorsieht. Hinsichtlich der jährlichen Betriebssteuer ergeben sich keine Unterschiede zwischen konventionell und elektrisch betriebenen Fahrzeugen (ACEA, 2011a; Service Public Fédéral Belge, 2011).
Dänemark	Für BEVs aber nicht PHEVs mit einem Gewicht von weniger als 2 t entfällt die Zulassungsabgabe bis 2012, was voraussichtlich bis 2015 verlängert wird. Die jährlichen Abgaben sind verbrauchsbasiert, so dass sich ein leichter Vorteil für EVs ergibt (ACEA, 2011a; SKAT, 2011, 2010).
Deutschland	Der Kauf von EVs wird nicht subventioniert. Allerdings sind EVs für 5 Jahre ab Neuzulassung von der jährlichen Fahrzeugsteuer befreit. Danach unterliegen sie einer reduzierten gewichtsbasierten Jahressteuer (ACEA, 2011a).
Finnland	Der Zulassungssteuersatz für BEVs hat den minimalen Wert von 12,2%. Weil dieser aber auf den Fahrzeugpreis

[1] Dafür muss hier ein elektrisch gefahrener Anteil der Tageskilometer von ca. 22 Prozent (ca. 41 km) erreicht bzw. eine maximale Tagesstrecke von 185 km nicht überschritten werden.

Tabelle 3.4.: Besteuerung und Subventionierung von Elektrofahrzeugen in Europa (Fortsetzung)

Land	Beschreibung
	angewandt wird, ist die Zulassungsabgabe von BEVs absolut größer als bei einem vergleichbaren konventionellen Fahrzeug. Die jährliche Kraftfahrzeugsteuer ist CO_2-basiert und auf BEVs, als ein nicht mit Benzin betriebenes Fahrzeug, wird zusätzliche eine gewichtsbezogene Steuer erhoben (ACEA, 2011a; Ministry of Finance Finnland, 2009; ACEA, 2011b).
Frankreich	Zum einen sind BEVs und PHEVs bei der Registrierungsabgabe aufgrund ihrer geringeren CO_2-Emissionen begünstigt und zum anderen existiert ein Bonus-Malus-System durch das BEVs mit 5.000 EUR und PHEVs mit 2.000 EUR beim Neukauf gefördert werden (ACEA, 2011a).
Griechenland	BEVs und PHEVs sind von der Registierungsabgabe befreit. Durch die Luxussteuer in Höhe von 30% ergibt sich durch die höheren Anschaffungspreise ein Nachteil für EVs, der durch zurückgehende EV-Kaufpreise reduziert wird. Weil die jährliche Kraftfahrzeugsteuern auf Basis der CO_2-Emissionen ermittelt werden, ergibt sich hierbei ein leichter Vorteil für EVs (ACEA, 2011a).
Irland	Für BEVs bzw. PHEVs gab es eine Reduzierung der Registierungsabgabe von maximal 5.000 EUR bzw. 2.500 EUR bis Ende 2012. Aus der CO_2-basierten Jahressteuer ergibt sich ein weiterer Vorteil für EVs (ACEA, 2011a; VRT, 2011).
Italien	In vereinzelten Regionen in Italien gibt es Vergünstigungen für BEVs bei der Zulassungsabgabe (IPT: *Imposta provinciale di trascrizione*)[2]. Darüber hinaus sind BEVs von der jährlichen Fahrzeugsteuer für 5 Jahre nach Erstzulassung befreit. Danach werden sie in vielen Regionen mit 25% der Steuer eines äquivalenten konventionellen Fahrzeugs besteuert (ACEA, 2011a; Agencia Entrate, 2011).

---

[2] Diese einmaligen Vergünstigungen, die in ca. sieben Prozent der italienischen Regionen gewährt werden, schwanken zwischen maximal 63 EUR und minimal 31 EUR.

Tabelle 3.4.: Besteuerung und Subventionierung von Elektrofahrzeugen in Europa (Fortsetzung)

Land	Beschreibung
Luxemburg	Im Rahmen von (*PRIMe CAR-e*, 2011) wurde ein Neukauf bis Ende 2012 von PHEVs mit maximal 60 g CO_2/km und allen BEVs mit jeweils 5.000 EUR subventioniert, wenn die Fahrelektrizität nachweislich aus erneuerbaren Energien stammt. Weist das Fahrzeug höhere Emissionen auf reduziert sich die Förderung (100 g CO_2/km: 750 EUR, 90 g CO_2/km: 1.500 EUR). Analoge frühere Regelungen wurden jeweils jahrweise verlängert. Die jährlich anfallende Kraftfahrzeugsteuer ist abhängig von den CO_2-Emissionen des Fahrzeugs (ACEA, 2011a).
Niederlande	BEVs und PHEVs mit weniger als 110 g CO_2/km waren von der Zulassungs- und jährlichen Fahrzeugsteuer befreit. Dies war nur für 2012 relevant, weil danach diese Steuern zugunsten einer distanzbasierten Steuer abgeschafft wurden. Der Basistarif hierfür soll von 3 Ct/km in 2013 bis 6,7 Ct/km in 2018 steigen. Zusätzliche Tarifkomponenten (z.B. CO_2-abhängige oder tageszeitabhängige) sind geplant, aber noch nicht beschlossen (ACEA, 2011a; Auto En Vorvoer, 2011).
Norwegen	BEVs sind von der Importsteuer befreit und für PHEVs wird diese auf Basis eines um Batterie und Elektromotor reduzierten Fahrzeuggewichts berechnet. Darüber hinaus sind BEVS von der MwSt. befreit und unterliegen einer geringeren jährlichen Kraftfahrzeugsteuer (ACEA, 2011a; Lovdata, 2011; StatBank Norway, 2011).
Österreich	BEVs waren bis Ende August 2012 von der Normverbrauchsabgabe (NoVA), die beim Neuwagenkauf anfällt, und der monatlichen Kraftfahrzeugsteuer befreit. PHEVs erhalten einen maximalen Kaufbonus von 500 EUR (ACEA, 2011a; BMF Österreich, 2011a, 2011b; VW-AT, 2011).
Polen	EVs werden nicht gefördert, weder beim Kauf noch beim Betrieb (ACEA, 2011a).

Tabelle 3.4.: Besteuerung und Subventionierung von Elektrofahrzeugen in Europa (Fortsetzung)

Land	Beschreibung
Portugal	Der Neukauf von BEVs wird mit 5.000 EUR für die ersten 5.000 Fahrzeuge subventioniert. Zusätzlich sind BEVs von der Registrierungsabgabe und der jährlichen Fahrzeugsteuer befreit. Für PHEVs wird eine 50-prozentige Reduktion der Registrierungsabgabe gewährt (ACEA, 2011a; DGAIEC, 2011; Nina, 2010).
Schweden	EVs sind die ersten 5 Jahre nach Neuzulassung von der jährlichen Straßensteuer befreit. Der Kauf wird nicht monetär gefördert (ACEA, 2011a; SKATSE, 2011).
Schweiz	In der Schweiz wird der Kauf von BEVs oder PHEVs nicht subventioniert. Die jährliche Fahrzeugbesteuerung unterliegt den Kantonen direkt und ist folglich nicht einheitlich. In fast allen Kantonen ergibt sich hierbei ein Vorteil für EVs (ACEA, 2011a; Amt für Straßenverkehr und Schifffahrt, 2011).
Slowakische Republik	Weder Abgaben bei Kauf oder Registierung noch jährlich anfallende Steuern weisen einen Unterschied zwischen einem konventionellen Fahrzeug und einem EV auf. Es liegt damit keinerlei Subvention vor (ACEA, 2011a).
Slowenien	Es gibt eine CO_2-basierte Registrierungsabgabe, die folglich EVs begünstigt. Eine konventionelle jährliche Kraftfahrzeugsteuer existiert nicht. Allerdings wird eine gewichtsbezogene Umweltsteuer erhoben (ACEA, 2011a).
Spanien	Für die Kaufsubventionierung von BEVs und PHEVs steht ein Etat von 72 Mio. EUR zur Verfügung. Damit wird der Kauf mit 25% des Fahrzeugpreises exklusive MwSt. bzw. maximal 6.000 EUR gefördert, dies entspricht minimal dem Kauf von 12.000 Fahrzeugen. Zusätzlich sind BEVs von der Zulassungsabgabe (ISV) befreit. Die jährliche Kfz-Besteuerung ist regionenspezifisch, wobei in den meisten Regionen für BEVs ein Steu-

Tabelle 3.4.: Besteuerung und Subventionierung von Elektrofahrzeugen in Europa (Fortsetzung)

Land	Beschreibung
	ererlass von 75% gewährt wird (ACEA, 2011a; AEA, 2010; Ministerio de Industria, Turismo y Comercio, 2011; AEA, 2010).
Tschechische Republik	Der einzige Vorteil für BEVs und PHEVs ist, dass sie von der Straßenmaut befreit sind, die nur für den Wirtschaftsverkehr erhoben wird (ACEA, 2011a).[3]
Ungarn	In Ungarn ergibt sich für EVs eine günstigere Zulassungsabgabe. Die jährliche Kraftfahrzeugsteuer hängt von der Motorleistung und dem Fahrzeugalter ab, so dass sie bei Vergleichsfahrzeugen keine Differenz aufweist (ACEA, 2011a; HCFG, 2011).
Vereinigtes Königreich	EVs mit CO_2-Emissionen unter 75 g CO_2/km werden bei Neukauf mit 25% des Kaufpreises und maximal 5.775 EUR gefördert, wenn sie weitere Kriterien wie z. B. eine minimale elektrische Reichweite von 70 Meilen bei BEVs und 10 Meilen bei PHEVs erfüllen. Zusätzlich sind alle Fahrzeuge mit CO_2-Emissionen unter 100 g CO_2/km von der jährliche Kraftfahrzeugsteuer befreit (ACEA, 2011a; BBC, 2011).

[3] Die Straßensteuer in der Tschechischen Republik hängt von der Motorgröße bei Personenwagen und vom Fahrzeuggewicht sowie der Achsenanzahl bei Güterfahrzeugen ab. Sie variiert ungefähr zwischen 50 und 2.000 EUR/a.

3.4. Zusammenfassung

Um mögliche Auswirkungen von Elektromobilität auf das Energiesystem analysieren zu können, müssen zunächst diejenigen Elektrofahrzeugtypen identifiziert werden, die für die Beeinflussung des Energiesystems relevant sind. Dies sind EVs mit Anschlussmöglichkeit an das Elektrizitätsnetz. Diese zeichnen sich aus Sicht des Energiesystems vor allem durch eine Energienachfrage, durch einen Leistungsbedarf und durch zusätzliche Emissionen im Elektrizitätssektor aus. Der dabei entstehende Leistungsbedarf ist grundlegend von der verfügbaren Ladeinfrastruktur und -steuerung abhängig. Abschätzungen zur Größenordnung dieser drei Einflussgrößen sowie ihre zeitliche Entwicklung zeigen auf, dass EVs schrittweise in das Energiesystem integriert werden können. Diese Integration erfolgt wahrscheinlich unterschiedlich schnell in Europa aufgrund der heterogenen Rahmenbedingungen für Elektromobilität in den einzelnen Ländern.

4. Ein integriertes Modellkonzept zur Analyse der langfristigen Auswirkungen von Elektromobilität auf das Energiesystem

In diesem Kapitel sollen die Anforderungen an ein Modellkonzept hergeleitet werden, das die Analyse der langfristigen Auswirkungen von Elektromobilität auf das Energiesystem ermöglicht. Hierunter fallen vor allem der Kraftwerksausbau und -rückbau[1]. Dies stellt die Planungsaufgabe mit dem längsten Zeithorizont im Energiesektor dar. Weil auf dieser Ebene Entscheidungen nicht isoliert von anderen getroffen werden können, werden im Folgenden zunächst die Entscheidungsebenen von Energieversorgungsunternehmen kurz umrissen.

Daran anschließend werden bestehende Ansätze zur Kraftwerksausbauplanung sowie solche zur Analyse der langfristigen Auswirkungen von Elektromobilität auf das Energiesystem vorgestellt. Daraus und aus den in den vorherigen Kapiteln beschriebenen technischen, ökonomischen und ökologischen Implikationen (vgl. Kap. 2.2) sowie aus der Entwicklung von Elektromobilität (vgl. Kap. 3) wird ein Anforderungsprofil für einen Analyseansatz abgeleitet. Dieses Anforderungsprofil liegt dem hier verwendeten Modellkonzept zugrunde, dessen Beschreibung dieses Kapitel abschließt.

---

[1] Eigentlich fällt hierunter auch der Netzausbau, der in dieser Arbeit exogen vorgegeben wird. Die Gründe hierfür sind in Abschnitt 4.5 dargelegt.

4.1. Planungsebenen und -aufgaben im Energiesektor

Die verschiedenen Planungsebenen für Entscheidungen im Energiesektor lassen sich unter anderem bezüglich ihres Zeithorizonts und ihrer Aufgabe unterscheiden (vgl. u.a. Rosen, 2007; Eßer-Frey, 2012; Möst, 2006, 2010). Diese Kategorisierung ist in Abbildung 4.1 schematisch dargestellt. Es ist notwendig die Aufgaben der Planung und des Betriebs von Kraftwerken in diese Ebenen zu unterteilen, weil die Komplexität des Energiesystems eine vollständig integrierte Betrachtung über alle Planungsebenen hinweg ausschließt (Möst, 2010).

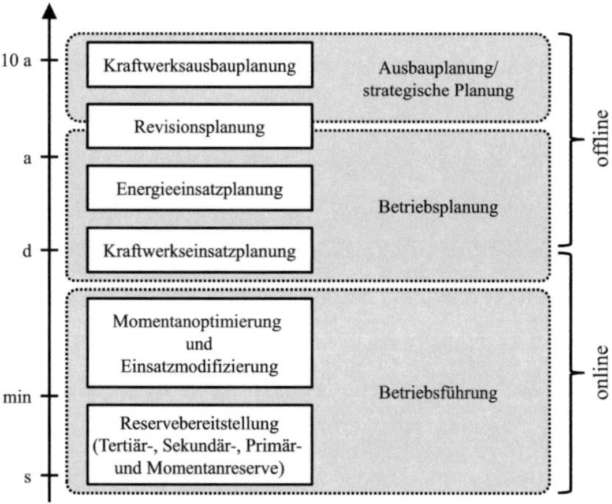

Abbildung 4.1.: Planungsebenen von Kraftwerksbetreibern (basierend auf (Rosen, 2007; Eßer-Frey, 2012; Möst, 2006, 2010))

In der Kraftwerksausbauplanung, welche von prioritärer Bedeutung für diese Arbeit ist, muss neben Kraftwerkszubauten oder -rückbauten auch über andere strategische Fragestellungen entschieden werden, so beispielsweise über zukünftig zu verfolgende Technologielinien oder Standorte (Möst, 2006; Cremer, 2005). Solche Entscheidungen müssen Jahrzehnte im Voraus getroffen werden und bedürfen Prognosen zur Entwicklung von Parametern wie z.B. der Elektrizitätsnachfrage, der Spitzenlast und der zukünftigen Energieträgerpreise (vgl. Rosen, 2007).

Die auf dieser Ebene festgelegten Entscheidungen beeinflussen die weiteren Planungsebenen, hängen aber im Gegenzug ebenso von ihnen ab. Folglich kann hier die Kraftwerksausbauplanung nicht allein berücksichtigt werden. Vielmehr müssen die Entscheidungsaufgaben auf allen Ebenen in Rechnung gestellt werden, die erstere beeinflussen. Von besonderer Bedeutung sind dabei die Ebenen, auf denen die erreichbaren Volllaststunden eines Kraftwerks festgelegt werden. Dies sind vor allem die Betriebsplanung sowie die Momentanoptimierung und Einsatzmodifizierung. Weil das Anbieten von Leistung bzw. Arbeit an den Reservemärkten nicht in jedem Fall zu einem Abruf führt und die Vorhersagbarkeit des Abrufs mit Unsicherheiten verbunden ist, beeinflusst die Ebene des Reserveeinsatzes den Kraftwerksausbau weitestgehend nicht. Ebenso verhält es sich mit der Revisions- und Energieeinsatzplanung, auch wenn sie zu berücksichtigende Restriktionen für den Kraftwerkszubau bedingt. (Möst, 2010)

4.2. Etablierte Ansätze zur Entscheidungsunterstützung bei der Kraftwerksausbauplanung

Die Kraftwerksausbauplanung wird ebenso wie die kurz- und mittelfristigen Planungsaufgaben durch Systemmodelle unterstützt. In der Literatur liegen umfangreiche Beschreibungen und Übersichten zu bestehenden Modellansätzen für die unterschiedlichen Planungsebenen vor. Einen guten Überblick liefern beispielsweise VDI (1997, 2001, 2003, 2005); Lüth (1997); Wietschel (2000). Für die langfristigen Planungsebenen sind vergleichweise weniger Modellansätze bekannt, wie in Möst (2006); Rosen (2007) diskutiert. Dies wird dort mit verbleibenden Überkapazitäten aus der Zeit vor der Liberalisierung der Elektrizitätsmärkte begründet, wegen dieser habe eine geringe Notwendigkeit für solche Modellansätze bestanden.

Jede Zusammenstellung bestehender Modellansätze hat ihren eigenen Fokus. Während z.B. in Enzensberger (2003) eine Kategorisierung von Modellen zur langfristigen sektorspezifischen Analyse aufgeführt ist, konzentriert sich Graeber (2002) auf die angewandten Verfahren zur Modellierung der Kraftwerks- und Netzausbauplanung und Krey (2006) gibt einen Überblick über existierende Modellgeneratoren, mit denen die eigentlichen Energiesystemmodelle u.a. zur Kraftwerksausbauplanung erstellt werden können.

Insgesamt hat sich die Unterscheidung zwischen top-down und bottom-up Modellen etabliert (Rosen, 2007). Erstere betrachten sektorübergreifend ganze Volkswirtschaften auf einem hohen Aggregationslevel. Bottom-up Modelle hingegen beruhen auf einem prozessanalytischen Ansatz und beinhalten eine detaillierte Abbildung von Technologieoptionen. Durch die unterschiedlichen Perspektiven dieser Modelltypen eignen sie sich für unterschiedliche Fragestellungen. Darüber hinaus gibt es Ansätze, die beide Modellarten kombinieren, um deren Vorteile zu vereinen und ihre Nachteile zu vermeiden. (Enzensberger, 2003; Möst, 2010)

Modelle mit einem bottom-up Ansatz[2] werden auch Partialmodelle oder Energiesystemmodelle genannt (Möst, 2010; Eßer-Frey, 2012). Bei ihnen unterscheidet man hauptsächlich zwischen optimierenden oder simulierenden Energiesystemmodellen. Während bei Ersteren mittels der Zielfunktion die Handlungsmaxime einheitlich für das betrachtete System vorgegeben wird, werden die Entscheidungsregeln für die simulierenden Modelle entweder über den betrachteten Zeitraum festgeschrieben oder mittels Lernalgorithmen fortentwickelt (vgl. u.a. Genoese, 2010; Eßer-Frey, 2012).

Energiesystemmodelle basieren meist auf Energie- und Stoffflussbilanzen und können zum einen bezüglich ihrer Struktur in gerichtete und ungerichtete Graphen und zum anderen hinsichtlich der Modellierung der Elektri-

---

[2]Weil für die hier betrachtete Forschungsfrage die stark aggregierte Technikbetrachtung von top-down Ansätzen unzureichend ist, werden diese Ansätze hier nicht weiter differenziert. Eine Kategorisierung und Übersicht kann z.B. in Enzensberger (2003) nachgeschlagen werden.

zitätsflüsse unterschieden werden. Bei den Elektrizitätsflüssen kann zwischen Transportmodellen und verschiedenen Varianten von Lastflussmodellen differenziert werden. Transportmodelle werden meist mittels gerichteter, Lastflussmodelle mittels ungerichteter Graphen abgebildet. Lastflussmodelle bilden die Elektrizitätsflüsse auf Basis des Kirchhoffschen Gesetzes ab und werden in lineare Gleichstrom (DC) und nichtlineare Wechselstrom (AC) Modelle unterteilt. Zwischen diesen beiden Varianten gibt es noch Mischformen, um z.B. mit einem linearen Modell die Abbildung von Wechselstrom annähern zu können. (Eßer-Frey, 2012)

4.3. Ansätze zur Abbildung der langfristigen Auswirkungen von Elektromobilität auf das Energiesystem

In den letzten Jahren wurde eine Vielzahl an Analysen und Studien zum Thema Elektromobilität durchgeführt und Modellansätze für ihre Fragestellungen entwickelt. Eine gute Literaturübersicht hierzu findet sich in Hacker et al. (2009). Darin fällt auf, dass sich von den über 350 eingeordneten und vorgestellten Veröffentlichungen nur 1/7 mit der Wechselwirkung von EVs mit dem Elektrizitätsmarkt beschäftigen und dies teilweise nur einen Teilaspekt ausmacht. Die in diesen 50 Veröffentlichungen analysierten Fragestellungen sind auf sämtliche Entscheidungsebenen des Elektrizitätsmarktes verteilt. Die langfristige Planungsebene der Kraftwerksausbauplanung wird dabei nur in wenigen Arbeiten adressiert. Über solche Arbeiten wird im Folgenden ein Überblick gegeben.

Mullan et al. (2011) analysiert wie theoretische EV-Penetrationsraten[3] die heutige Last in Westaustralien für die nächsten 10 Jahre beeinflussen. Dazu werden einheitlich für alle EVs künstliche Ladestrategien[4] angenommen

---

[3]Es wird davon ausgegangen, dass alle Neuzulassungen EVs sind. Dabei wird die Anzahl der Neuzulassungen über den Betrachtungshorizont konstant gehalten.

[4]Es wird von einer einheitlichen Ladeleistung von 1,5 kW und Ladeblöcken mit je 4 Stunden Ladezeit ausgegangen. Die festgeschriebene Ladezeit wird für die gesamte EV-Flotte einheitlich in Szenarien variiert.

und ihr Einfluss auf das Energiesystem anhand von Lastdauerkurven qualitativ diskutiert. Es wird vornehmlich zu ermitteln versucht, ab welchem Marktanteil von EVs die Last negativ oder positiv in Abhängigkeit von der Ladestrategie beeinflusst wird. Lastverlagerungen werden exogen über Szenarioannahmen vorgegeben.

Schill (2011) untersucht mittels eines spieltheoretischen Modells die Wechselwirkung von EVs und einem imperfekten Elektrizitätsmarkt am Beispiel von Deutschland. Dabei wird von einer hypothetischen EV-Flotte von einer Millionen Fahrzeugen ausgegangen, die als Nachfrage und Speicher fungiert. Ladestrategien werden endogen durch Profit maximierende Spieler inklusive Preisrückkopplung ermittelt. Allerdings werden diese Ladestrategien weder durch das Fahrverhalten von EV-Nutzern noch durch eine Ladeinfrastruktur begrenzt, d.h. es kann jederzeit geladen werden. Ermittelt wird der Einfluss auf den Elektrizitätspreis, auf die Wohlfahrt und auf den Kraftwerkseinsatz basierend auf dem heutigen Kraftwerkspark für zwei typische Wochen im Winter.

In Hartmann und Özdemir (2011) wird der Einfluss verschiedener Ladestrategien auf das deutsche Elektrizitätsnetz untersucht. Dazu nehmen sie in Szenarien verschieden große EV-Flotten an. Auf Basis der Mobilitätsstudie „Mobilität in Deutschland" (BMVBS, 2010) werden die durchschnittlichen Anteile an Wegen als Pkw-Fahrer für verschiedene Fahrziele und das damit verbundene durchschnittliche Fahrverhalten über eine Woche ermittelt, um damit das Mobilitätsverhalten zu charakterisieren. Diese Informationen gehen als Eingangsgrößen in ein Simulationsmodell ein. Unabhängig von der EV-Flottengröße werden Preisrückkopplungen durch EVs nicht berücksichtigt und der Einfluss auf das Netz wird deutschlandweit einheitlich anhand der Reduktion der Nachfragefluktuation beurteilt. Sie verwenden für diese Beurteilung die Methode der kleinsten Quadrate.

Ein Kraftwerksausbaumodell für Texas, das Elektromobilität berücksichtigt, wird in Shortt und O'Malley (2012) vorgestellt[5]. Es zielt auf eine Kostenminimierung und beinhaltet eine Kraftwerkseinsatzplanung. Die EV-Penetrationen werden exogen vorgegeben und die möglichen Zeiträume für das Laden von EVs werden anhand des US Zensus (United States Census Bureau, 2011) einheitlich für die gesamte EV-Flotte abgeschätzt. Außer der Penetration variieren die Autoren keine weiteren EV-Parameter über den Betrachtungshorizont bis 2040. Auch die Kraftwerkszubauoptionen bleiben über den Optimierungshorizont unverändert und erstrecken sich auf drei Technologieoptionen. Zusätzlich wird eine konstante CO_2-Steuer angenommen. Rückwirkungen von EVs auf den Elektrizitätsmarkt sowie Einflüsse von Netzrestriktionen oder die Entwicklung von volatilen erneuerbaren Energien werden nicht betrachtet.

In Kiviluoma und Meibom (2011) wird die detaillierte Abbildung von EVs in Finnland innerhalb eines Kraftwerkeinsatzmodels beschrieben. Diese Abbildung basiert auf der auch hier verwendeten finnischen Mobilitätsstudie (FINNRA, 2006). Allerdings werden die Ladedynamik oberhalb von 80% *State-of-Charge* (SoC)[6] sowie mögliche Netzrestriktionen[7] vernachlässigt. Kombiniert wird dieses Modell mit dem linearen, optimierenden Kraftwerksausbaumodell Balmorel (vgl. auch Kiviluoma & Meibom, 2010)[8], um in Szenarien mit verschiedenen Ladestrategien für 2035 aufzuzeigen, wie sich exogen vorgegebene EV-Penetrationen bzw. ihre Elektrizitätsnachfrage auf den Kraftwerkszubau auswirken. Eine Rückwirkung

---

[5]Vom gleichen Autor wurde in Shortt und O'Malley (2009) eine ähnliche Studie für Irland mit vergleichweise weniger detaillierter EV-Abbildung vorgenommen.

[6]Der SoC beschreibt den Ladezustand einer Batterie. Ein SoC von 100% entspricht eine vollständig geladenen Batterie.

[7]Es werden durchschnittliche Effizienzen für die Energieflüsse angenommen.

[8]Das Modell Balmorel umfasst in dieser Analyse einen Betrachtungshorizont von einem Jahr, für das dann ein Zubau erfolgt, wenn dadurch die Systemkosten inklusive der annuisierten Investitionen reduziert werden können. Änderungen in den Rahmenbedingungen für ein zugebautes Kraftwerk über dessen Lebensdauer können auf diese Weise nicht mitberücksichtigt werden.

von Kraftwerkszubauten und CO_2-Zertifikatspreisen auf EV-Penetrationen wird nicht betrachtet.

Auf dem Modell Balmorel baut auch die Analyse in Hedegaard et al. (2012) auf. Dort wurde ein Zusatzmodul für die integrierte Betrachtung des Transport- und Energiesektors entwickelt. Betrachtet werden 5 Länder (Dänemark, Finnland, Deutschland, Norwegen und Schweden) bis 2030 mit exogen angenommenen EV-Penetrationsraten. Die Autoren leiten das Mobilitätsverhalten für EVs einheitlich für die berücksichtigten Länder aus der dänischen Mobilitätsstudie (DTU, 2009) ab, die in der vorliegenden Arbeit unter anderen ebenfalls verwendet wird. Weil das Modell Balmorel zusammen mit dem Transportzusatzmodul eine volkswirtschaftliche Sicht darstellt, werden für EVs kein eigener Zinssatz sowie keine Steuern oder Subventionen berücksichtigt. Infrastrukturkosten werden vernachlässigt und der Elektrizitätsaustausch mit anderen Ländern sowie die CO_2-Zertifikatspreise werden exogen festgeschrieben.

Für Deutschland wird der Einfluss von EVs in Richter und Lindenberger (2010) analysiert. Dort wird ein dynamisches, optimierendes Energiesystemmodell für die Kraftwerksausbauplanung der konventionellen Kraftwerke mit einem Kraftwerkseinsatzmodell kombiniert, welches auch die Reservemärkte berücksichtigt. Der zeitliche Verlauf des Anteils der stehenden Fahrzeuge wird Blank (2007) entnommen. Die EV-Penetrationen, der CO_2-Zertifikatspreis und der Elektrizitätsaustausch von Deutschland werden exogen vorgegeben. Rückkopplungen zwischen diesen Größen werden folglich nicht untersucht.

In Lanati et al. (2011) wird untersucht, wie sich exogen angenommene EV-Penetrationen auf das italienische Energiesystem in 2030 auswirken. Die Entwicklung des Kraftwerkparks wird mit dem Energiesystemmodell MATISSE ermittelt, während der Kraftwerkseinsatz mit einem Einsatzmodell bestimmt wird. Das Kraftwerkseinsatzmodell hat keine Rückwirkungen auf MATISSE. Für die zusätzliche Nachfrage durch EVs in Italien werden in der Studie mittels einer Mobilitätsstudie für Mailand und sein Hinterland sowie weiterer Annahmen Lastkurven abgeleitet. Weil es sich um eine nationale Betrachtung handelt, werden für den Elektrizitätsaustausch und die CO_2-Zertifikatspreise Annahmen getroffen[9].

Diese Übersicht zeigt, dass im Gegensatz zu dieser Arbeit meist einzelne Länder betrachtet werden. Nur Hedegaard et al. (2012) untersuchten 5 nordeuropäische Länder gemeinsam. Dort wird allerdings zu Recht darauf hingewiesen, dass auch diese geografische Systemgrenze nicht ausreicht, um die Effekte durch den Elektrizitätsaustausch im ENTSO-E-Netz berücksichtigen zu können. Infolge dieser vor allem national geprägten Betrachtungen kann das EU-ETS nicht endogen berücksichtigt werden.

Alle Studien geben die EV-Penetrationsraten exogen vor und in keiner davon erfolgt eine Rückkopplung der Ergebnisse der Energiesystemmodelle auf die Penetrationen (z.B. durch einen Elektrizitätspreis), was Bestandteil des hier entwickelten Modellkonzeptes ist. Die hier aufgeführten Arbeiten unterscheiden sich hinsichtlich der Ableitung einer EV-Lastkurve und der Berücksichtigung von Lastverschiebungen oder Rückspeisung stark. Einige (z.B. Kiviluoma & Meibom, 2011) leiten die EV-Lastkurve detailliert aus Mobilitätsstudien ab, während andere (z.B. Mullan et al., 2011) qualitative Lastkurven zugrunde legen. Die Möglichkeit zur Lastverlagerung wird meist in Szenarien variiert und nicht wie in dieser Arbeit in das Modell integriert.

Außer Schill (2011) verwenden alle Studien ein optimierendes Energiesystemmodell zur Kraftwerksausbauplanung und ermitteln, wenn überhaupt, den Kraftwerkseinsatz mit einem separaten Modell ohne Rückkopplung auf den Kraftwerkszubau. Dieses Vorgehen ermöglicht zwar eine zeitlich differenziertere Abbildung des Kraftwerkseinsatzes, ignoriert aber die Wechselwirkung zwischen diesen beiden Entscheidungsebenen, die im hier entwickelten Modellkonzept berücksichtigt werden. Mögliche Netzengpässe

---

[9]Für die Modellierung eines Elektrizitätsaustauschs müssen alle Länder, die den Austausch maßgeblich beeinflussen mitbetrachtet werden. Ähnlich verhält es sich bei der endogenen Ermittlung des CO_2-Zertifikatspreises, der die Berücksichtigung der das EU-ETS hauptsächlich prägenden Länder erfordert.

und deren Einfluss auf den Kraftwerkszubau werden in keiner der hier aufgeführten Studien behandelt.

4.4. Anforderungen an Modelle zur Analyse der langfristigen Auswirkungen von Elektromobilität auf das Energiesystem

Elektromobilität als potenzielle zusätzliche Elektrizitätsnachfrage kann das Energiesystem auf allen Entscheidungsebenen beeinflussen. Während für kurz- und mittelfristige Zeiträume bereits vielfältige Analysen vorgenommen wurden (vgl. Hacker et al., 2009), beschäftigen sich weniger Arbeiten mit den langfristigen Auswirkungen. Diese analysieren den langfristigen Einfluss von EVs auf den Kraftwerkszubau isoliert und ohne Rückkopplungen. Offen bleibt daher wie sich Elektromobilität in den interdependenten Energiemärkten langfristig auswirken wird.

Die Anforderungen an ein Modellkonzept, die für eine solche Analyse notwendig sind, sollen hier im Folgenden zusammengetragen und diskutiert werden. Es muss dabei zwischen drei Bereichen unterschieden werden, die jeweils spezifische Anforderungen mit sich bringen. Diese Bereiche sind die programmtechnische Umsetzung, die Kraftwerksausbauplanung und die Integration von EVs in das Energiesystem. Der erste Bereich beinhaltet die Software-Implementierung der Modelle und die damit verbundene Datenhaltung. Während der zweite Bereich den Modellteil allein für die Kraftwerksausbauplanung umfasst, betrifft der letzte Bereich die für die Abbildung von EVs nötigen Modellanpassungen sowie die dafür erforderliche Datengrundlage.

Die Anforderungen aus Sicht der programmtechnischen Umsetzung sind vor allem die einfache Möglichkeit zur Anpassung an geänderte Rahmenbedingungen und der Ausgleich zwischen Genauigkeit und Aufwand an Rechenzeit und benötigter Rechenleistung (Möst, 2006). Weil die Kraftwerksausbauplanung z.B. im Vergleich zur Betriebsführung nicht online bzw. in Echtzeit erfolgen muss (vgl. Abb. 4.1), besteht bezüglich der benötigten Rechenzeit ein gewisser Spielraum.

Für die Kraftwerksausbauplanung haben sich optimierende Energiesystemmodelle bewährt (vgl. Abschnitt 4.2). Diese müssen folgenden Anforderungen genügen, um langfristige Entwicklungen im Energiesystem adäquat abbilden zu können (vgl. Enzensberger, 2003; Möst, 2006, 2010; Möst et al., 2010; Rosen, 2007; Heinrichs et al., 2011; Eßer-Frey, 2012):

- Es sollen sich verändernde Rahmenbedingungen während der Lebensdauer von Kraftwerken berücksichtigt werden können. Dazu sollte zum einen ein ausreichend langer Zeitraum von >15 Jahren betrachtet und zum anderen ein dynamisches Investitionsrechenverfahren angewandt werden (vgl. Kap. 2.2.3).

- Diese veränderlichen Rahmenbedinungen sollen hinreichend genau erfasst werden. Die bestehen zum einen aus techno-ökonomischen Charakteristika sowie ökologischen Restriktionen des betrachteten Energiesystems und zum anderen aus weiteren politischen Vorgaben.

- Weil sich die Entscheidungsebene des Kraftwerksausbaus und des -einsatzes gegenseitig beeinflussen, sollen diese integriert betrachtet werden. Dazu ist es notwendig, dass die Lastverläufe der Energienachfragen sowie die technischen Randbedingungen adäquat abgebildet werden. Hierzu gehört auch die Abbildung der Koppelproduktion von Elektrizität, Wärme und CO_2.

- Wegen der Entwicklung hin zu einem gemeinsamen europäischen Energiebinnenmarkt (vgl. Kap. 2.1.1), sollte die Vernetzung und gegenseitige Beeinflussung der Energiesysteme der europäischen Länder integriert betrachtet werden. Dazu sollen zum einen die internationalen Netzstrukturen mit ihren technischen Restriktionen sowie das EU-ETS und zum anderen die länderspezifischen Merkmale der Energiesysteme berücksichtigt werden.

- Weil der politisch forcierte Ausbau erneuerbarer Energien durch regional stark differenzierte Kosten-Potenziale und volatile Elektrizitätseinspeisung geprägt ist, sollen dezentrale Effekte und mögliche Netzengpässe insbesondere in ihren technischen Zusammenhängen adäquat berücksichtigt werden.

Um die langfristigen Auswirkungen von Elektromobilität auf das Energiesystem analysieren zu können, müssen EVs in ein Modell zur Kraftwerksausbauplanung integriert werden (Gerbracht et al., 2010). Dazu ist es erforderlich, insbesondere Wechselwirkungen zwischen EV-Marktpenetrationen und dem Energiesystem zu betrachten. Daraus ergeben sich folgende Anforderungen:

- Der Einfluss der Elektrizitätspreisentwicklung auf die EV-Penetration muss berücksichtigt werden. Dies heißt auch, dass die betrachteten EV-Penetrationen konsistent mit den anderen Szenarienparametern und Modellergebnissen sein müssen.

- Der Lastverlauf der Elektrizitätsnachfrage von EVs muss berücksichtigt werden. Dieser Verlauf ist so herzuleiten, dass das Mobilitätsverhalten und der Zugang zu Ladestationen bzw. Ladeleistungen zeitlich und räumlich differenziert berücksichtigt werden können.

- Die Möglichkeit von EVs ihre Last verlagern zu können, stellt einen Freiheitsgrad dar, der die Auswirkungen von Elektromobilität auf das Energiesystem wesentlich beeinflusst. Diese Option muss folglich unter Berücksichtigung des Mobilitätsverhaltens und der verfügbaren Ladeinfrastruktur mit betrachtet werden. In einem optimierenden Energiesystemmodell muss sie endogener Teil der Optimierung sein, um den aus Systemsicht optimalen Lastverlauf von EVs ermitteln und so Konsistenz in den Szenarien gewährleisten zu können.

- Die Degradation der Batterie bei Einsatz für V2G muss mit betrachtet werden. Dies führt dazu, dass V2G auf den Märkten für Fahrplanenergie mit hoher Wahrscheinlichkeit keine wirtschaftliche Option darstellt. (vgl. u.a. Abschnitt 3.2.4)

- Weil in einem Kraftwerksausbaumodell die länderspezifischen Unterschiede im europäischen Energieverbund berücksichtigt werden müssen (s. oben) und die Voraussetzungen für Elektromobilität in den europäischen Ländern unterschiedlich sind (vgl. Kap. 3.3), muss auch Elektromobilität länderspezifisch betrachtet werden. Dies beinhaltet insbesondere die Berücksichtigung von finanziellen Subventionen und unterschiedlichen Elektrizitätspreisen je Land.

- Das Mobilitätsverhalten hängt zudem nicht nur vom jeweiligen Land ab, sondern unterscheidet sich auch innerhalb eines Landes in Abhängigkeit der Siedlungsstruktur (vgl. Kap. 5.5.2). Dies kann Auswirkungen auf die Auslastung der Elektrizitätsnetze haben, weswegen für eine detaillierte Untersuchung auch regionale Unterschiede im Mobilitätsverhalten in Wechselwirkung mit dem Energiesystem berücksichtigt werden müssen.

4.5. Umsetzung des Modellkonzeptes

Die zuvor angeführten Anforderungen erfüllt das in dieser Arbeit entwickelte Modellkonzept, welches in diesem Abschnitt überblicksartig vorgestellt wird. Das Modellkonzept besteht aus zwei gekoppelten Energiesystemmodellen. Sie weisen ergänzende Modellschwerpunkte auf und bedienen sich einer iterativ integrierten Ableitung von EV-Marktpenetrationen. Die Methode zur Ableitung der EV-Marktentwicklung und die Entwicklung der beiden Energiesystemmodelle werden im Detail in den beiden nachfolgenden Kapiteln beschrieben. In diesem Kapitel wird eine Einordnung der Einzelmodelle in das zugrundeliegende Modellkonzept vorgenommen.

Die Ableitung der EV-Marktpenetrationen basiert auf einem länderspezifischen techno-ökonomischen Vergleich von einem BEV bzw. PHEV mit einem konventionell angetriebenen Pkw. Dadurch können die Unterschiede zwischen den Ländern insbesondere bezüglich Subventionen berücksichtigt werden. Die hergeleitete Entwicklung der EV-Marktpenetration je Land wird durch die Zahl der Nutzer bestimmt, für die ein EV die wirtschaftlichere Mobilitätsform darstellt. Auf Basis dieser EV-Entwicklung wird deren Elektrizitätsbedarf in seiner Höhe und zeitlichen Struktur hergeleitet. Die zeitliche Struktur bzw. Last der EV-Elektrizitätsnachfrage berücksichtigt sowohl das Mobilitätsverhalten der Fahrzeugnutzer als auch die verfügbare Ladeinfrastruktur.

Das Lastverschiebepotenzial wird durch zwei Extremladestrategien, deren Herleitung den obigen Anforderungen entspricht, charakterisiert und die Wahl der tatsächlichen EV-Ladekurve in die Energiesystemmodelle integriert[10]. Die jährliche länderspezifische Elektrizitätsnachfrage durch EVs sowie die Lastkurven bzw. das Lastverschiebepotenzial von EVs gehen als Eingangsgrößen in die Energiesystemmodelle ein. V2G wird hier aus den in Kapitel 3.2.4 erläuterten Gründen nicht weiter betrachtet.

Die beiden Energiesystemmodelle[11] fokussieren zum einen auf den europäischen Energieverbund (*PERSEUS-EMO-EU*) und zum anderen auf das regional differenzierte deutsche Energiesystem unter Berücksichtigung des elektrischen Übertragungsnetzes (*PERSEUS-EMO-NET*). Durch diese geografischen Systemgrenzen können der Elektrizitätsaustausch u.a. von Deutschland und der CO_2-Zertifikatspreis endogen ermittelt werden. Gleichzeitig erlaubt die regional differenzierte Betrachtung von Deutschland, den dezentralen Ausbau von konventionellen Kraftwerken und erneu-

---

[10]Die dafür notwendige IuK-Technologie wird als Voraussetzung angenommen. Diese umfasst alle technischen und rechtlichen Geräte und Verträge, die für eine einwandfreie Umsetzung der Kommunikation zwischen dem EV-Nutzer, dem EV, dem Ladesäulenbetreiber, dem Stromlieferanten und dem Verteilnetzbetreiber nötig sind, um z.B. die Last durch EVs in Abhängigkeit von Einflussgrößen aus dem Energiesystem steuern zu können. Für detailliert Ausführungen zu Umsetzungsmöglichkeiten von IuK-Technologien bei EVs sei auf Link (2011) verwiesen.

[11]Beide Modelle sind in der Programmiersprache GAMS (Rosenthal, 2012) implementiert und verfügen über eine benutzerfreundliche Bedienoberfläche sowie einem effizienten Datenmanagementsystem auf der Basis von Access (vgl. Göbelt, 2001).

erbaren Energieanlagen sowie die regional unterschiedlichen EV-Penetrationen und Energienachfragen unter Einhaltung von Netzrestriktionen zu berücksichtigen.

Beide Energiesystemmodelle bauen auf der *PERSEUS*[12]-Modellfamilie auf. Bei den *PERSEUS*-Modellen handelt es sich um intertemporale, lineare oder gemischt-ganzzahlige Optimiermodelle. Als Zielfunktion ist bei den meisten und auch bei den hier entwickelten und eingesetzten Modellen die Minimierung aller diskontierten entscheidungsrelevanten Systemausgaben hinterlegt. Durch den hier betrachteten Zeithorizont bis 2030, wird eine ausreichend große Zeitspanne für die Analyse des Kraftwerksausbaus abgedeckt. Politische Vorgaben, ökologische Restriktionen und techno-ökonomische Eigenschaften können mittels Nebenbedingungen in die Modelle aufgenommen werden.

Beide Modelle basieren auf einer Energie- und Stoffflussbilanz und betrachten die Kapazitätsausbauplanung und den Kraftwerkseinsatz integriert. Dazu sind Lastverläufe für die exogen vorgegebenen Nachfragen nach Elektrizität und Wärme hinterlegt[13]. Eine Ausnahme bildet hier die Elektrizitätsnachfrage für EVs, bei der keine feste Lastkurve sondern das Lastverschiebepotenzial hinterlegt ist.

Die Energienachfrage stellt die treibende Größe für die Modelle dar. Um die Nachfrage zu decken, können bestehende oder dafür neu zugebaute Anlagen unter Berücksichtigung der technischen Systemeigenschaften eingesetzt werden[14]. Dabei wird der mögliche Kraftwerksbetrieb durch techno-ökonomische Betriebsparameter beschrieben, die auch die Koppelprodukti-

---

[12]Das Akronym *PERSEUS* steht dabei für: **P**rogramme **P**ackage for **E**mission **R**eduction **S**trategies in **E**nergy **U**se and **S**upply. Die *PERSEUS*-Modellfamilie besteht aus einer Vielzahl am Institut für Industriebetriebslehre und Industrielle Produktion entwickelten optimierenden Energiesystemmodellen mit sehr unterschiedlichem Fokus. Rosen (2007) und Möst (2006) geben hierzu einen guten Überblick.

[13]Die einfachere Verwendung von Lastdauerlinien im Vergleich zu den hier verwendeten Lastganglinien würde keine ausreichend genaue Modellierung erlauben (vgl. Fichtner, 1998)

[14]Dabei können Bestandsanlagen auch vor Erreichen ihrer Lebensdauer zurückgebaut werden.

on von Elektrizität, Wärme und CO_2 abdecken. Die CO_2-Emissionen gehen beim europäischen Energiesystemmodell in die Abbildung des EU-ETS ein[15], der u.a. durch länderspezifische CO_2-Obergrenzen und Handelsmechanismen beschrieben wird.

Die in den Modellen hinterlegten Kraftwerkstechnologien[16] werden auf der ökonomischen Seite durch für jeden Kraftwerkstyp spezifische Investitionen sowie fixe und/oder variable Betriebsausgaben beschrieben. Die technischen Eigenschaften werden u.a. mittels Laständerungskosten, der Möglichkeit zur Wärmeauskopplung und der Fähigkeit zur Bereitstellung von Kraftwerksreserven abgebildet. Erneuerbare Energieanlagen sind durch technologie- und länderspezifische Kosten-Potenzialkurven repräsentiert und durch eine Elektrizitätseinspeisekurve sowie ihre gesicherte Leistung charakterisiert[17]. Auf diese Weise können Veränderungen in den technoökonomischen Randbedingungen der Elektrizitätsgestehung adäquat berücksichtigt werden.

Die Kraftwerke, die Energienachfragen und die Regionen[18] sind durch Energie- und Stoffflüsse verbunden, die die reale Versorgungsstruktur abbilden. Die Energie- und Stoffflussgleichungen sind u.a. durch Durchleitungsentgelte, Übertragungsverluste und Leitungskapazitäten charakterisiert. Dadurch können technische und ökonomische Entwicklungen des Energietransports analysiert werden.

Im deutschen Energiesystemmodell wird der Elektrizitätsfluss durch das hinterlegte Übertragungsnetz mittels einer DC-Lastflussberechnung ermit-

---

[15]Im deutschen Energiesystemmodell *PERSEUS-EMO-NET* hingegen wird ein CO_2-Zertifikatspreis exogen vorgegeben.

[16]Diese bilden in *PERSEUS-EMO-EU* den europäischen und in *PERSEUS-EMO-NET* den deutschen Kraftwerkspark ab.

[17]Während im europäischen Energiesystemmodell der Mix der erneuerbaren Energien endogen ermittelt wird, muss ihr Ausbaupfad im detaillierten deutschen Modell aufgrund von Restriktionen bezüglich des Rechenaufwands vorgegeben und anhand des regional differenzierten Potenzials verteilt werden (vgl. Eßer-Frey, 2012).

[18]Jedes Land ist im europäischen Energiesystemmodell als eine Region abgebildet. Diese sind mit Kuppelleitungen verbunden. Im deutschen Modell sind die Kreise mit ihrer Gestehung und Nachfrage einzeln hinterlegt und werden durch das Übertragungsnetz verbunden.

telt. In beiden Modellen ist kein endogener Netzzubau vorgesehen, weil Entscheidungen zur Netzausbauplanung im Vergleich zur Kraftwerksausbauplanung in wesentlich geringerem Umfang auf techno-ökonomischen Aspekten beruhen und somit in dem hier gewählten Modellansatz nicht adäquat ermittelt werden können. Deswegen wird der Netzzubau anhand von Studienergebnissen, die auf detaillierten ingenieurswissenschaftlichen Netzberechnungen beruhen, exogen vorgegeben. Während im europäischen Energiesystemmodell die Elektrizitätsaustauschsalden zwischen den Ländern endogen ermittelt werden, müssen deren Höhe und zeitliche Struktur in *PERSEUS-EMO-NET* exogen vorgegeben werden.

Alle drei Modelle, die Modellierung von Elektromobilität und die beiden Energiesystemmodelle *PERSEUS-EMO-EU* und *PERSEUS-EMO-NET*, können prinzipiell auch unabhängig voneinander verwendet werden, aber nur durch ihre iterative Kopplung ist es möglich die vielfältigen Rückkopplungen innerhalb des Energiesystems zu berücksichtigen, die für die Beantwortung der Forschungsfrage, wie sich Elektromobilität langfristig auf das Energiesystem auswirken kann, beachtet werden müssen. In Abbildung 4.2 ist das der Modellkopplung zugrundeliegende Ablaufdiagramm dargestellt. Zunächst wird eine initiale EV-Penetration inklusive der damit verbundenen Elektrizitätsnachfrage d_0 ermittelt. Diese wird als Eingangsgröße für das Modell *PERSEUS-EMO-EU* genutzt und beeinflusst die exogen vorgegebenen Ausbauziele für erneuerbare Energien (vgl. Kap. 2.1.2). Mit dem europäischen Energiesystemmodell wird die langfristige länderspezifische Entwicklung des europäischen Energiesystems berechnet. Daraus werden die Elektrizitätspreise je Land anhand der Grenzgestehungskosten für Elektrizität abgeleitet[19]. Diese dienen als Eingangsgröße für die erneute Berechnung der EV-Penetration. Diese Iteration wird solange fortgesetzt, bis sich

---

[19]Hierbei wird unterstellt, dass die Anteile am Elektrizitätspreis, die nicht den Elektrizitätsgestehungskosten zugerechnet werden können, den gleichen relativen Anstieg aufweisen wie die Elektrizitätsgestehungskosten. Dies ist u.a. damit begründet, dass ein Teil prozentual von den Grenzgestehungskosten abhängt und z.B. die Kosten des mit dem Ausbau erneuerbarer Energien korrelierenden und zunehmenden Netzausbaus ein Bestandteil des Elektrizitätspreises sind.

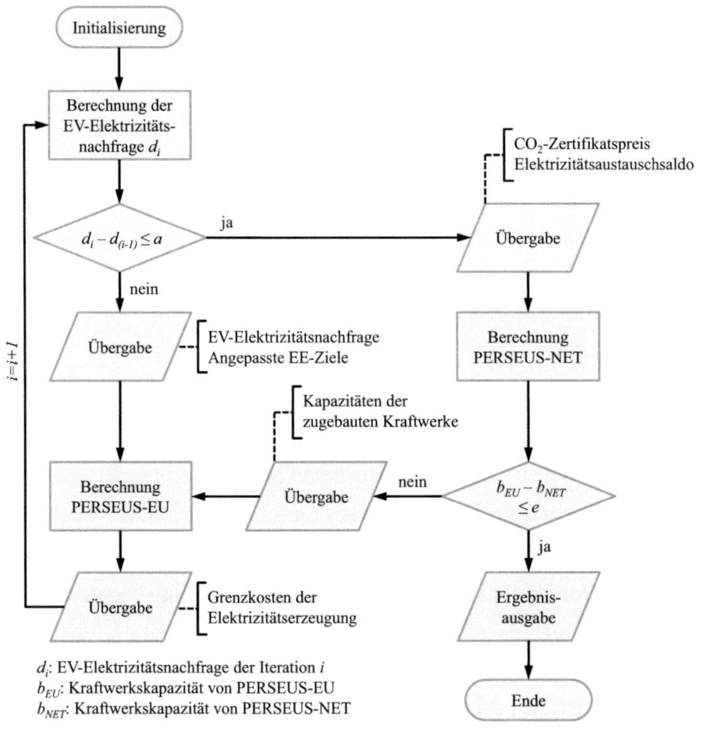

Abbildung 4.2.: Ablaufplan für die Modellkopplung

die EV-Elektrizitätsnachfragen zwischen der Iteration i und $(i-1)$ kaum noch ändern ($\leq a$).

Wenn die Differenz der EV-Elektrizitätsnachfrage zwischen zwei Iterationen ausreichend klein ist, wird an *PERSEUS-EMO-NET* der Elektrizitätsaustauschsaldo, die CO_2-Grenzvermeidungskosten sowie die EV-Nachfrage aus dem europäischen Modell übergeben und auf dieser Basis die regional differenzierte Entwicklung von Deutschland unter Berücksichtigung von Netzengpässen ermittelt. Weicht der technologiespezifische Kapazitätszubau in *PERSEUS-EMO-NET* b_{NET} von dem in *PERSEUS-EMO-EU* für

Deutschland ermittelten b_{EU} nicht vernachlässigbar ab ($> e$), wird der veränderte Kapazitätszubau aus dem deutschen Energiesystemmodell als feste Grenze an das europäische übergeben. Auch diese Iteration erfolgt, bis die Abweichung ausreichend klein ist ($\leq e$).

Sollten sich durch diese zweite Iterationsschleife zwischen den beiden Energiesystemmodellen abweichende Elektrizitätspreise ergeben, wird die zuerst beschriebene Iterationsschleife zur Ermittlung einer konsistenten EV-Penetration erneut durchlaufen. Die Erfahrung zeigt, dass dieses Modellkonzept meist nach wenigen Modellläufen pro Iterationsschleife (3 bis 4) ausreichend konvergiert[20]. Für jede Szenarioberechnung ist folglich eine Vielzahl von Datenübergaben zwischen den Modellen nötig. Allerdings ist eine Konvergenz dieser Doppeliterationen mathematisch nicht sichergestellt. So besteht für bestimmte Parameterausprägungen theoretisch die Möglichkeit, dass sich die Ergebnisse der Einzelmodelle nicht annähern oder sogar divergieren. In diesen Fällen müsste die Ursache dieser Divergenz aufwendig identifiziert und die gewählten Parameterausprägungen erneut abgewogen werden. An dieser Stelle kommt möglichen *bang-bang*-Effekten (vgl. Kap. 6.3.2) bzw. ihrer Vermeidung eine entscheidende Rolle für die Konvergenz der Doppeliterationen zu. Für die in Kapitel 7 beschriebene Szenarienauswahl und Datenbasis wird allerdings eine adäquate Konvergenz erreicht. Die konvergierten Ergebnisse der EV-Modellierung sowie die finalen Ergebnisse der Energiesystemmodelle und damit des hier entwickelten Modellkonzeptes werden in Kapitel 8 ausführlich diskutiert.

4.6. Zusammenfassung

Für die Analyse langfristiger Auswirkungen von Elektromobilität auf das Energiesystem ist von den Planungsebenen und -aufgaben im Energiesektor insbesondere die Kraftwerksausbauplanung relevant. Dennoch müssen die

---

[20]D.h. dass pro Doppeliteration durchschnittlich 3 bis 4 Modellläufe mit dem Elektromobilitätsmodell, 6-8 Modellläufe mit *PERSEUS-EMO-EU* und 3-4 Modellläufe mit *PERSEUS-EMO-NET* benötigt werden.

Ebenen, die den Kraftwerksaubau beeinflussen, mitberücksichtigt werden. Zur Entscheidungsunterstützung bei der Kraftwerksausbauplanung existieren bereits vielfältige Ansätze mit jeweils spezifischem Analysefokus. Ähnlich verhält es sich bei Ansätzen zur Analyse der Auswirkungen von Elektromobilität auf das Energiesystem, wobei Arbeiten mit einem Fokus auf einen langfristigen Zeithorizont nur vereinzelt existieren und Rückkopplungen zwischen der Entwicklung der Marktpenetration von EVs und Elektrizitäts- sowie CO_2-Zertifikatspreisen unberücksichtigt bleiben.

Auf Basis dieser Vorüberlegungen wurden Anforderungen an Modelle zur Analyse der langfristigen Auswirkungen von Elektromobilität auf das Energiesystem hergeleitet. Anhand dieses Anforderungsprofils wurde das Modellkonzept dieser Arbeit entwickelt, das sich aus drei iterativ gekoppelten Modellteilen (Modellierung Elektromobilität, europäisches Energiesystemmodell, deutsches Energiesystemmodell) zusammensetzt.

5. Entwicklung einer Methode zur Abschätzung der Marktpenetration von Elektrofahrzeugen in Europa

In diesem Kapitel wird die Entwicklung der Marktpenetrationen basierend auf verfügbaren Mobilitätsstudien für jedes betrachtete europäische Land abgeleitet. Dabei wird zwischen dem technisch-realisierbaren und dem ökonomisch-wirtschaftlichen Potenzial unterschieden. Auf der gleichen Datenlage aufbauend werden die zugehörigen Lastkurven für Elektrofahrzeuge und das Potenzial für Lastflexibilitäten hergeleitet. Dies bildet die Datengrundlage für die Abbildung von Elektromobilität im hier entwickelten Energiesystemmodell.

Um Elektromobilität als mögliche neue Elektrizitätsnachfrage analysieren zu können, muss sowohl die Höhe dieser Elektrizitätsnachfrage als auch deren zeitlicher Verlauf inklusive möglicher Freiheitsgrade abgeleitet werden. Die jährliche Elektrizitätsnachfrage hängt zum einen von der Anzahl der elektrisch betriebenen Fahrzeuge und zum anderen von deren elektrisch zurückgelegten Fahrstrecken ab. Folglich werden für eine solche Analyse Daten der zurückgelegten Kilometer, deren zeitlicher Struktur sowie Informationen, die eine Abschätzung der Marktdurchdringung erlauben, benötigt.

Die länderspezifische Analyse von Elektromobilität in dieser Arbeit baut auf verfügbaren Mobilitätsstudien auf und erarbeitet für Länder ohne eigene, für diese Fragestellung geeignete und zugängliche Verkehrsstudien eine Methode zur Ableitung von Marktpenetrationen mit Elektromobilität. Dabei wurden möglichst aktuelle Studien verwendet. Die Analyse basiert dabei auf der Näherung, dass das zukünftige Mobilitätsverhalten bis 2030 sich nicht grundlegend von dem in den Studien erfassten unterscheidet. Der

Grund für diese Näherung liegt darin, dass die Mobilitätsgewohnheiten in den letzten Jahren relativ konstant waren (Jochem, Poganietz et al., 2013) aber Abschätzungen zu zukünftigen Verhaltensänderungen mit hohen Unsicherheiten verbunden sind.

Die Ableitung der Elektrizitätsnachfrage durch Elektromobilität unterteilt sich in den folgenden Abschnitten in die Beschreibung der verfügbaren Datenlage, die Ableitung eines technischen und ökonomischen Potenzials für Elektrofahrzeuge am gesamten Pkw-Bestand sowie abschließend die Ermittlung der Entwicklung der Marktpenetration von Elektromobilität und den damit verbundenen Lastkurven.

5.1. Verfügbare Verkehrsstudien als Datengrundlage

Die Erhebung von Verkehrsdaten variiert zwischen den europäischen Ländern stark. So werden in einigen Ländern regelmäßig umfassende Mobilitätsstudien durchgeführt, während in anderen nur Daten aus Teilbereichen (z.B. Omnibusverkehr) oder gar keine Daten erhoben werden. Hinzu kommt, dass die Daten aus durchgeführten Verkehrsstudien nur eingeschränkt zur Nutzung freigegeben werden. So stehen aus einigen Studien die Originaldatensätze für Forschungsarbeiten zur Verfügung, während bei anderen ein Doktorgrad als Zugangsvoraussetzung[1] gilt oder originale Daten grundsätzlich nicht weitergegeben werden. Darüber hinaus sind derzeit verfügbare Verkehrsstudien nicht mit dem Fokus auf Elektromobilität erhoben worden, so dass beispielsweise nicht in allen Studien ausreichend Informationen zu möglichen Ladeoptionen direkt verfügbar sind.

Tabelle 5.1 gibt einen Überblick über die für diese Arbeit geeigneten Mobilitätsstudien in Europa sowie über deren Datenzugang und Studienart. Bei

---

[1] Dies ist der Fall für eine Studie in Schweden (SIKA, 2007).

Letzerem wird zwischen Querschnitts- und Panelstudien unterschieden[2], die sich vor allem hinsichtlich der Auswahl der Befragten unterscheiden. Bei Querschnittsstudien wird eine zufällige für die Bevölkerung eines Landes repräsentative Gruppe an einem zufällig ausgewählten Stichtag befragt, während bei einer Panelstudie über mehrere Jahre hinweg eine gleichbleibende Gruppe befragt wird. Beide Ansätze haben ihre Vor- und Nachteile. So liegt der Fokus von Querschnittsstudien auf der Repräsentativität der erhobenen Daten, während sich Panelstudien vor allem für die Untersuchung von Verhaltensänderungen eignen. (Wilsdorf, 1989)

Für Deutschland liegen die Ergebnisse der Analyse der EV-Marktpenetration aus (Kihm et al., 2013; Kihm, 2012) angepasst für die hier betrachteten Szenarienvariationen[3] vor. Diese zeichnen sich durch eine umfassende und nach Regionen differenzierte Penetrationsableitung aus. Um eine möglichst hohe Konsistenz mit den Analyseergebnissen auf Basis der anderen Studien zu gewährleisten, orientiert sich die im Weiteren beschriebene Vorgehensweise bei der Ableitung der Marktentwicklung von Elektromobilität an dieser Studie. Aufgrund der Uneinheitlichkeit der Mobilitätsstudien sind allerdings Anpassungen und Variationen erforderlich.

Neben Deutschland liegen für weitere sechs von 22 untersuchten Ländern die Originaldatensätze von Mobilitätsstudien vor. Diese Länder sind Dänemark, Finnland, die Niederlande, die Schweiz und das Vereinigte Königreich sowie Österreich, dessen Studie aber aufgrund ihres Erhebungszeitpunktes (1995) und der mangelhaften Dokumentation ihrer Datensätze nicht verwendet wird. Länder mit Mobilitätsstudien aber nicht zugänglichen Originaldatensätzen sind Belgien, Frankreich, Italien, Norwegen,

---

[2]Diese Unterscheidung ist nötig, weil in der hier durchgeführten Analyse nicht nur Studien der selben Art zugrunde gelegt werden. Die beiden Studienarten müssen für eine gemeinsame Verwendung in einer Analyse geeignet aneinander angepasst werden (vgl. Vorgehen bei der britischen Studie).

[3]Die im Hinblick auf Elektromobilität betrachteten Variationen in Rahmen einer Szenarienanalyse werden im Abschnitt 5.3.2 beschrieben. Die Szenarien für die Entwicklung des Energiesystems werden in Kapitel 8.1 dargestellt.

Tabelle 5.1.: Übersicht über Mobilitätsstudien in Europa

Land	Studie	Jahr	Art[1]	Daten[2]
Belgien	Enquête Nationale sur la Mobilité des Ménages en Belgique (MOBEL) (GRT, 2000)	´98/99	Q	sek.
Deutschland	Mobilität in Deutschland 2008 (BMVBS, 2010)	´08	Q	orig.
Dänemark	Transportvaneundersøgelsen (TU) (DTU, 2009)	´09	Q	orig.
Finnland	Henkilöliikennetutkismus (HLT) (FINNRA, 2006)	´04/05	Q	orig.
Frankreich	Enquête Nationale Transports et Déplacements (ENTD, 2009)	´07/08	Q	sek.
Italien	Italy NHTS (TPS-PTV, 2005)	´04/05	Q	sek.
Niederlande	Mobiliteitsonderzoek Nederland (MON) (RWS, 2009)	´08/ jährl.	Q	orig.
Norwegen	Den nasjonale reisevanunddersøkelsen (RVU) (Denstadli et al., 2006)	´05	Q	sek.
Österreich	Mobilitätserhebung österreich. Haushalte (Herry & Sammer, 1998)	´95	Q	orig./sek.
Schweden	Den nationella resvaneunddersökningen (RES) (SIKA, 2007)	´05/06	Q	sek.
Schweiz	Mikrozensus zum Verkehrsverhalten (BFS & ARE, 2007)	´05/ 5-jährl.	Q	orig.
Spanien	Movilia (MDF, 2007)	´06/07	Q	sek.
Vereinigtes Königreich	National Travel Survey (NTS) (DFT, 2010)	´08/ jährl.	Q/P[3]	orig.

[1] Q: Querschnittsstudie, P: Panelstudie.
[2] Orig.: Die orginalen Datensätze der Mobilitätsstudie liegen vor. Sek.: Die originalen Datensätze der Mobilitätsstudie sind nicht erhältlich. Es liegen Auswertungen, Berichte und aggregierte Daten vor.
[3] Hierbei handelt es sich um keine reine Panelstudie, da je Jahr nur die Befragten einer bestimmten Region beibehalten werden.

Schweden und Spanien. Für die restlichen Länder konnte keine ausreichend aktuelle Mobilitätsstudie mit passendem Fokus identifiziert werden.

Die bisherigen Studien sind wie erwähnt nicht für Analysen von Elektromobilität erhoben worden. Dennoch reichen sie zunächst aus, um das Mobilitätsverhalten eines Landes und daraus abgeleitet das dortige Potenzial für Elektromobilität analysieren zu können. Bei Sekundärdaten ist der vorliegende Aggregationsgrad der Studienergebnisse für das hier verfolgte Analyseziel meist zu hoch, so dass diese nicht zur Anwendung kommen und wie Länder ohne Mobilitätsstudie gehandhabt werden.

Bei der Mobilitätsstudie des Vereinigten Königreichs liegen Daten zum Verkehrsverhalten der Befragten einer kompletten Woche vor, während bei den anderen klassischen Querschnittsstudien jeweils Angaben zu einem Stichtag vorliegen. Um die beiden Arten von Studien in einer gemeinsamen Analyse verwenden zu können, muss eine Angleichung der Stichwoche auf Stichtage erfolgen. Dazu ist zu beachten, dass die Verteilung der Stichtagsbefragungen auf die Wochentage in den Querschnittsstudien gleichverteilt auf sogenannte Typtage erfolgt, die sich durch ein abweichendes Mobilitätsverhalten voneinander abgrenzen lassen. Üblicherweise werden hierbei die Tage Dienstag bis Donnerstag zu einem Typtag zusammengefasst, während die übrigen Wochentage als eigener Typtag gezählt werden, so dass insgesamt 5 Typtage existieren. Für die Anpassung der britischen Studie wird für jeden ihrer Datensätze ein Wochentag so ausgewählt, dass die resultierende Verteilung auf die Typtage denen der anderen Studien entspricht.

5.2. Vorgehen bei Ländern ohne Mobilitätsstudie

Für jene Länder, bei denen keine adäquat verwendbare Mobilitätsstudie verfügbar ist, muss das Mobilitätsverhalten aus den Studien der Länder mit entsprechender Studie abgeleitet werden. Die Festlegung, von welchem Land auf welches Informationen übertragen werden, folgt dabei der Frage, in welchen Ländern sich das Mobilitätsverhalten ähnelt. Hierzu konnten weder eindeutige Kriterien noch Studien identifiziert werden, die sich mit diesem Thema eingehender beschäftigen.

Für eine solche Klassenbildung eignen sich Methoden der Clusteranalyse, die zu den multivariaten Analyseverfahren zählen und eine breite Anwendung in der empirischen Wirtschafts- und Sozialforschung finden (Eckstein, 2010) und auch im Mobilitätsbereich zur Klassenbildung eingesetzt werden (vgl. Ottmann, 2010). Klassen werden bei der Clusteranalyse so gebildet, dass sich Objekte einer Klasse bezüglich der gewählten Merkmale möglichst ähneln und Objekte unterschiedlicher Klassen möglichst unterscheiden (Handl, 2010). Dabei muss jedes Objekt genau einer Klasse zugeordnet werden. In dem hier vorliegenden Fall wird ein numerisches, deterministisches, partitionierendes Klassifikationsverfahren angewandt (Eckstein, 2010), weil die Klassenzahl durch die Anzahl der verfügbaren Mobilitätsstudien nach oben begrenzt ist.

Tabelle 5.2.: Vergleichskriterien für Länder ohne verwendbare Mobilitätsstudie

Kriterium des technischen Potenzials		Vergleichsparameter	Gewichtung
I	Pkw pro Haushalt	Pkw pro Haushalt	60%
II	maximale Tagesreichweite	Personenkilometer pro Pkw	20%
III	Stellplatz-verfügbarkeit	Anteil der Bevölkerung, der in Ein- und Zwei-familienhäusern wohnt, Bevölkerungsdichte, Verstädterungsgrad	20%

Die für alle Länder gleichermaßen verfügbaren statistischen Informationen, wie beispielsweise durchschnittliche jährliche Personenkilometer je Pkw oder Haushalt, weisen eine zu hohe zeitliche Aggregation auf, als dass durch sie auf eine Ähnlichkeit hinsichtlich eines untertägigen Fahrprofils geschlossen werden könnte. Da die identifizierten Kriterien zur Ähnlichkeitsanalyse nicht direkt in den Datensätzen verfügbar sind, mussten statt dessen Vergleichsparameter verwendet werden. Diese (s. Tab. 5.2) orientieren sich an den Filterkriterien des technischen Potenzials (vgl. Kap. 5.3.3). Die Gewichtung der Kriterien wird anhand der durchschnittlichen Restriktivität des Filterkriteriums in den Mobilitätsstudien abgeschätzt. Deswegen nimmt die Gewichtung der Personenkilometer pro Pkw den vergleichsweise höchsten Wert an. Das Einbeziehen weiterer Größen wie z.B. die Straßendichte, den ÖPNV-Anteil oder andere verkehrsbezogene Parameter führt zu keinen wesentlichen Veränderungen der Ergebnisse.

Anhand dieser zuvor normalisierten Parameter wird die gewichtete euklidische Distanz paarweise zwischen allen betrachteten Ländern ermittelt (s. Gl. 5.1 (Herrmann et al., 2008)). Mit x_i und y_i als Vergleichsindikatoren i der Länder x und y, die aus den Vergleichkriterien aus Tabelle 5.2 gebildet werden, und g_i als deren Gewichtung.

$$Distanz(Land_x, Land_y) \quad = \quad \sqrt{\sum_{i=1}^{n} g_i(x_i - y_i)^2} \qquad (5.1)$$

Nach diesem Vorgehen bilden sich zunächst drei Ländergruppen: Eine, die vor allem geringe Distanzen zu Großbritannien und Finnland aufweist. Eine Zweite, die der Schweiz und Deutschland ähnelt und eine Dritte, die größere Distanzen (> 0,8) hat, bei denen nur begrenzt von Ähnlichkeit gesprochen werden kann (vgl. im Anhang Tab. A.1). Diese „Doppelähnlichkeit" rührt daher, dass sich sowohl Großbritannien und Finnland als auch die Schweiz und Deutschland in den gewählten Parametern sehr nahe sind. Die dritte Gruppe besteht vor allem aus osteuropäischen Ländern, die untereinander ähnliche Werte haben und somit möglichst einem gemeinsamen Vergleichsland zugeordnet werden sollten. Für diese Gruppe wird in die Ermittlung des Vergleichslandes zusätzlich der Detailgrad der Mobilitätsstudien mit einbezogen, wobei die deutsche Studie den höchsten aufweist. So wird für die Länder der dritten Gruppe die deutsche Studie gewählt. Damit ergeben sich die in Abbildung 5.1 farblich dargestellten Ländergruppen, je eine für die sechs genutzten Mobilitätsstudien. Die unterstrichenen Ländernamen zeigen Länder mit eigener Mobilitätsstudie an.

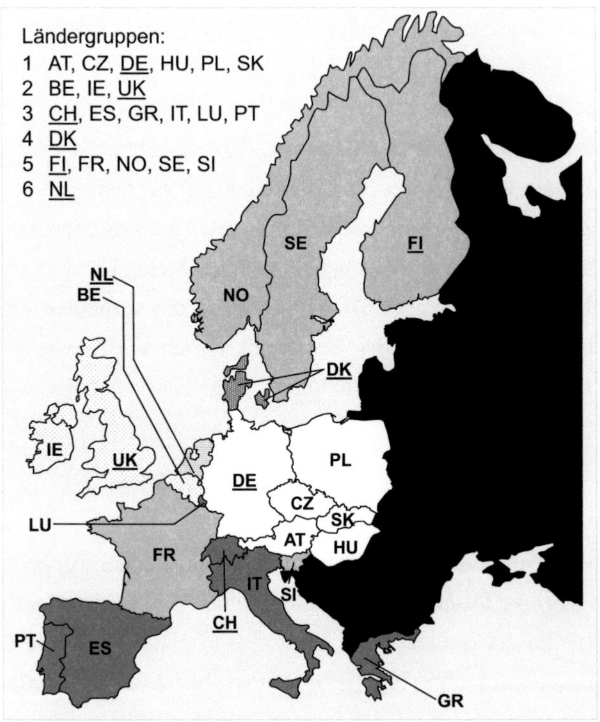

Abbildung 5.1.: Ländergruppen zur Übertragung des Mobilitätsverhaltens

Auf Basis dieser Zuordnung der Länder ohne eine Mobilitätsstudie werden die Lastkurven und die EV-Marktpenetration analog zu den Ländern mit eigener Mobilitätsstudie ermittelt. Das dabei gewählte Vorgehen wird in den folgenden Abschnitten 5.3 bis 5.5 beschrieben.

5.3. Ermittlung des Potenzials für Elektromobilität im Fahrzeugbestand

Analog zu den erneuerbaren Energien wird hier von technischem und ökonomischem Potenzial von Elektromobiliät gesprochen (vgl. Scholz, 2010). Das technische Potenzial umfasst dabei den Teil der Bevölkerung bzw. des Fahrzeugbestandes, welcher unter den einschlägigen technischen Restriktionen für eine Elektrifizierung seiner Mobilität in Frage kommt. Das ökonomische Potenzial umfasst denjenigen Bevölkerungsanteil, für den die Nutzung eines Elektrofahrzeugs im Vergleich zu einem konventionellen wirtschaftlich günstiger ist.

Bei den erneuerbaren Energien wird eine Konkurrenz untereinander und zu konventionellen Brennstoffen bzw. Kraftwerken modelliert, weswegen dort das technische Potenzial mit seinen jeweiligen Kosten als Kosten-Potenzial-Kurven im Modell hinterlegt ist. Bei der Abbildung von Elektromobilität hingegen wird innerhalb des Energiesystemmodells keine Konkurrenz oder Substitution mit anderen Antrieben abgebildet, da der konventionelle Verkehr außerhalb der Systemgrenzen des Modells liegt. Deswegen ist die Ermittlung des ökonomischen Potenzials dem Energiesystemmodell vorgelagert und geht als exogener Parameter in *PERSEUS-EMO* ein. Dies umfasst sowohl die Elektrizitätsnachfrage durch Elektromobilität als auch das Lastverschiebepotenzial der EVs.

5.3.1. Vorgehensweise zur Ermittlung des EV-Potenzials

Die Ermittlung des Potenzials für Elektromobilität ist in Abbildung 5.2 schematisch dargestellt und orientiert sich dabei am Vorgehen für Deutschland gemäß Trommer et al. (2010)[4]. Die einzelnen Stufen werden hier kurz überblicksartig umrissen und in den folgenden Abschnitten detaillierter be-

---

[4]Die Wahl dieses Vorgehens dient dazu die Konsistenz zwischen den Ergebnissen für Deutschland und den anderen abgebildeten europäischen Ländern zu gewährleisten (vgl. Abschnitt 5.1).

schrieben. Ausgehend von den Mobilitätsstudien erfolgt zunächst die Identifikation der zulässigen Datensätze. Daran schließt sich eine Filterung des eigentlichen technischen Potenzials an. Diese Filterung unterteilt sich in:

- Vorbedingungen, die ein Haushalt bzw. die Haushaltsmitglieder erfüllen müssen, um für die Nutzung eines Elektrofahrzeugs geeignet zu sein[5],

- die Bedingung, dass die Summe der Tageswege die Reichweite einer Batterieladung unter Berücksichtigung eines Infrastrukturfaktors nicht überschreitet[6], und

- den Zugang zu einer Ladestation.

Auf Basis der Datensätze des technischen Potenzials werden die Lastkurven von EVs ermittelt. Dies ist dem Umstand geschuldet, dass nur auf dieser Stufe noch ausreichend Datensätze für die Ermittlung der zeitlich differenzierten Ladevorgänge verblieben sind. Die Anzahl der Datensätze des ökonomischen Potenzials wäre hierfür zu gering. Bei der Ermittlung der Lastkurven werden je nach Szenario verschiedene Ladestrategien, Ladeleistungen[7] sowie Verfügbarkeiten von Ladeinfrastruktur unterstellt. Für Länder ohne eigene Mobilitätsstudie werden die normierten Lastkurven des in Abschnitt 5.2 zugeordneten Landes übernommen.

Das technische Potenzial wird im nächsten Schritt bei Ermittlung des ökonomischen Potenzials durch eine minimale Jahresfahrleistung weiter eingeschränkt, die für eine Elektrifzierung in Betracht kommende Fahrzeuge aufweisen müssen. Diese minimale Jahresfahrleistung resultiert aus einem

---

[5]Hierzu zählen z.B. der Führerscheinbesitz oder mindestens 1 Fahrzeug jünger als 5 Jahre. Letzteres weil für den Markteintritt von EVs nur Neuwagenkäufer in Frage kommen. Die typische Ersthaltedauer beträgt eben diese 5 Jahre (Kihm et al., 2013).

[6]Bei einer dichteren Infrastruktur und/oder einer Verfügbarkeit von Ladestationen mit höheren Leistungen erhöht sich die mögliche Tagesreichweite für BEV, weil Laden zwischen den Tageswegen in höherem Maß möglich wird.

[7]Dies bezieht sich nicht nur auf die Leistung der Ladestation, sondern auch auf die mögliche Ladeleistung der Batterie in Abhängigkeit ihres SoC (vgl. Abschnitt 5.5).

mittels Kapitalwertmethode ermittelten ökonomischen Vergleich zwischen einem BEV bzw. PHEV und einem vergleichbaren konventionell angetriebenen Fahrzeug. Diese minimale Jahresfahrleistung wird für jedes betrachtete Land separat[8] berechnet. Weil diese minimal rentablen Jahresfahrleistungen auch von den Elektrizitätskosten abhängen, die mit dem in dieser Arbeit entwickelten Energiesystemmodell ermittelt werden, erfolgt deren Ermittlung iterativ (vgl. u.a. Kap. 6).

Die Anzahl der jährlich in den Markt kommenden EVs wird mittels des Anteils an den Neuwagenkäufern[9] ermittelt, welcher sich aus dem ökonomischen Potenzial ergibt, und über die Jahre kumuliert, d.h. es ist keine differenzierte Kaufentscheidung abgebildet. Nach Erreichen ihrer Lebensdauer scheiden EVs wieder aus dem Markt aus.

Anhand der durchschnittlichen Jahreskilometer der Fahrzeuge des ökonomischen Potenzials und einer Kilometerdegression in Abhängigkeit vom Fahrzeugalter wird die jährlich für die Wegstrecken benötigte Elektrizitätsmenge ermittelt (vgl. Kap. 5.4.2). Dabei wird die Entwicklung der kilometerspezifischen Verbräuche von EVs in Abhängigkeit vom Zulassungsjahr berücksichtigt.

5.3.2. Betrachtete Szenarien bei der Ableitung der EV-Marktpenetration

Weil die in den folgenden Abschnitten aufgeführten Eingangsgrößen für die Ableitung einer EV-Marktpenetration mit einigen Unsicherheiten verbunden sind, werden diese im Rahmen einer Szenarienanalyse variiert. Die hier vorgenommenen Parametervariationen sind mit der Szenarienanalyse des Energiesystems (vgl. Kap. 8.1) abgestimmt, um einen konsistenten Rahmen zu gewährleisten.

---

[8]Bei Ländern ohne eigene Mobilitätsstudie wird die ermittelte Jahresfahrleistung auf die Datensätze des technischen Potenzials des zugeordneten Landes angewandt.

[9]Oder im Fall von Finnland anhand des Anteils am Pkw-Gesamtbestand und dem Verhältnis der Neuzulassungen zum Gesamtbestand berechnet, weil in der finnischen Mobilitätsstudie die Datensätze keine Angaben zum Zulassungsjahr des Fahrzeugs enthalten.

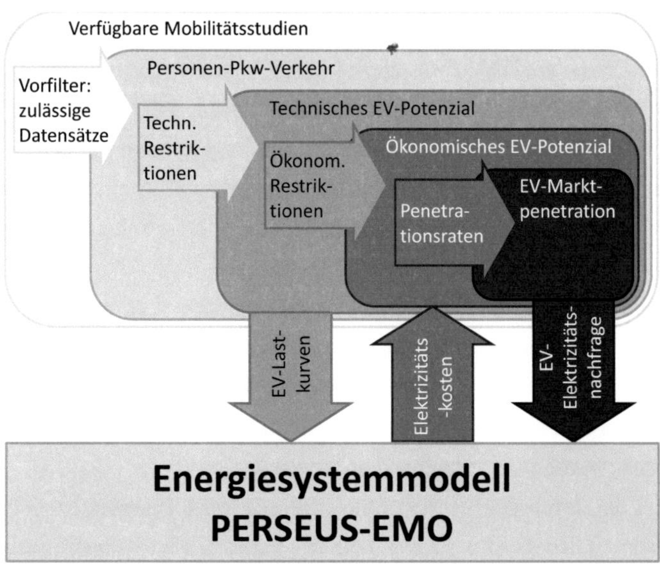

Abbildung 5.2.: Schematische Vorgehensweise bei der Ableitung der Marktpenetration von Elektromobilität (in Anlehnung an Trommer et al. (2010))

Insgesamt werden 3 Szenarien betrachtet (*Nische, Moderat, Forciert*). In diesen Szenarien werden die Parametervariationen (vgl. Tab. 5.3) genutzt, um eine Bandbreite möglicher Penetrationsumfänge von EVs abzudecken. Dies dient dazu, das Spektrum der Auswirkung verschiedener Marktdurchdringungen auf das Energiesystem analysieren zu können.

Alle weiteren in diesem Kapitel aufgeführten Parameter werden in den Szenarien nicht variiert. Hierzu zählt insbesondere die Reichweite eines Batterieinhalts, denn es wird davon ausgegangen, dass Verbesserungen der Batterietechnologie zunächst für die Senkung der Anschaffungspreise genutzt werden und erst nachgelagert für eine Reichweitenerhöhung. Dies basiert darauf, dass der vergleichsweise sehr hohe Anschaffungspreis neben einer verlässlichen Reichweite als eines der Haupthemmnisse für EVs angesehen wird (vgl. u.a. Egbue & Long, 2012).

Tabelle 5.3.: Szenarienparameter bei der Ableitung einer EV-Marktpenetration und qualitative Szenarienausprägungen (basierend auf (Heinrichs & Trommer, 2011))

	Nische	Moderat	Forciert
Ladesteuerung	ungesteuert	Lastverlagerung	Lastverlagerung[1]
Ladeinfrastruktur	zu Hause	zu Hause + am Arbeitsplatz	(fast) überall
Ladeleistung	Haushaltssteckdose (HS)	HS + Drehstrom (AC)	HS + AC + Schnellladung
EV-Technologiepreise	hoch	mittel	niedrig
Kraftstoffpreise	niedrig	niedrig	hoch
EV-Wiederverkaufswert	niedrig	mittel	hoch
Spez. EV-Energieverbrauch	hoch	mittel	niedrig

[1] In diesem Szenario könnten die technischen und regulatorischen Rahmenbedingungen V2G theoretisch ermöglichen, dies beeinflusst die Ergebnisse dieser Arbeit allerdings nicht (vgl. auch Kap. 3.2.4), weil zum einen die derzeit durch V2G verursachten Abnutzungskosten der Batterie die möglichen Einnahmen aus der Ausnutzung von Preisspreizungen am Elektrizitätsmarkt übersteigen (vgl. z.B. Linßen et al., 2012) und zum anderen der Einsatz von im Verteilnetz angeschlossenen EVs als Erbringer von Systemdienstleistungen für das Übertragungsnetz aufgrund der Transformation zwischen den Netzebenen eine geringe Effektivität aufweist (s. Maurer & Haubrich, 2010). Während der erste Aspekt sich durch Fortschritte bei der Batterietechnologie verändern könnte, ist dies beim zweiten aufgrund der dort bereits ausgereiften Technologie eher unwahrscheinlich.

5.3.3. Technisches Potenzial

Beim technischen Potenzial handelt es sich um denjenigen Anteil des Pkw-Verkehrs, der aus technischer Sicht durch EVs ersetzt werden könnte. Dieses Potenzial für EVs wird anhand der Mobilitätsstudien in 4 Stufen abgeleitet (vgl. Trommer et al., 2010). In der ersten Stufe wird die Grundmenge der Neuwagenkäufer identifiziert. Die zweite Stufe trägt der eingeschränkten Substituierbarkeit von konventionell angetriebenen Pkw durch BEV

Rechnung, in dem mindestens ein weiteres Fahrzeug ab einer bestimmten Haushaltsgröße vorhanden sein muss.[10]

Daran schließt sich in der 3. Stufe eine weitere Bedingung für die Haushalte an. Es wird gefordert, dass Haushalte, die die Vorbedingungen für ein EV erfüllen, bis 2019 einen eigenen Pkw-Stellplatz vorweisen. Dies dient dazu sicher zu stellen, dass diese Haushalte mindestens über eine Ladeoption zu Hause verfügen. Nach 2019 wird mit Ausnahme im Szenario *Nische*, in dem aufgrund der ungünstigen Rahmenbedingungen für EV ein eigener Parkplatz bis 2030 gefordert wird, davon ausgegangen, dass der Ausbau der Ladeinfrastruktur soweit vorangeschritten ist, dass dies kein grundlegendes Ausschlußkriterium mehr darstellt.[11]

Die letzte Stufe schränkt die Grundmenge dahingehend weiter ein, dass nur Personen bzw. Pkws mit einer gesamten Tagesdistanz kleiner gleich der täglich realisierbaren Reichweite eines BEVs weiterhin berücksichtigt werden. Diese Einschränkung gilt für PHEV nicht, so dass sich für BEV und PHEV schließlich separate technische Potenziale ergeben. Zusätzlich erhöht sich die tatsächliche Reichweite eines BEVs bis 2030 durch den Ausbau der Ladeinfrastruktur, wodurch das technische Potenzial für BEVs ansteigt.

Identifikation der zulässigen Grundgesamtheit in den Mobilitätsstudien und grundlegende Vorbedingungen an die Haushalte

Zunächst werden in den Mobilitätsstudien diejenigen Datensätze identifiziert, die die zulässige Grundgesamtheit aller potenziellen Neuwagenkäufer bilden. Eine Ausnahme bildet hier die finnische Mobilitätsstudie, die keine Angaben zum Fahrzeugalter oder Zeitpunkt seines Erbwerbs enthält. In diesem Fall wird die zulässige Grundmenge aller Fahrzeugbesitzer gebildet und die später erfolgende Hochrechnung für die Penetrationsermitt-

---

[10]PHEV hingegen stellen aufgrund ihrer vergleichbar großen Reichweite ein vollwertiges Substitut für ein konventionell angetriebenes Fahrzeug dar und unterliegen folglich nicht dieser Einschränkung.

[11]Diese Einschätzung deckt sich auch mit Kley (2011).

lung zusätzlich mit dem Verhältnis Pkw-Neuzulassungen je Pkw-Bestand multipliziert.

Die Kriterien für diese Grundmenge sind die Gültigkeit eines Datensatzes[12], der Führerscheinbesitz mindestens eines Haushaltsmitglieds und mindestens ein Pkw im Haushalt, der nicht älter als 5 Jahre ist. Das letzte Kriterium wird aus zuvor genannten Gründen für die finnische Studie durch die Forderung ersetzt, dass mindestens 1 Pkw im Haushalt vorhanden sein muss.

Aufgrund z.B. der vergleichweise geringeren Reichweite und der niedrigeren Höchstgeschwindigkeiten von BEVs, muss davon ausgegangen werden, dass ein BEV ein konventionell angetriebenes Fahrzeug nicht vollständig substituieren kann. Diese Einschränkung bleibt bestehen, auch wenn die Ladeinfrastruktur in einem Maße ausgebaut ist, dass flächendeckend zügiges Laden möglich ist, was in dem hier betrachteten Zeitraum bis 2030 nur unter extrem optimistischen Rahmenbedingungen erwartet wird (vgl. Kap. 3.2.4). Deswegen wird pauschal bei Haushalten mit mindestens 3 Personen mindestens ein weiteres Fahrzeug vorausgesetzt.

Mit diesem zweiten Pkw können z.B. anfallende längere Wege abgedeckt werden, die die Reichweite eines BEVs überschreiten. Auf diese Weise ist sichergestellt, dass die betrachteten Haushalte die meisten Wegeketten[13] realisieren können. Weil PHEV durch ihren zusätzlichen Energieträger auch für längere Wege geeignet sind, wird diese Einschränkung nicht auf PHEV angewandt. Ihr technisches Potenzial auf dieser Stufe ist damit umfangreicher als das von BEV.

---

[12]In manchen Studien sind ein Teil der Datensätze als ungültig markiert, weil sie entweder zu lückenhaft oder eindeutig fehlerhaft ausgefüllt sind.

[13]Zeitgleiche lange Wege sind möglich und hiermit nicht abgedeckt.

Verfügbarkeit einer Ladeoption für EVs

Damit eine Person oder ein Pkw[14] für Elektromobilität in Frage kommt, muss der Zugang zu einer Ladeoption sichergestellt sein. Weil zu Beginn der Marktentwicklung von EVs vor allem mit einem Laden zu Hause zu rechnen ist (vgl. Kley, 2011; IEA, 2009), wird die Verfügbarkeit eines eigenen Pkw-Stellplatzes für alle Szenarien bis 2019 gefordert. Im Szenario *Nische* wird aufgrund der ungünstigeren Rahmenbedinungen für EV sogar bis 2030 daran festgehalten.

Allerdings weisen von den 6 betrachteten Mobilitätsstudien nur die deutsche und die schweizerische Studie Angaben zur Stellplatzverfügbarkeit auf. Deswegen wird der weniger restriktive Prozentsatz, der in diesem Fall aus der schweizerischen Studie entnommen wird und 7% beträgt, auf die anderen Länder angewandt. Diese Übertragung des schweizerischen Wertes stellt somit einen Minimalabzug dar. Obwohl es sich bei diesem prozentualen Abzug um eine technische Restriktion handelt, erfolgt dieser erst vor der Hochrechnung des ökonomischen Potenzials auf die EV-Marktpenetration, weil er nicht konkreten Datensätzen zugeordnet werden kann.

Maximale Tages-Reichweite von EVs

Für BEVs und PHEVs wird eine rein elektrisch fahrbare Reichweite einer Batterieladung von 130 bzw. 40 km gefordert (Heinrichs & Trommer, 2011). Diese Basisreichweite gilt für alle Szenarien bis 2030 unverändert. Allerdings erhöht sich die tatsächlich realisierbare Reichweite von BEVs durch die Möglichkeit tagsüber nachladen zu können. Dieser vom Ausbau der Ladeinfrastruktur abhängige Faktor wird in Form von Ladefaktoren abgebildet (vgl. Tab. 5.4), die die Basisreichweite erhöhen. Der Ladefaktor ist dabei szenarienabhängig und steigt bis 2030 an. Die minimale tatsächliche

---

[14]In den Mobilitätsstudien sind die erhobenen Daten teilweise einer Person und teilweise einem Fahrzeug zugeordnet. Dieser Unterschied wird in dieser Analyse entsprechend berücksichtigt.

Reichweite von BEVs beträgt damit 130 km und die maximal mögliche 650 km[15].

Tabelle 5.4.: Entwicklung der szenarienabhängigen Ladefaktoren (Heinrichs & Trommer, 2011)

Jahr	Nische	Moderat	Forciert
2010	1	1	1
2015	1	1,2	1,6
2020	1	1,4	3,2
2025	1	1,6	4,1
2030	1	1,8	5

Weil Angaben zu Tageswegen nur bei den am Stichtag mobilen Personen vorliegen, ist bei nicht mobilen Personen[16] ein gesondertes Vorgehen erforderlich. Zwar beeinflußen diese Datensätze den tageszeitlichen Verlauf der Ladekurven nicht, sie haben aber einen Einfluss auf den Anteil des EV-Potenzials am gesamten Pkw-Verkehr und damit auf die für EVs benötigte Jahresenergiemenge.

Bei den nicht mobilen Personen muss zusätzlich zwischen Studien mit und ohne Angabe zur Jahresfahrleistung unterschieden werden. Angaben zur Jahrsfahrleistung enthalten die deutsche, finnische, schweizerische und britische Mobilitätsstudie. Die dänische und niederländische Studie enthalten hierzu keine Werte. Bei erstgenannten Studien wird für jeden Datensatz anhand der Jahresfahrleistung die Tagesdistanz ermittelt, indem von 300 Fahrtagen ausgegangen wird (Kihm et al., 2013; Kihm, 2012). Auf diese ermittelten Tagesdistanzen wird wie bei den mobilen Personen die tatsächlich realisierbare Reichweite von BEVs als Obergrenze angewandt.

Bei den Mobilitätsstudien ohne Angaben zur Jahresfahrleistung wird die Restriktivität der Tagesreichweiteneinschränkung der mobilen Personen für

---

[16]Dies sind befragte Personen, die am Stichtag selbst zwar nicht mit einem Pkw Wege zurückgelegt haben, aber alle anderen Vorbedingungen potenzieller EV-Nutzer erfüllen (z.B. ausreichend Pkws im Haushalt, Führerscheinbesitz).

die nicht mobilen übernommen. Dies bedeutet zwar eine Vereinfachung, aber der vollständige Aussschluß aller am Stichtag nicht mobilen Personen vom EV-Potenzial stellt eine gravierendere Abweichung dar. Dieses Kriterium für die nicht mobilen Personen wird wie bei der Parkplatzverfügbarkeit vor der Hochrechnung des ökonomischen Potenzials eingerechnet.

5.3.4. Ökonomisches Potenzial

Das ökomische Potenzial besagt entweder, für maximal wieviel Prozent des Pkw-Bestandes eines Landes gilt, dass ein EV wirtschaftlich vorteilhafter für den Benutzer wäre als ein konventionell betriebener Pkw, oder für wieviel Prozent der Bevölkerung eines Landes der Besitz eines Elektrofahrzeuges aufgrund ihres Mobilitätsverhaltens wirtschaftlich vorteilhafter wäre als der Besitz eines konventionell betriebenen Pkws. Um dieses Potenzial zu ermitteln, wird ein EV mit einem vergleichbaren konventionell angetriebenem Fahrzeug aus wirtschaftlicher Sicht verglichen. Als Vergleichsfahrzeug wird hier ein VW Golf[17] gewählt, der ein durchschnittliches Fahrzeug der aktuellen Neuzulassungen repräsentiert (KBA, 2012a).

Elektrofahrzeuge unterscheiden sich von konventionell betriebenen Fahrzeugen erheblich in den Kosten. Ohne Subventionen haben BEVs und PHEVs einen wesentlich höheren Anschaffungspreis. Dies ist vor allem durch die hohen Batteriepreise bedingt. Zusätzlich bedarf es aus heutiger Sicht einer neu zu errichtenden Ladeinfrastruktur, deren Kosten schlußendlich auch durch die Nutzer von Elektrofahrzeugen zu tragen sind. Einsparungen hingegen ergeben sich bei den Wartungs- und Betriebskosten, denn zum einen weist der Elektromotor einen geringeren Anteil an mechanisch beanspruchten Verschleißteilen auf und zum anderen sind die spezifischen Antriebskosten je Kilometer bedingt durch die vergleichsweise höhere Effizienz und geringeren Elektrizitätspreise niedriger.

---

[17]Trendline 1,2l TSI 77KW (105PS) 6-Gang 4-Türer

Mittels der Kapitalwertmethode werden diejenigen elektrisch zurückzulegenden Jahreskilometer errechnet, die minimal notwendig sind, um einen identischen Kapitalwert bei einem konventionell angetriebenen Fahrzeug und einem BEV oder PHEV zu erhalten. Für alle Fahrzeugnutzer, die eine Jahresfahrleistung größer diesem Wert aufweisen, ist ein EV die wirtschaftlichere Mobilitätsform. Dabei wird wie bei Anschaffungen durch Privatpersonen üblich von einem Zinssatz von 5% ausgegangen. (vgl. Vorgehen in Kihm et al., 2013; Kihm, 2012)

Folgende Größen werden als relevant erachtet, um die Ausgabendifferenz der Vergleichsfahrzeuge zu ermitteln (vgl. Kihm et al., 2013; Kihm, 2012):

- einmalig beim Kauf anfallende Ausgaben

    - Anschaffungsdifferenz exkl. Batterie

    - Ladeinfrastruktur

    - Batterie

    - Kaufsubventionen und -besteuerung

- jährlich anfallende Ausgaben

    - jährliche Steuerdifferenz

    - Wartungspreisdifferenz

    - Antriebskostendifferenz

- einmalig beim Verkauf anfallende Einnahmen

    - Restwertdifferenz

Einmalig beim Kauf anfallende Ausgaben

Die szenarienunabhängige **Anschaffungsdifferenz** je Land (s. Tab. 5.5) errechnet sich aus dem Preis für ein Elektrofahrzeug ohne Batterie abzüglich des Kaufpreises eines vergleichbaren konventionell angetrieben Pkws. Anhand von Heinrichs und Trommer (2011) wird die prozentuale Differenz zwischen den Vergleichsfahrzeugen für Deutschland ermittelt und auf die unterschiedlichen Kaufpreise für den gleichen Fahrzeugtyp in den anderen Ländern übertragen. Diese Differenz beträgt für BEV ca. -3% und für PHEV ca. +12%. Dieser Unterschied rührt vor allem vom doppelten Antriebsstrang beim PHEV her, während der Antriebsstrang beim BEV im Vergleich zu einem konventionellen Vergleichsfahrzeug zu einer Einsparung führt. Durch den Batteriepreis wird dieser Vorteil aber mehr als kompensiert.

Analog werden die Kosten für die zu errichtende **Ladeinfrastruktur** ermittelt und je Fahrzeug angegeben (s. Tab. 5.5). Dazu wird das Verhältnis der fahrzeugspezifischen Ladeinfrastrukturkosten zur Anschaffungsdifferenz von Deutschland auf die anderen Länder übertragen. Die fahrzeugspezifischen Ladeinfrastrukturkosten belaufen sich für Deutschland auf ca. 500 € pro BEV oder PHEV (Trommer et al., 2010).

Die hier zugrunde gelegten **Batteriepreise** sind szenarienabhängig, weil davon ausgegangen werden kann, dass sich die energiespezifischen Batteriepreise in Abhängigkeit von der Marktgröße entwickeln werden (s. Tab. 5.6). Die energiespezifischen Batteriepreise und ihre möglichen Entwicklungen werden in der Literatur mit einer großen Bandbreite angegeben. Einen Überblick über diese Bandbreiten liefert unter anderem Gondelach und Faaij (2012). Für das Szenario *Moderat* orientieren sich die Endverbraucherpreise an den in Nationale Plattform Elektromobilität (2011) abgestimmten Preisen. Im Szenario *Forciert* ist die Preisentwicklung angelehnt an Boston Consulting Group (2010). Diese liegt oberhalb der in der Literatur aufgeführten physikalisch minimal möglichen Preisentwicklungen (Gondelach & Faaij, 2012) und leicht oberhalb der in U.S. Advanced Battery Consortium (2010) genannten Ziele für mit konventionell betriebenen Pkws konkurrenzfähigen EVs. Die Preise für das Szenario *Forciert* stellen somit eine optimistischere Entwicklung im Vergleich zum Szenario *Moderat* dar, liegen aber noch über den vergleichsweise unsichereren minimalen Preisentwicklungen in der Literatur. Im Gegensatz dazu wurde für das Szenario *Nische* eine pessimistischere Entwicklung der energie-

Tabelle 5.5.: Szenarienunabhängige einmalig beim Kauf eines EV anfallende Ausgaben (eigene Berechnungen basierend auf Heinrichs und Trommer (2011); VW DK (2011); VW DE (2011); VW FI (2011); VW GR (2011); VW NO (2011); VW AT (2011); VW PL (2011); VW SE (2011); VW SK (2011); VW SI (2011); VW CZ (2011); VW HU (2011); VW BE (2011); VW FR (2011); VW IE (2011); VW IT (2011); VW NL (2011); VW PT (2011); VW CH (2011); VW ES (2011); VW UK (2011))

| | Anschaffungsdifferenz $[\text{€}_{2007}]$ | | Ladeinfra-struktur $[\text{€}_{2007}/\text{EV}]$ |
Land	BEV	PHEV	
Belgien	-593	2287	508
Dänemark	-451	1737	371
Deutschland	-608	1969	500
Finnland	-550	2120	452
Frankreich	-639	2464	526
Griechenland	-555	2137	456
Irland	-548	2110	450
Italien	-551	2123	453
Luxemburg	-566	2182	466
Niederlande	-562	2164	462
Norwegen	-787	3033	647
Österreich	-618	2381	508
Polen	-519	1999	427
Portugal	-652	2513	536
Schweden	-648	2497	533
Schweiz	-886	3414	728
Slowakische Republik	-452	1743	372
Slowenien	-557	2145	458
Spanien	-601	2317	494
Tschechische Republik	-552	2127	454
Ungarn	-592	2282	487
Vereinigtes Königreich	-593	2285	488

spezifischen Batteriepreise angenommen. Diese orientieren sich vor allem am Hochpreisszenario aus Anderman (2010) und basieren auf der Annahme, dass sich die Batterietechnologie auch aufgrund geringer Absatzzahlen eher verhalten weiterentwickeln wird.

Für die Berechnung der Batteriepreise muss zunächst die benötigte Kapazität der Batterie ermittelt werden. Die Auslegung der Batteriegröße muss sowohl der geforderten elektrisch fahrbaren Tagesreichweite (130 km für ein BEV und 40 km für ein PHEV) als auch der Forderung einen minimalen *State-of-Charge* (SoC)[18] der Batterie von 30% nicht zu unterschreiten gerecht werden. Letzteres dient dazu eine ausreichende Batterielebensdauer zu gewährleisten. Die für diese Berechnung benötigten spezifischen Verbräuche sind Helms und Hanusch (2010) entnommen und enthalten bereits die Ladeeffizienzen (siehe Tab. 5.7). Damit ergeben sich die benötigten Batteriekapazitäten gemäß Tabelle 5.8.

Tabelle 5.6.: Entwicklung der szenarienabhängigen spezifische Endverbraucherpreise für Batterien in [€$_{2007}$/kWh] (basierend auf Heinrichs und Trommer (2011))

Jahr	Nische	Moderat	Forciert
2010	800	800	800
2015	538	380	304
2020	385	280	224
2025	320	230	184
2030	268	200	160

Die in Tabelle 5.6 aufgeführten spezifischen Batteriepreise beziehen sich auf eine Batterie mit einer Kapazität von 20 kWh und enthalten den Preis für das Batteriemanagementsystem, welches nicht größenabhängig ist. Deswegen kann der Endpreis der Batterie P nicht direkt aus den spezifischen Batteriepreisen p abgeleitet werden, sondern wird mittels der Gleichung 5.2

---

[18]Der SoC bezeichnet den Beladezustand der Batterie. Ein SoC von 30% besagt, dass die Batterie noch zu 30% geladen ist.

Tabelle 5.7.: Entwicklung der szenarienabhängigen spezifische Verbräuche von EVs in [kWh/100km] (basierend auf Helms und Hanusch (2010))

Jahr	Nische	Moderat	Forciert
2010	23,8	23,8	23,8
2015	23,2	22,7	22,1
2020	22,7	21,6	20,5
2025	22,1	20,6	19,1
2030	21,6	19,6	17,7

Tabelle 5.8.: Entwicklung der szenarienabhängigen Batteriekapazitäten in [kWh] (eigene Berechnungen)

Jahr	Nische		Moderat		Forciert	
	BEV	PHEV	BEV	PHEV	BEV	PHEV
2010	44,2	13,6	44,2	13,6	44,2	13,6
2015	43,1	13,3	42,2	13,0	41,0	12,6
2020	42,2	13,0	40,1	12,3	38,1	11,7
2025	41,0	12,6	38,3	11,8	35,5	10,9
2030	40,1	12,3	36,4	11,2	32,9	10,1

(vgl. Kihm et al., 2013; Kihm, 2012) für jedes Land i und Stützjahr T mittels der Batteriekapazität K für BEV und PHEV berechnet.

$$P_{i,T} \;=\; 1,4445 \cdot p_{i,T} \cdot K_{i,T}^{0,9043} \tag{5.2}$$

Damit ergeben sich die Endverbraucherpreise für die Batterien der EVs in Tabelle 5.9. Die hier aufgeführten Preise gelten zunächst nur für Deutschland und werden analog zu den Fahrzeugpreisen auf die anderen Länder übertragen. Die Entwicklung der szenarienabhängigen Batteriepreise für jedes Land ist im Anhang in den Tabellen A.2 bis A.4 im Detail aufgelistet.

Subventionen für Elektrofahrzeuge in Europa sind unterschiedlich, wie bereits in Kapitel 3.3 dargelegt wurde. Sie reichen von Steuererleichterungen bis hin zu direkten Kaufzuschüssen. In einigen Ländern stehen EVs aber

Tabelle 5.9.: Entwicklung der szenarienabhängigen Endpreise der Batterien für EVs für Deutschland inkl. MwSt. in [€$_{2007}$] (eigene Berechnungen)

Jahr	Nische		Moderat		Forciert	
	BEV	PHEV	BEV	PHEV	BEV	PHEV
2010	35.544	12.242	35.544	12.242	35.544	12.242
2015	23.358	8.045	16.176	5.572	12.631	4.351
2020	16.389	5.645	11.396	3.925	8.696	2.995
2025	13.296	4.580	8.968	3.089	6.700	2.308
2030	10.907	3.757	7.455	2.568	5.439	1.873

auch ungünstiger da als vergleichbare konventionelle Fahrzeuge, weil aufgrund von prozentualen Abgaben EVs mit ihrem höheren Kaufpreis absolut höher besteuert werden. Dies gleicht sich erst in späteren Jahren bei günstigeren Preisen für Elektrofahrzeuge aus. In anderen Ländern sind die Förderungen noch an weitere Bedingungen geknüpft, z.B. die Verwendung von Elektrizität aus erneuerbaren Energien oder bestimmte spezifische CO_2-Emissionsgrenzen.

Die monetären Vor- oder Nachteile von EVs hinsichtlich **Besteuerung** oder anderer politischer Maßnahmen fließt in die Berechnung des ökonomischen Potenzials mit ein. Diese Maßnahmen werden über die teilweise bereits heute festgesetzten Zeiträume oder im Fall von Steuern, die unabhängig von der Entwicklung von EVs erhoben werden, ohne zeitliche Begrenzung fortgeschrieben. In Tabelle 5.10 sind die berücksichtigten monetären Besteuerungs- und Subventionsdifferenzen zusammengefasst, die bei einem EV-Neukauf oder jährlich wiederkehrend anfallen. Differenzen bei der beim Kauf anfallenden Mehrwertsteuer infolge der Preisunterschiede zwischen einem EV und einem konventionellen Fahrzeug sind hier nicht enthalten, sondern werden zusammen mit den Anschaffungsdifferenzen in der Kapitalwertberechnung berücksichtigt.

Tabelle 5.10.: Monetäre Besteuerungs- und Subventionsdifferenzen exkl. MwSt.-Differenzen in [€$_{2007}$] (eigene Berechnungen basierend auf Tab. 3.4)

Land	Einmalig bei Neukauf		Jährlich	
	BEV	PHEV	BEV	PHEV
Belgien	9.190	4.640[1]	-	-
Dänemark	18.023	-	135	135[2]
Deutschland	-	-	72[3]	72[3]
Finnland	-2.547[4]	-	-261	-
Frankreich	5.215	2.000	-	-
Griechenland	-11.350	-5.840	134	-[5]
Irland	4.121	2.500	52	52[6]
Italien	-	-	199[7]	-
Luxemburg	5.000	1.500	81	54[8]
Niederlande	3.510[9]	3.510[9]	-	-
Norwegen	22.019	-	313	-
Österreich	749	500	350	-
Polen	-	-	-	-
Portugal	5693	347	122	-
Schweden	-	-	95[10]	95[10]
Schweiz	-	-	151[11]	151[11]
Slowakische Republik	-	-	-	-
Slowenien	286	378	-	-
Spanien	6.914	6.000	120	-
Tschechische Republik	-	-	-	-
Ungarn	227	227	-	-
Vereinigtes Königreich	5775	5775	133	133[12]

[1] Wenn die CO_2-Emissionen des PHEVs unter 105 g_{CO_2}/km liegen.

[2] Wenn der kombinierte Verbrauch minimal 5 l/100km ist.

[3] Dies gilt für die ersten 5 Jahre nach Neuzulassung, danach gelten 38 EUR.

[4] Mit sinkenden Preisen für EVs kehrt sich dieser aktuelle Nachteil in eine Förderung.

[5] Dieser Wert hängt von den spezifischen CO_2-Emissionen ab. Dessen Ermittlung für PHEVs ist derzeit nicht geregelt, so dass kein konkreter Wert benannt werden kann.

[6] Wenn das PHEV kombiniert nicht mehr als 120 g_{CO_2}/km emittiert.

[7] 5 Jahre nach Neuzulassung reduziert sich die Ersparnis auf 149 EUR.

[8] Bei CO_2-Emissionen bis 90 g_{CO_2}/km.

[9] Galt nur bis Ende 2011.

[10] Dies gilt nur für die ersten 5 Jahre nach Erstzulassung, danach gelten 54 EUR.

[11] Hierfür wurde der gewichtete Durschschnitt der Kantone berechnet, um eine länderweise Betrachtung zu ermöglichen.

[12] Wenn das PHEV weniger als 100 g_{CO_2}/km emittiert.

Jährlich anfallende Ausgaben

Neben den zuvor aufgelisteten **jährlichen Steuerdifferenzen**, die einen Kostenvorteil oder -nachteil für EVs darstellen können, wird bei der **Wartung** aufgrund des geringeren Anteils an mechanisch beanspruchten Verschleißteilen beim Elektromotor von einem Kostenvorteil von EVs gegenüber konventionell betriebenen Fahrzeugen ausgegangen (Wietschel et al., 2010; Baum et al., 2011). Analog zu den Kosten der Ladeinfrastruktur wird der Wert von Deutschland (Kihm et al., 2013; Kihm, 2012) auf die anderen Länder übertragen (s. Abbildung 5.3 und Tab. A.5 im Anhang).

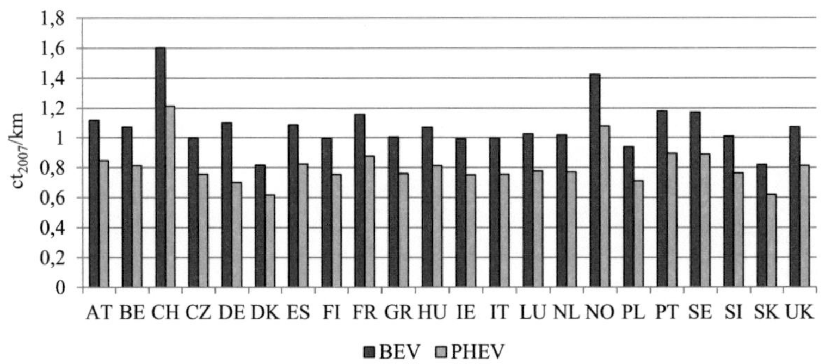

Abbildung 5.3.: Szenarienunabhängige Differenz in den kilometerabhängigen Wartungspreise in [ct_{2007}/km] (eigene Berechnungen basierend auf Heinrichs und Trommer (2011); VW DK (2011); VW DE (2011); VW FI (2011); VW GR (2011); VW NO (2011); VW AT (2011); VW PL (2011); VW SE (2011); VW SK (2011); VW SI (2011); VW CZ (2011); VW HU (2011); VW BE (2011); VW FR (2011); VW IE (2011); VW IT (2011); VW NL (2011); VW PT (2011); VW CH (2011); VW ES (2011); VW UK (2011))

Die Differenz in den **Antriebskosten** setzt sich aus den kilometerspezifischen Kraftstoffpreisen für ein konventionell angetriebenes Fahrzeug abzüglich der Elektrizitätspreise je Kilometer für ein EV zusammen. Um die distanzabhängigen Kraftstoffpreise berechnen zu können, wird eine Verbrauchsentwicklung von 6,63 l/100km in 2010 bis 4,79 l/100km in 2030

(IFEU, 2010)[19] angenommen und mittels der unterstellten szenariospezifischen Entwicklung der Kraftstoffpreise (s. im Anhang Tab. A.6) umgerechnet. Diese kilometerspezifischen Antriebskosten werden analog zu den Wartungspreisen für jedes betrachtete Land abgeleitet.

Für die Entwicklung der Elektrizitätspreise wird ausgehend von den heutigen jahresdurchschnittlichen Elektrizitätspreisen (s. Abb. 5.4) die mit dem hier entwickelten Modell ermittelte Steigung der Grenzgestehungskosten für Elektrizität übertragen. Für 2010 ist in Abbildung 5.4 die länderweise Differenz der Antriebskosten aufgeführt.

Europa weißt hinsichtlich der Elektrizitätspreise große Unterschiede zwischen den Ländern auf. Während beispielsweise der Preis für eine kWh in Dänemark und Deutschland für Endkunden bei annähernd 25 ct_{2007} liegt, kostet Elektrizität in Griechenland oder der Schweiz mit 11 bis 12 ct_{2007}/kWh knapp halb soviel. Die Gründe hierfür liegen zum einen in den unterschiedlichen Grenzgestehungskosten je länderspezifischem Kraftwerkspark und zum anderen im je Land variierenden Anteil der Steuern und Abgaben am Elektizitätspreis.

Diese stark unterschiedlichen Elektrizitätspreise schlagen sich auch in der Antriebskostendifferenz nieder. So rangieren Griechenland und die Schweiz bedingt durch ihre vergleichweise günstigen Elektrizitätspreise im oberen Bereich. Aber auch die Niederlande und Finnland weisen hohe Antriebskostendifferenzen von über 6 ct_{2007}/km zugunsten von EVs auf. Der Durchschnitt liegt bei 4,63 ct_{2007}/km und die geringsten Werte weisen Spanien und die Tschechische Republik mit um 3 ct_{2007}/kWh auf. Die Antriebskostendifferenzen in Europa weisen folglich eine ähnliche Bandbreite wie die Elektrizitätspreise auf. Weil sie zusätzlich von den Kraftstoffpreisen abhängen, ergibt sich allerdings nicht zwingend die inverse Reihenfolge. So liegt Dänemark hier zwar im unteren Bereich, aber Deutschland rangiert im Mittelfeld, was sich durch seine vergleichweise hohen Abgaben auf Kraftstoffe erklären lässt.

---

[19]2015: 6,06, 2020: 5,6, 2025: 5,17 l/100km

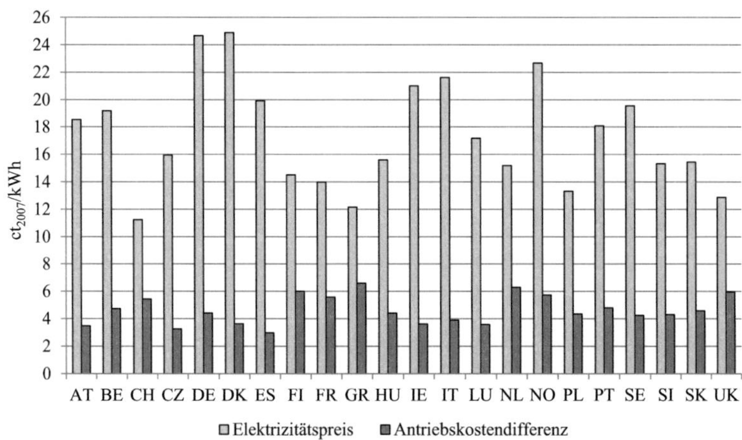

Abbildung 5.4.: Europäische Elektrizitätspreise und länderweise Differenz der Antriebskosten zwischen einem konventionell angetriebenen Fahrzeug und einem EV je für 2010 (basierend auf Eurostat (2012a) und eigenen Berechnungen)

Für alle Jahre nach 2010 ist die Differenzentwicklung der Antriebskosten szenarienabhängig und wird zusätzlich je Szenario iterativ ermittelt, weil die Elektrizitätsgestehungskosten auch von der Elektrizitätsnachfrage durch EV abhängig sind. Die finalen Differenzen der Antriebskosten je Land und Szenario sind in Kapitel 8.2.1 erläutert und im Anhang (s. Tab. A.8) aufgelistet.

Einmalig beim Verkauf anfallende Einnahmen

Die Abschätzung des **Restwerts** eines EVs ist mit hohen Unsicherheiten verbunden, weil der Zustand einer Batterie von außen durch einen potenziellen Käufer nur schwer einzuschätzen ist und dies die Zahlungsbereitschaft beeinflussen kann. Weil hierzu noch keine empirischen Daten vorliegen, werden in dieser Arbeit Annahmen zum Restwert der elektrischen

Antriebskomponenten[20] getroffen. Dieser ergibt sich aus einem kilometerabhängigen und einem vom Fahrzeugalter abhängigen Anteil und wird zwischen den Szenarien variiert (s. Tab. 5.11). Weil der Wertverlust von der Jahresfahrleistung der EVs abhängt, ergibt sich dieser ebenfalls iterativ. Nur der vom Fahrzeugalter abhängige Anteil berechnet sich nicht iterativ sondern aus der üblichen Ersthaltedauer von 5 Jahren, über die sich ein EV im Vergleich rentieren muss (Kihm et al., 2013; Kihm, 2012).

Tabelle 5.11.: Szenarienabhängiger Wertverlust der elektrischen Antriebskomponenten (basierend auf Trommer et al. (2010); Heinrichs und Trommer (2011))

	Nische	Moderat	Forciert
Anschaffungs-preis	20% im 1. Jahr + 5% pro Folgejahr	20% im 1. Jahr + 5% pro Folgejahr	10% im 1. Jahr + 3% pro Folgejahr
Fahrleistung	+ 1% pro 1000km	+ 0,4% pro 1000km	+ 0,2% pro 1000km
Minimaler Restwert	-	$\geq 10\%$	$\geq 20\%$

Ermittlung der minimal profitablen Jahresfahrleistung für EV im Vergleich zu einem konventionell betriebenen Fahrzeug

Basierend auf den hier aufgeführten Werten werden diejenigen Jahreskilometer mittels Kapitalwertmethode berechnet, bei denen der Kapitalwert eines EVs und eines vergleichbaren konventionell betriebenen Fahrzeugs identisch ist. Für alle Fahrzeugnutzer des technischen Potenzials, die eine höhere Jahresfahrleistung haben, würde sich aus wirtschaftlicher Sicht ein EV rechnen. Diese minimalen Jahresfahrleistungen werden zusammen mit dem hier entwickelten Energiesystemmodell iterativ bestimmt und ihre fi-

---

[20]Bei den Fahrzeugkomponenten die beiden Fahrzeugtypen zueigen sind, wird von einem identischen Restwert ausgegangen, der in der hier vorgenommenen Vergleichsrechnung nicht betrachtet werden muss.

nalen Werte werden für das Szenario *Moderat* im Kapitel 8.2.2 diskutiert und für die anderen Szenarien im Anhang (s. Tab. A.9 bis A.11) aufgelistet. Zusätzlich müssen diese Jahresfahrleistungen mit den maximal realisierbaren Jahresreichweiten von BEVs verglichen werden. Die maximal realisierbare Jahresreichweite von BEVs ergibt sich aus der maximal realisierbaren Tagesreichweite multipliziert mit 300 Fahrtagen. Für ein BEV kommen also nur solche Personen oder Fahrzeuge in Frage, die oberhalb der minimal rentablen Jahresfahrleistung und gleichzeitig unterhalb der maximal realisierbaren Jahresfahrleistung liegen (vgl. Tab. 5.12[21]).

PHEV sind nur dann vergleichsweise rentabel, wenn die minimal rentable Jahresfahrleistung unter der maximal realisierbaren elektrisch fahrbaren Jahresfahrleistung von PHEV liegt (s. Tab. 5.12). Sobald diese Grenze unterschritten wird, sind prinzipiell alle Fahrzeuge des technischen PHEV-Potenzials mit einer größeren Gesamt-Jahresfahrleistung[22] für ein PHEV geeignet. Bei Personen bzw. Fahrzeugen die sowohl für ein BEV als auch ein PHEV rentabel ist, erfolgt eine zufällige Zuordnung analog zu Kihm et al. (2013); Kihm (2012). Dies begründet sich dadurch, dass in dieser Arbeit die konkrete Kaufentscheidung nicht im Fokus steht, sondern die Bestimmung des Potenzials für EVs.

5.4. Berechnung der Marktpenetration von Elektromobilität und ihres Elektrizitätsbedarfs

5.4.1. Ableitung der Marktpenetration von EVs

Der Anteil von BEV und PHEV an den Pkw-Neuzulassungen eines jeden Landes wird mit dem Verhältnis der potenziellen Neuwagenkäufer des ökonomischen Potenzials zur Grundmenge der Neuwagenkäufer berechnet. Ei-

---

[21]Für das Szenario Nische liegt die maximal realisierbare Fahrleistung bis 2030 unverändert bei 39 tkm für BEV und 12 tkm für PHEV. Diese Werte gelten für 2010 auch für die beiden anderen Szenarien.

[22]Dies umfasst sowohl die elektrisch als auch die konventionell betrieben gefahrenen Kilometer.

Tabelle 5.12.: Entwicklung der szenarienabhängigen maximal rein elektrisch fahrbaren Jahresfahrleistung in [km] (basierend auf Tab. 5.4 und Kihm et al. (2013); Kihm (2012))

Jahr	Moderat		Forciert	
	BEV	PHEV	BEV	PHEV
2015	46.800	14.400	62.400	19.200
2020	54.600	16.800	124.800	38.400
2025	62.400	19.200	159.900	49.200
2030	70.200	21.600	195.000	60.000

ne Ausnahme bildet hier wie bereits zuvor erläutert Finnland, bei dem zunächst das Verhältnis der potenziellen EV-Nutzer des ökonomischen Potenzials zur Grundmenge aller Pkw-Nutzer gebildet wird. Dieses Verhältnis wird danach mit dem Faktor Pkw-Neuzulassungen je Pkw-Gesamtbestand auf den EV Anteil bei den Pkw-Zulassungen umgerechnet.

Die Entwicklung des EV-Bestandes wird für jedes Land ausgehend von den Pkw-Neuzulassungen in 2007 (vgl. im Anhang Tab. A.15) mit dem EV-Anteil an den Pkw-Neuzulassungen berechnet. Aus diesem scheiden EVs nach Erreichen ihrer Lebensdauer von 15 Jahren (Kihm et al., 2013; Kihm, 2012) wieder aus[23]. Damit ergeben sich nach Iteration mit den Energiesystemmodellen die in Kapitel 8.2.3 diskutierten länderspezifischen Ergebnisse je Szenario.

5.4.2. Berechnung der Elektrizitätsnachfrage durch EVs

Ausgehend von der zuvor ermittelten Entwicklung der EV-Marktpenetration wird deren Elektrizitätsbedarf errechnet. Dafür werden zunächst die durchschnittlichen Jahreskilometer des ökonomischen Potenzials von BEV und PHEV anhand der Mobilitätsstudien ermittelt (s. im Anhang Tab. A.18).

---

[23]Durch die Verwendung gleichbleibender jährlicher Pkw-Neuzulassungen und der angenommenen EV Lebensdauer erhöht sich der Pkw-Fahrzeugbestand in den betrachteten Szenarien bis 2030 in ähnlicher Größenordnung wie bei BVU und Intraplan Consult (2007). Dies unterstützt die Konsistenz der Analysen untereinander.

Laut (IFEU, 2010) reduziert sich die jährliche Jahresfahrleistung von Pkws in Abhängigkeit vom Fahrzeugalter um 4% pro Jahr. D.h. Neuwagenkäufer fahren durchschnittlich mehr Kilometer pro Jahr. Diese Degression der Jahresfahrleistung in Abhängigkeit vom Fahrzeugalter wird in der Berechnung der jährlichen Elektrizitätsnachfrage von EVs berücksichtigt.

Bei PHEV werden die durchschnittlichen Jahreskilometer mit den maximal elektrisch fahrbaren verglichen (s. Tab. 5.12). Liegen die durchschnittlichen Jahreskilometer über den elektrisch maximal möglichen, dann werden die PHEV-Jahreskilometer auf die maximal elektrisch fahrbaren herunter gesetzt. Im umgekehrten Fall werden die durchschnittlichen Jahreskilometer für die weitere Berechnung verwendet.

Mit der so ermittelten Entwicklung der Jahresfahrleistungen von BEV und PHEV in Abhängigkeit vom Zulassungsjahr, von den jährlichen Neuzulassungen für BEV und PHEV (vgl. Kap. 5.4.1) und von den vom Zulassungsjahr abhängigen spezifischen Verbräuchen eines EVs (vgl. Tab. 5.7) wird die Elektrizitätsnachfrage für BEV und PHEV berechnet. Alle drei Einflußgrößen stellen szenarioabhängige Parameter dar und führen nach Iteration mit dem Energiesystemmodell zur im Kapitel 8.2.4 diskutierten EV-Elektrizitätsnachfrage.

5.5. Ableitung der Lastkurven und des Lastverschiebepotenzials von Elektromobilität

Neben der Höhe der jährlichen Elektrizitätsnachfrage durch EVs beeinflusst insbesondere auch der Lastverlauf dieser Nachfrage das Energiesystem. Deswegen müssen anhand der Mobilitätsstudien zunächst der zeitliche Verlauf der Elektrizitätsnutzung während der Fahrten sowie die Standzeiten mit Ladeoption und darauf aufbauend die Lastkurven von EVs ermittelt werden. Die Ableitung dieser Kurven baut wie zuvor dargelegt (vgl. Kap. 5.3.1) auf dem technischen Potenzial von EVs auf.

Daneben besteht bei EVs, wie bereits in Kapitel 3.2.4 dargelegt, aufgrund der langen Standzeiten die Möglichkeit das Laden der Batterie zeitlich zu variieren ohne das Mobilitätsverhalten der Fahrzeugnutzer einzuschränken. Hieraus kann das Lastverschiebepotenzial abgeleitet werden. Um diesen Freiheitsgrad abbilden zu können, werden eine obere und eine untere Grenze für den Lastverlauf berechnet und in das Energiesystemmodell integriert. Der tatsächliche Lastverlauf von EVs kann dann vom Modell zwischen diesen beiden Lastgrenzen mit optimiert werden.

5.5.1. Betrachtetes Ladeverhalten

Um aus den Mobilitätsstudien Lastkurven ableiten zu können, muß zunächst das Ladeverhalten festgelegt werden. So kann z.B. immer nach dem letzten Weg des Tages geladen werden oder nach bzw. vor jedem Weg. Für die Integration des Lastverschiebepotenzials in das Energiesystemmodell werden zwei unterschiedliche Ladeverhalten ausgewählt, die jeweils ein Extrem der möglichen Bandbreite darstellen. Dies sind zum einen das sofortige Laden bei jeder Ladeoption bis die Batterie vollständig geladen ist und zum anderen das möglichst späte Laden um die nächste Ladeoption zu erreichen (s. Abb. 5.5). Alle möglichen Ladevariationen müssen bei gleichbleibenden Rahmenbedingungen z.B. bezüglich der Ladeleistung zwischen diese beiden Optionen liegen, ohne dass eines der Extreme eine geeignete Wahl für den Nutzer darstellen muss.

Bei der Ladestrategie *Sofort Vollladen* besteht maximale Mobilitätsflexibilität, so dass auch unvorhergesehene Fahrtwege oder Wegeverlängerungen möglich sind. Allerdings befindet sich durch ein solches Ladeverhalten die Batterie häufig in hohen SoC-Bereichen, was sich negativ auf ihre Lebensdauer auswirkt (Lunz et al., 2012). Bei der Ladestrategie *Möglichst spät Laden* hingegen sind unvorhergesehene Wege oder Umwege nicht möglich. Der dadurch resultierende meist niedrige SoC wirkt sich positiv auf die Batteriealterung aus (vgl. Linßen et al., 2012). Das sich ergebende Lastverschiebepotenzial (LVP) zwischen diesen beiden Ladekurven ist rechts in Abbildung 5.5 schematisch dargestellt.

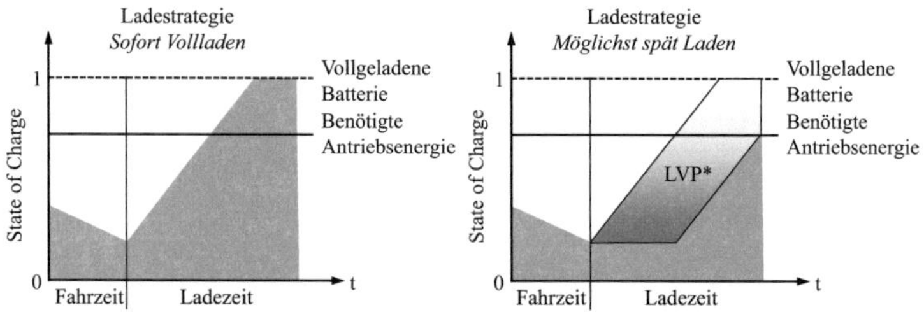

Abbildung 5.5.: Schematische Darstellung der Ladekurven *Sofort Vollladen* und *Möglichst spät Laden*

5.5.2. Berechnung der Lastkurven für die Ladestrategien *Sofort Vollladen* und *Möglichst spät Laden*

Der zeitliche Verlauf der Batterieentladung wird anhand der Informationen aus den Mobilitätsstudien zu den Start- und Endzeiten der Fahrstrecken sowie zu den dabei zurückgelegten Distanzen jedes Fahrzeugs des technischen Potenzials ermittelt. Mit Hilfe der Informationen über die Wegeziele[24] und über die Parkstandorte zwischen den Fahrtwegen können die Zeiträume identifiziert werden, in denen ein Fahrzeug durch die getroffenen Annahmen zur Ladestationsverfügbarkeit Zugang zu einer Ladestation hat. Diese Zuordnung von Ladeoptionen basiert auf den Szenarioannahmen bezüglich der Entwicklung der Ladeinfrastuktur (vgl. Tab. 5.3). Daraus und aus den Anteilen der verschiedenen Ladeleistungen an der Ladeinfrastruktur (vgl. Heinrichs & Trommer, 2011) ergeben sich die Ladeleistungen, die für ein Fahrzeug der gesamten EV-Flotte durchschnittlich zur Verfügung stehen (s. Tab. 5.13).

---

[24]Hierzu zählen z.B. „Fahrt nach Hause" oder „Fahrt zur Arbeit".

Tabelle 5.13.: Entwicklung der durchschnittlichen Ladeleistung je Szenario in [kW] (in Anlehnung an Heinrichs und Trommer (2011))

Jahr	Nische	Moderat	Forciert
2010	3,5	3,5	3,5
2015	3,5	4,2	5,6
2020	3,5	4,9	11,25
2025	3,5	5,6	14,425
2030	3,5	6,3	17,6

Zusätzlich wird für jede Person bzw. jedes Fahrzeug des technischen Potenzials die Ladeleistung in Abhängigkeit vom zeitlichen Verlauf des SoC variiert. So sinkt die Ladeleistung ab einem SoC größer 80% (vgl. Leitinger & Litzlbauer, 2011). Der eigentlich nichtlineare Verlauf der Ladeleistung bei SoCs über 80% (s. Abb. 5.6), wird aus Gründen der handhabbareren Berechenbarkeit linearisiert.

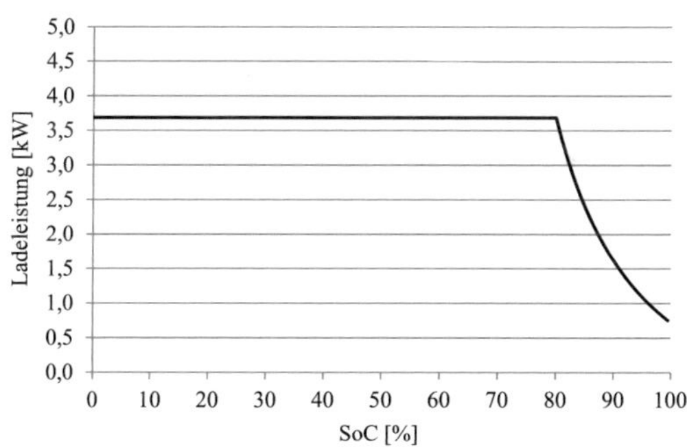

Abbildung 5.6.: Ladekennlinie gemäß Leitinger und Litzlbauer (2011)

Des Weiteren wird von einer konstanten Ladeleistung über eine Stunde ausgegangen. Dies ist dem Umstand geschuldet, dass eine höhere zeitliche Auflösung im Energiesystemmodell nicht berücksichtigt werden kann (vgl. Kap. 6). Um Rundungsfehler bei den Ladevorgängen durch diese zeitliche

Aggregation zu vermeiden, wird in der letzten Stunde eines Ladevorgangs[25] mit verminderter Leistung geladen. Diese verminderte Leistung ergibt sich aus dem verbleibenden energetischen Ladebedarf in dieser Stunde.

BEVs und PHEVs wird die gleiche normierte Lastkurve zugeordnet. Dies geschieht deshalb, weil Fahrzeuge erst auf Basis des ökonomischen Potenzials zu BEV oder PHEV zugeordnet werden. Die Lastkurve wird aber, um die Repräsentativität nicht zu beeinflussen, auf Basis des technischen Potenzials berechnet. Dies beeinträchtig deshalb die Ergebnisse nicht, weil es sich bei den ermittelten Ladekurven um Extrema handelt, die vor allem den existierenden Freiheitsgrad für Ladevorgänge beschreiben, der für alle EVs angenommen werden kann. Folglich werden aus den gewichteten Ladekurven der einzelnen Personen bzw. Fahrzeuge des technischen Potenzials die Gesamtladekurven der EV-Flotte aufsummiert.

Weil das Mobilitätsverhalten insbesondere zwischen Werk- und Wochenendtagen ebenso wie die konventionelle Elektrizitätsnachfrage variiert, werden separate Ladekurven für Wochen- und Wochenendtage ermittelt. Abbildung 5.8 veranschaulicht die Unterschiede zwischen diesen beiden Typtagen beispielhaft für Deutschland in 2030.

Für den hier betrachteten Zeitraum unterscheiden sich die Ladekurven für die verschiedenen Jahre insbesondere in späteren Jahren kaum. Deswegen werden einheitlich die Ladekurven des technischen Potenzials des Jahres 2030 genutzt, was zusätzlich durch die größere Anzahl an Datensätzen den Vorteil einer belastbareren Repräsentativität bietet. Kleinere Abweichungen in den ersten Jahren entwickeln aufgrund der geringen EV-Penetrationen und der damit verbundenen sehr geringen Elektrizitätsnachfrage einen vernachlässigbaren Einfluss auf das Energiesystem.

---

[25]Dies gilt für die Ladestrategie *Sofort Vollladen*. Bei der Ladestrategie *Möglichst spät Laden* betrifft diese Leistungsminderung die erste Stunde des Ladevorgangs.

Auf diese Weise ergeben sich je Mobilitätsstudie 12 Ladekurven[26]. In den folgenden Abschnitten werden jeweils beispielhafte Ladekurven für die betrachteten Variationen dargestellt.

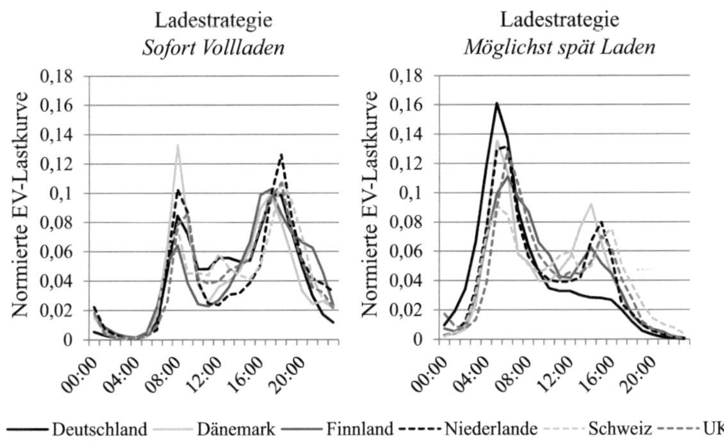

Abbildung 5.7.: Länderspezifische EV-Ladekurven für einen Werktag im Szenario *Moderat* für beide Ladestrategien (eigene Berechnungen)

Länderspezifische EV-Ladekurven

Beispielhaft für das Szenario *Moderat* in 2030 sind in Abbildung 5.7 die länderspezifischen Unterschiede der normierten Ladekurven für einen Werktag für beide Ladestrategien nebeneinander gestellt. Es sind für das *sofortige Vollladen* die zwei typischen Spitzenlasten gut zu erkennen. Sie ergeben sich am Vormittag aus dem Laden am Arbeitsplatz und am Abend aus dem Laden zu Hause. Die Höhe und Breite der Spitzen gibt vergleichsweise Auskunft darüber wie zeitgleich das Mobilitätsverhalten der EV-Nutzer ist. Je schmaler und höher die Spitzen sind, desto höher ist die Gleichzeitigkeit

---

[26]Je für die beiden Ladestrategien, für einen Wochentag und einen Werktag und für die 3 Szenarien. Für Deutschland kommen für die regional differenzierte Betrachtung noch einmal 9 Ladekurven für die unterschiedlichen Kreistypen (BBSR, 2011) hinzu.

beim Laden. Insbesondere weisen Dänemark bei den Fahrten zum Arbeitsplatz und das Vereinigte Königreich bei den Fahrten nach Hause eine hohe Gleichzeitigkeit auf.

Die Schweiz zeigt mit ihren drei Spitzen eine Besonderheit. Diese dritte Spitze tritt in der Mittagszeit auf. Dies läßt darauf schließen, dass das Mobilitätsverhalten der Schweizer vergleichsweise heterogener ist.

Beim *möglichst späten Laden* fehlt bei Deutschland die Abendspitze, während die morgendliche Spitze den vergleichweise höchsten Wert unter den Ländern hat. Dies liegt darin begründet, dass vor dem abendlichen Heimweg weniger Orte mit Ladeoption angefahren wurden und somit der Energiebedarf für die abendliche Heimfahrt bereits morgens geladen wurde[27].

Vergleicht man die beiden Ladestrategien fällt auf, dass beim *sofortigen Vollladen* morgens direkt nach den ersten morgendlichen Wegen und dem abendlichen Heimweg mit dem Laden begonnen wird. Beim *möglichst späten Laden* wird üblicherweise vor dem abendlichen Heimweg geladen sowie der Energiebedarf des Vortages vor dem ersten Weg des Folgetages.

EV-Ladekurven an Werk- und Wochenendtagen

In Abbildung 5.8 sind für das Szenario *Moderat* in 2030 und die Ladestrategie *Sofort Vollladen* die unterschiedlichen normierten Lastkurven für einen Werktag und einen Wochenendtag in Deutschland abgebildet. Während die Ladekurve des Werktages durch zwei Spitzen gekennzeichnet ist, weist die Ladekurve am Wochenende nur eine Spitze auf, die flacher und wesentlich breiter verläuft. Die zwei Ladespitzen am Werktag werden dadurch verursacht, dass werktags vor allem nach dem morgendlichen Berufsverkehr und dem abendlichen Heimkehren geladen werden kann. Am Wochenende ist das Mobilitätsverhalten heterogener und es werden kürzere Wege zurückgelegt, so dass sich die Ladungen gleichmäßiger auf den Tag verteilen.

---

[27]Der Grund hierfür ist die Berücksichtigung des Pkw-Wirtschaftsverkehrs für das Potenzial für Elektromobilität in Kihm et al. (2013) und Kihm (2012), deren Analyseergebnisse für Deutschland für diese Arbeit zur Verfügung gestellt wurden.

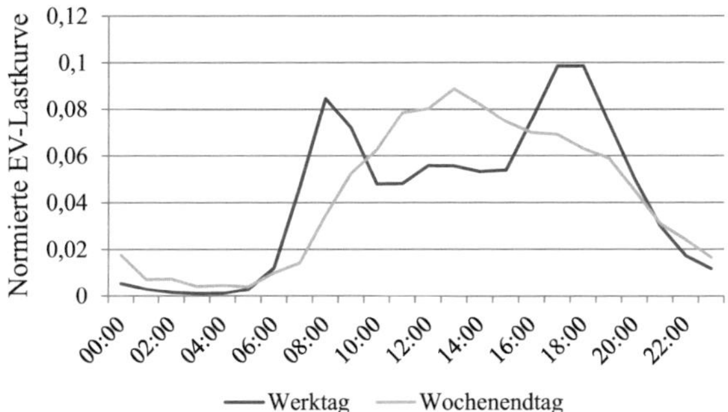

Abbildung 5.8.: EV-Ladekurven für einen Werk- und einen Wochenendtag für Deutschland beim sofortigen Vollladen im Szenario *Moderat* in 2030 (eigene Berechnungen)

Szenariospezifische EV-Ladekurven

Durch die unterschiedlichen Annahmen in den Szenarien, insbesondere bezüglich der Ladeinfrastruktur und den verfügbaren Ladeleistungen, ergeben sich je Szenario unterschiedliche Ladekurven (s. beispielhaft Abb. 5.9). So weißt das Szenario *Nische* den größten Unterschied zu den anderen Szenarien auf, während die beiden anderen Szenarien nur in wenigen Eigenschaften voneinander abweichen. Diese Abweichungen zwischen den Szenarien *Moderat* und *Forciert* liegen vor allem beim *möglichst späten Laden* in späteren Spitzen beim Szenario *Forciert* vor. Aufgrund der höheren EV-Penetration in diesem Szenario können diese Abweichungen zu unterschiedlichen Auswirkungen auf das Energiesystem führen und müssen folglich separat betrachtet werden. Beim Szenario *Nische* ist die morgendliche Lastspitze beim sofortigen Laden bzw. die abendliche beim späten Laden weniger ausgeprägt. Auch weisen die täglichen Hauptspitzen einen breiteren Verlauf auf. Diese Unterschiede erklären sich durch die geringere Verfügbarkeit von Ladestationen und durch die niedrigere Ladeleistung.

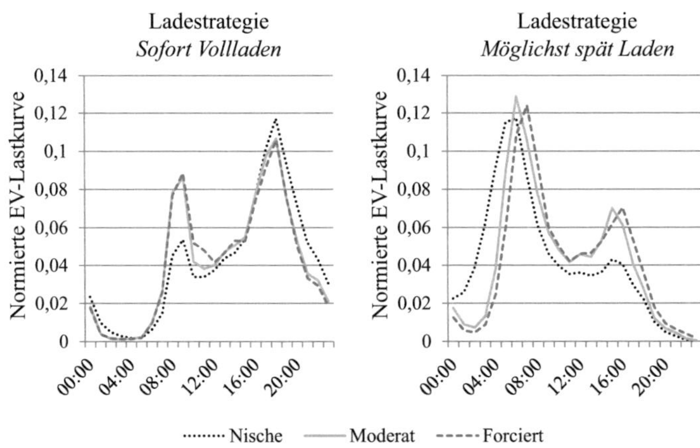

Abbildung 5.9.: Szenariospezifische EV-Ladekurven für einen Werktag für Großbritannien für beide Ladestrategien in 2030 (eigene Berechnungen)

Kreisspezifische EV-Ladekurven für die räumlich disaggregierte Betrachtung in Deutschland

Für Deutschland wird neben der Integration in das hier entwickelte europäische Energiesystemmodell Elektromobilität in einem weiteren Energiesystemmodell (*PERSEUS-EMO-NET*), welches Netzrestriktionen des elektrischen Übertragungsnetzes mitberücksichtigt (vgl. Kap. 6), räumlich detaillierter betrachtet. Dazu wird das vorliegende technische EV-Potenzial von Deutschland[28] nach den zusammengefassten siedlungsstrukturellen Kreistypen (vgl Abb. 5.10) differenziert. Auf diese Art und Weise können Unterschiede im Mobilitätsverhalten in Abhängigkeit vom infrastrukturellen Umfeld der EV-Nutzer berücksichtigt werden.

Bei der sich daraus ergebenden normierten Lastkurven (s. Abb. 5.11) fällt zunächst auf, dass deren Verläufe beim *möglichst späten Laden* kaum voneinander abweichen. Dies liegt daran, dass die Option zu Hause zu laden

---

[28]Für Deutschland liegen für diese Arbeit die Ergebnisse der Analyse gemäß Kihm et al. (2013) und Kihm (2012) vor.

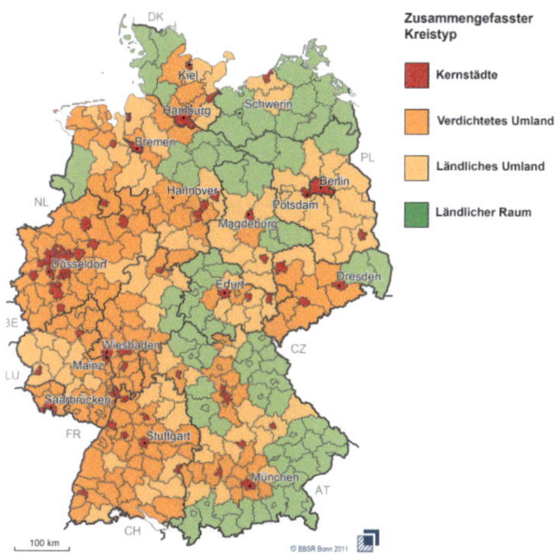

Abbildung 5.10.: Zusammengefasste siedlungsstrukturelle Kreistypen für Deutschland (BBSR, 2011)

weitestgehend unabhängig von den Kreistypen ist, weil Pkw ohne Zugang zu einer Ladeoption nicht zum technischen Potenzial zählen. Bei der zweiten Ladestrategie *Sofort Vollladen* hingegen weichen die Ladekurven der vier Kreistypen voneinander ab. Es variieren insbesondere die Höhen der zwei täglichen Ladespitzen. In Kernstädten kann demnach mehr am Arbeitsplatz geladen werden, während im Ländlichen Umland vornehmlich zu Hause geladen wird.

5.5.3. Abbildung des Lastverschiebepotenzials von EVs in den Energiesystemmodellen

Die beiden im Abschnitt zuvor ermittelten Ladestrategien *Sofort Volladen* und *Möglichst spät Laden* stellen die beiden Extrema dar, zwischen denen unter den getroffenen Annahmen zur Ladeinfrastruktur alle Ladevorgänge der EV-Gesamtflotte ablaufen müssen. Auf diese Weise sind Lastverlagerungen über einen Tag möglich. Theoretisch sind für einen Teil der EV-Nutzer aufgrund ihres Mobilitätsverhaltens Lastverlagerungen über mehre-

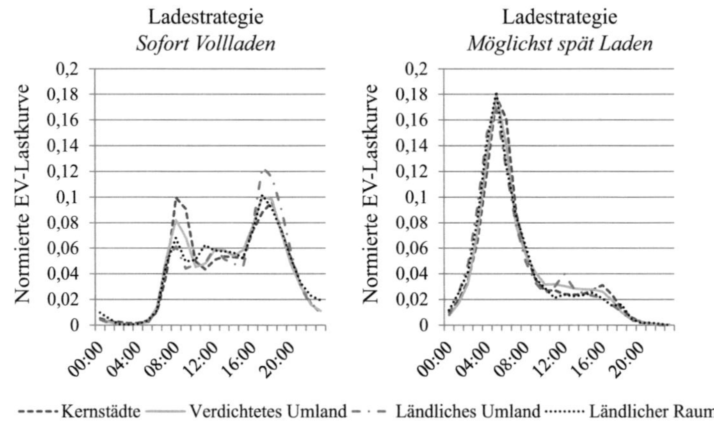

Abbildung 5.11.: EV-Ladekurven für die zusammengefassten Kreistypen in Deutschland für einen Werktag für beide Ladestrategien im Szenario *Moderat* in 2030 (eigene Berechnungen)

re Tage denkbar, aber um diese zu berücksichtigen müsste jeder EV-Nutzer separat abgebildet werden. Dies ist aufgrund der dafür benötigten Rechenzeit der Energiesystemmodelle nicht möglich und es würde die Repräsentativität der Ladekurven durch die Aufspaltung der Datenbasis einschränken. Deswegen werden im Rahmen dieser Arbeit Lastverlagerungen innerhalb eines Tages betrachtet und zwar für jeden in den Energiesystemmodellen abgebildeten Typtag[29] separat. Dazu wird durch zusätzliche Nebenbedingungen in den Energiesystemmodellen (vgl. Kap. 6.2.3) gefordert, dass je Typtag die erforderliche Energiemenge geladen und dabei die maximal mögliche Ladeleistung nicht überschritten wird.

Die je Typtag erforderliche Energiemenge ergibt sich aus der Fläche unter den auf die Jahresenergienachfrage normierten Verläufen der beiden betrachteten Ladestrategien. Die maximal mögliche Ladeleistung wird ebenfalls aus den beiden Ladestrategien abgeleitet und unterscheidet sich eben-

---

[29] Siehe Erläuterungen zu den berücktichtigten Typtagen in Kapitel 6.

falls in den Szenarien. Dafür wird zunächst jeweils der maximale Wert je Stunde aus den beiden Ladekurven gewählt. Diese Werte geben an, in welchem zeitlichen Verlauf die Fahrzeuge der EV-Gesamtflotte an Ladestationen ankommen bzw. wegfahren und folglich wie viele Fahrzeuge gleichzeitig an einer Ladestation stehen, was die maximal verfügbare Ladeleistung determiniert.

Um die maximal verfügbare Ladeleistung in der Nacht durch die abfallende Flanke am Abend bei der Ladekurve *Sofort Vollladen* und die ansteigende Flanke am Morgen bei der Ladekurve *Möglichst spät Laden* nicht zu unterschätzen, wird die größere der Spitzenlasten der beiden Extremladestrategien zwischen diesen beiden Spitzen über die Nacht fortgeschrieben[30]. Würde diese Spitze nicht fortgeschrieben, so würde nicht berücksichtigt, dass der abendliche Leistungsabfall beim sofortigen Vollladen durch vollgeladene Batterien verursacht wird, obwohl diese Fahrzeuge noch an einer Ladestation stehen und bei einem abweichendem Ladeverlauf weiterhin laden könnten. Der morgendliche Anstieg beim möglichst späten Laden beginnt erst dann, wenn die verbleibende Restzeit bis zur nächsten Abfahrt gerade lang genug ist, um die erforderliche Energie noch laden zu können. Allerdings befinden sich diese Fahrzeuge auch davor bereits an einer Ladestation und könnten bei Wahl einer anderen Ladestrategie auch früher laden. Die gerade eingeführte Fortschreibung über die Nacht erlaubt es, diese Freiheitsgrade beim Laden über die Nacht zu berücksichtigen. Damit ergibt sich beispielsweise für die Schweiz in 2030 für das Szenario *Moderat* die maximal verfügbare Ladeleistung gemäß Abbildung 5.12 für einen Wochentag im Winter.

Die sich aus der Iteration mit dem Energiesystemmodell ergebenden resultierenden Lastkurven von EVs werden in Kapitel 8.2.5 dargelegt und diskutiert.

---

[30]Eine optimistische bzw. obere Abschätzung kann durch die Anzahl der geparkten Pkws und der Ladeleistung am Parkstandort berechnet werden. Dies würde aber den Leistungabfall in höheren SoC-Bereichen vernachlässigen.

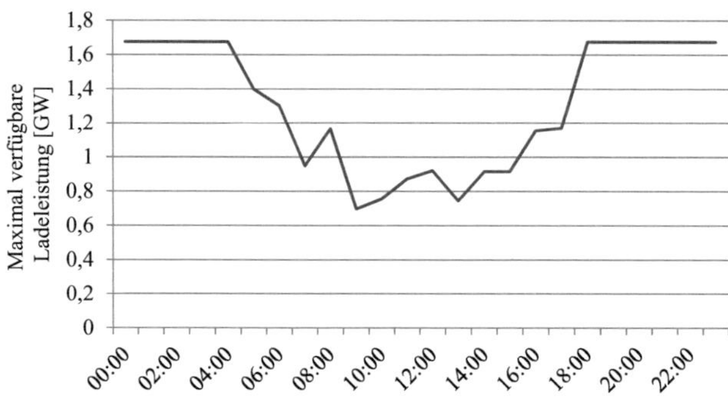

Abbildung 5.12.: Maximal verfügbare Ladeleistung für EVs in der Schweiz für einen Werktag im Winter im Szenario *Moderat* in 2030 (eigene Berechnungen)

5.6. Zusammenfassung

In diesem Kapitel wird die Entwicklung einer Methode zur Herleitung von Marktpenetrationen von BEVs und PHEVs je europäischem Land vorgestellt. Diese baut datenseitig auf 6 verfügbare detaillierte Mobilitätsstudien europäischer Länder auf. Die Mobilitätscharakterisierung der anderen Länder wird von diesen 6 Studien abgeleitet. Die Ermittlung der EV-Marktpenetration ist in 4 Stufen unterteilt.

Ausgehend von den Mobilitätsstudien werden zunächst die zulässigen Datensätze identifiziert. Das technische Potenzial umfasst auf der 2. Stufe den Teil der Bevölkerung bzw. des Fahrzeugbestandes, welcher unter den einschlägigen technischen Restriktionen für eine Elektrifizierung seiner Mobilität in Frage kommt. Das ökonomische Potenzial, die 3. Stufe, umfasst denjenigen Bevölkerungsanteil, für den die Nutzung eines Elektrofahrzeugs im Vergleich zu einem konventionell angetriebenen Pkw wirtschaftlicher ist. Die Anzahl der jährlich in den Markt kommenden EVs wird in der 4. Stufe mittels des Anteils an den Neuwagenkäufern, welcher sich aus dem ökonomischen Potenzial ergibt, ermittelt und über die Jahre kumuliert.

Aufbauend auf den EV-Marktpenetrationen wurde die damit verbundene Elektrizitätsnachfrage hergeleitet. Anhand der durchschnittlichen Jahreskilometer des ökonomischen Potenzials und einer Kilometerdegression in Abhängigkeit vom Fahrzeugalter wird die jährlich benötigte Elektrizitätsnachfrage ermittelt. Die Lastkurven von EVs werden auf Basis der Datensätze des technischen Potenzials ermittelt. Anhand von zwei Extremladestrategien werden die Grenzen des Lastverschiebepotenzials von EVs identifiziert und in die Energiesystemmodelle integriert.

Weil die in den folgenden Abschnitten aufgeführten Eingangsgrößen für die Ableitung einer EV-Marktpenetration mit einigen Unsicherheiten verbunden sind, werden diese im Rahmen einer Szenarienanalyse variiert. Die hier vorgenommenen Parametervariationen sind mit der Szenarienanalyse des Energiesystems abgestimmt, um für die Analyse in dieser Arbeit einen konsistenten Rahmen zu gewährleisten. Insgesamt werden 3 Szenarien betrachtet. In diesen Szenarien wird eine Bandbreite möglicher Penetrationsumfänge von EVs abgedeckt. Dies dient dazu, das Spektrum der Auswirkung verschiedener Marktdurchdringungen auf das Energiesystem analysieren zu können.

Die mit dieser Methode iterativ ermittelten Ergebnisse werden in Kapitel 8.2 dargestellt und dort in den Kontext der Entwicklungen des Energiesystems gestellt.

6. Modellbeschreibung *PERSEUS-EMO*

In diesem Kapitel ist der Modellansatz zur Kraftwerksausbauplanung beschrieben. Es schließt damit an das in Kapitel 4 dargelegte übergeordnete Modellkonzept und die Modellierung von Elektromobilität im vorhergehenden Kapitel an. Dazu wird zunächst das hier entwickelte Energiesystemmodell *PERSEUS-EMO* in die *PERSEUS*-Modellfamilie eingeordnet, bevor die mathematische Beschreibung des Modells im Detail dargelegt wird. Am Kapitelende wird der entwickelte Modellansatz hinsichtlich seiner zugrundeliegenden Annahmen kritisch diskutiert.

6.1. Vorläufer des Energiesystemmodells *PERSEUS-EMO* und eigene Modellerweiterungen im Überblick

Das Energiesystemmodell *PERSEUS-EMO* baut auf zwei Modellen der *PERSEUS*-Modellfamilie (vgl. Kap. 4) auf, die am Institut für Industriebetriebslehre und Industrielle Produktion (IIP) des Karlsruher Instituts für Technologie (KIT) entwickelt wurden: *PERSEUS-RES-E* (Rosen, 2007) und *PERSEUS-NET* (Eßer-Frey, 2012). *PERSEUS-RES-E* fokussiert auf die Integration von erneuerbaren Energieanlagen in das Energiesystem bis 2020 auf europäischer Ebene[1]. In *PERSEUS-NET* hingegen ist das deutsche Energiesystem unter Berücksichtigung von Netzengpässen im deutschen Übertragungsnetz regional differenziert abgebildet. Die in Kapitel 6.2.2 und 6.2.3 folgende Beschreibung des mathematischen Gleichungs-

---

[1]Dabei werden insgesamt 21 Länder abgebildet (EU-15, die Schweiz, Norwegen, Polen, die Tschechische Republik, die Slowakische Republik und Ungarn).

systems orientiert sich deswegen an Enzensberger (2003); Rosen (2007); Eßer-Frey (2012).

Das Energiesystemmodell *PERSEUS-EMO* übertrifft seine Vorläufer in der länderspezifischen Integration von Elektromobilität als flexible Last in das europäische und regional differenzierte deutsche Energiesystem. Dazu wurde auch die Zeitstruktur der Modelle problemadäquat erweitert. Um die aktuellen Entwicklungen im Energiesystem in einem Modellansatz integriert betrachten zu können, wurden erstmals zwei *PERSEUS*-Modelle miteinander gekoppelt (vgl. Kap. 4.5)[2]. Zu diesen Entwicklungen zählen bespielsweise die Schaffung eines einheitlichen europäischen Energiebinnenmarktes bei gleichzeitigem Ausbau dezentraler Elektrizitätserzeugung sowie die Erhöhung des Anteils volatil eingespeister Elektrizität parallel zur Entwicklung hin zu flexibleren Lasten.

Zusätzliche Modellerweiterungen umfassen u.a. die Integration von Einspeisekurven von erneuerbaren Energieanlagen direkt in das Energiesystemmodell, die dazugehörigen detaillierten technologie- und regionalspezifischen Kosten-Potenzial-Kurven und ergänzende Reserveanforderungen. Daneben wurde die geografische Systemgrenze um Slowenien erweitert, weil dieses Land in einer Ländergruppe zusammen mit Deutschland ist, für die ein gemeinsames länderübergreifendes Engpassmanagement erarbeitet werden muss (Europäische Kommission, 2009b). Folglich beeinflusst Slowenien den Elektrizitätsaustauschsaldo von Deutschland mit. Neben diesen methodischen Modellerweiterungen zeichnet sich *PERSEUS-EMO* durch grundlegend und auf allen Ebenen aktualisierte und erweiterte Eingangsgrößen aus (vgl. Kap. 7).

---

[2]Eine vollständige Integration der beiden Modelle ist aufgrund von Beschränkungen der Rechenzeit und des Arbeitsspeichers nicht sinnvoll möglich.

6.2. Mathematische Beschreibung des Energiesystemmodells *PERSEUS-EMO*

Im Folgenden werden die *PERSEUS-EMO* zugrunde liegenden mathematischen Strukturen, Parameter, Variablen und Gleichungen beschrieben. Hierbei wird nicht auf die verwendeten Daten eingegangen, weil diese gesammelt in Kapitel 7 dargelegt werden.

6.2.1. Struktur, Parameter und Variablen des Modells

Die folgende Beschreibung der Modellstrukturen, der verwendeten techno-ökonomischen Parameter und der Optimiervariablen ist an Enzensberger (2003); Eßer-Frey (2012) angelehnt. Die Verwendung der hier beschriebenen Parameter und Variablen in der Zielfunktion und den Nebenbedingungen der Energiesystemmodelle wird in Kap. 6.2.2 und 6.2.3 dargelegt. Hier werden zunächst die hierachische Modellarchitektur erläutert und die daraus aufgebauten Modell-Grundstrukturen vorgestellt.

Das reale Energieversorgungssystem wird in *PERSEUS-EMO* als Graph mit Kanten und Knoten abgebildet. Die Kanten stellen dabei die Energie- und Stoffflüsse dar und die Knoten wandeln und verteilen diese Flüsse. Während das europäische Energiesystemmodell einen gerichteten Graphen darstellt, ist das deutsche Modell aufgrund der DC-Lastflussberechnung ein ungerichteter Graph. Die Kanten und Knoten der Graphen sind in die Modellstruktur mit ihren sechs Grundelementen und drei Hierarchieebenen eingebettet (s. Abb. 6.1).

Die Regionen $reg \in REG$ beschreiben auf europäischer Ebene je ein Land und dienen damit der geografisch differenzierten Analyse. Im deutschen Energiesystemmodell existiert nur die Region Deutschland, die durch die Sektoren $sec_{DE} \in SEC_{DE}$ in geografische Teilregionen unterteilt wird. Diese werden durch die Netzknoten des deutschen Übertragungsnetzes determiniert. Auf europäischer Ebene hingegen dienen die Sektoren $sec_{EU} \in SEC_{EU}$ dazu Produzenten gemäß der jeweiligen Fragestellung strukturell

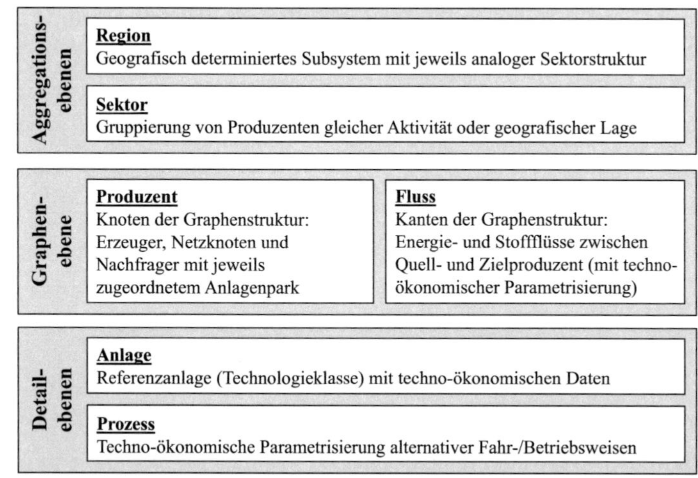

Abbildung 6.1.: Elemente und Hierarchieebenen der Modellstruktur (Enzensberger, 2003)

zu aggregieren. Dies können beispielsweise alle Produzenten der Brennstoffversorgung je Region, der länderweisen Elektrizitätserzeugung oder der Energienachfrage je Land sein[3]. Jeder Sektor ist eindeutig einer Region zugeordnet, während eine Region auch mehr als einen Sektor enthalten kann.

Jeder Sektor wiederum kann mehrere Produzenten enthalten, wohingegen jeder Produzent eindeutig einem einzigen Sektor zugeordnet ist. Die Produzenten $prod \in PROD$ bzw. $prod' \in PROD'$, also die Knoten der Graphenstruktur, sind über Energie- und Stoffflüsse miteinander verbunden. Sie können eine oder mehrere Anlagen oder auch keine enthalten. Letzteres ist bei reinen Verteilknoten ohne Energieumwandlung der Fall, während z.B. bei Kraftwerken Anlagen zur Energieumwandlung enthalten sind.

Flüsse, also die Kanten der Graphenstruktur, verbinden einen Quellproduzenten $prod$ mit einem Zielproduzenten $prod'$ und transportieren einen

---

[3]Die detaillierte Modellstruktur für die Anwendung in dieser Arbeit ist in Kapitel 7.3 beschrieben.

Energieträger oder Stoff $ec \in EC$. Die je Zeitperiode übertragene Energie- oder Stoffmenge $FL_{prod,prod',ec,t}$ bzw. im Fall von unterjährig differenzierter Betrachtung $FL_{prod,prod',ec,seas,t}$[4] ist als Variable Teil der Optimierung. Die Kanten der Graphen werden mittels Flussober- und -untergrenzen $FlMax_{prod,prod',ec,t}$ und $FlMin_{prod,prod',ec,t}$, exogen vorgegebenen Übertragungsmengen $FlLev_{prod,prod',ec,t}$, dem Flusswirkungsgrad $\eta_{prod,prod',ec,t}$ sowie variablen Transportkosten $Cvar_{prod,prod',ec,t}$ und Durchleitungsentgelten oder Steuern $Cfee_{prod,prod',ec,t}$ beschrieben. Zusammen mit den Produzenten bilden die Flüsse die Graphenebene der Modelle.

Den Produzenten der Graphenebene ist die techno-ökonomische Detailebene zugeordnet. Dort beschreiben die Anlagen $unit \in UNIT$ physische Technologieklassen. Dies können Bestandsanlagen wie z.B. Braunkohlekraftwerke mit Baujahr 1990 bis 2000 oder Zubauoptionen wie beispielsweise kleine Gas-und-Dampf-Gaskraftwerke mit Zubaujahr 2015 bis 2019 sein. Im Fall des deutschen Energiesystemmodells stellt eine Anlage u.a. ein einzelnes Kraftwerk größer 100 MW Kapazität dar. Die Kapazitäten des Anlagenbestands und -zubaus als Teil der Ausbauplanung sind mittels der Variablen $Cap_{unit,t}$ und $NewCap_{unit,t}$ in die Optimierung integriert. Darüber hinaus werden Anlagen bezüglich ihrer Kapazität durch bestehende Kapazitäten $ResCap_{unit,t}$, eine maximal und minimal zulässige Kapazität $MaxCap_{unit,t}$ und $MinCap_{unit,t}$ sowie einer Zubaulimitierung $MaxAdd_{unit,t}$ charakterisiert. Die bestehenden Kapazitäten enthalten auch die Sterbekurve des Bestandskraftwerksparks. Die Grenzen der Kapazitäten dienen vor allem zur Begrenzung einer Zubau- oder Rückbaurate von Kraftwerken. Des Weiteren sind bei jeder Anlage Parameter für ihre technische Verfügbarkeit $Avai_{unit,t}$, ihrer Laständerungskosten $Cload_{unit,t}$ die fixen leistungsspezifischen Betriebsausgaben $Cfix_{unit,t}$ und Investitionen $Cinv_{unit,t}$ hinterlegt.

---

[4]Zu lesen als der Fluss des Energieträgers oder Stoffes ec vom Produzenten *prod* zum Produzenten *prod'* in der Zeitscheibe *seas* der Periode t.

Die unterste Hierarchieebene der Modelle bilden die Prozesse $proc \in PROC$, die den Anlagenbetrieb in seinen technisch möglichen Fahrweisen beschreiben. Um die Bandbreite des Anlagenbetriebs zu erfassen, können mehrere Prozesse hinterlegt und linear kombiniert werden. Beschrieben werden die Prozesse mittels der Anteile der Eingangs- bzw. Ausgangsstoffe am Gesamtein- bzw. ausgang $\lambda_{proc,ec,t}$, ihrem Wirkungsgrad $\eta_{proc,t}$, ihren variablen Ausgaben $Cvar_{proc,t}$ sowie beispielsweise minimalen und maximalen jährlichen Volllaststunden $VlhMin_{proc,t}$ und $VlhMax_{proc,t}$ oder fixierten Anteilen eines Prozesses am Gesamtausgang einer Anlage ($KMin_{proc,t}$, $KMax_{proc,t}$, $KLev_{proc,t}$). Die zeitliche Einlastung der Prozesse $PL_{proc,t}$ oder $PL_{proc,seas,t}$ ist eine Optimiervariable. Durch sie wird die Entscheidungsebene der Einsatzplanung (vgl. Kap. 4.1) in die Modelle integriert.

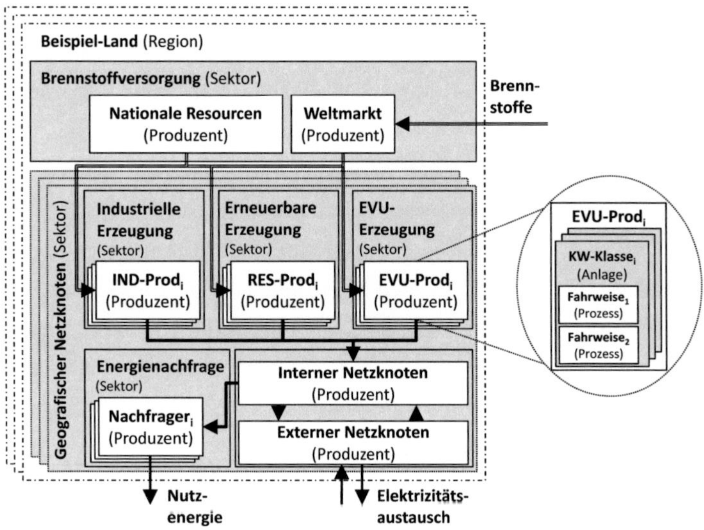

Abbildung 6.2.: Vereinfachte Darstellung der Modellstruktur (basierend auf Rosen (2007); Eßer-Frey (2012))

Das Energiesystemmodell *PERSEUS-EMO* ist auf Basis der in Abbildung 6.2 dargestellten Modellstruktur aufgebaut. Diese Abbildung vereinfacht die Modellstruktur mit der Wahl eines einzigen Beispiellandes. Die Quellen des Graphen sind die extern zugeführten Brennstoffe bzw. die lokal verfügbaren Resourcen, wie z.B. in Deutschland die Braunkohle. Diese Energieträger gehen in die Produzenten des Brennstoffversorgungssektors ein und werden von dort in die drei Umwandlungsektoren (Industrielle, erneuerbare und EVU-Erzeugung) verteilt. Durch diese einzelne Anbindung der Erzeugungsproduzenten lassen sich unterschiedliche Bezugsoptionen für Energieträger je Erzeuger abbilden. Hierunter fallen beipielsweise unterschiedliche Transportkosten in Abhängigkeit der Art und Länge der Transportwege für einen Brennstoff.

Für die Produzenten der Erzeugungssektoren ist je ein Anlagenpark mit seinen Bestandskraftwerken und Zubauoptionen hinterlegt. Die Einsatzmöglichkeiten jedes Anlagenparks sind durch die Prozesse jeder einzelnen Anlage definiert. Ebenso repräsentieren die Prozesse die eigentliche Umwandlung der eingesetzten Energie in eine andere Form. Meist ist dies die Umwandlung von Brennstoffen in Elektrizität oder Wärme. Insbesondere Elektrizität wird ausgehend von den Produzenten dieser Umwandlungsprozesse über interne Netzknoten entweder zur landesinternen Energienachfrage übertragen oder mit angrenzenden Ländern über externe Netzknoten ausgetauscht. Die Verbindungen zwischen den internen Netzknoten und den Energienachfragen stellen die unterlagerten Verteilnetze[5] dar. Das Übertragungsnetz hingegen bilden die Verbindungen zwischen den Produzenten der Erzeugungssektoren und den internen Netzknoten sowie zwischen den internen und externen Netzknoten ab. Sie können entsprechend mit Übertragungsverlusten oder Durchleitungsentgelten beschrieben werden.

Das deutsche Energiesystemmodell weist hiervon eine leicht abweichende Struktur auf, denn darin sind die Erzeugungssektoren, die Netzkno-

---

[5] Auf diese Weisen können z.B. die Netzverluste in den Verteilnetzen separat abgebildet werden.

ten und die Energienachfrage in geografisch definierten Sektoren zusammengefasst. Sie sind über die externen Netzknoten als Anschlusspunkte an das Übertragungsnetz miteinander und zu den Nachbarländern verknüpft. Die Verbindungen zwischen den externen Netzknoten stellen detailliert das deutsche Übertragungsnetz dar und die Elektrizitätsflüsse darüber werden mittels einer Gleichstromlastflussmodellierung bestimmt. Dafür werden die Leitungen mit ihrer Länge l, ihrer thermischen Obergrenze $THLim$ und ihrem Blindleitwert (Suszeptanz) $Susc$ charakterisiert.

Die Nachfrage-Prozesse beeinhalten u.a. eine detaillierte Lastkurve, die die jährlich nachgefragte Nutzenergie auf die Zeitscheiben eines Jahres verteilt. Die exogen vorgegebenen Jahresnachfragen nach Nutzenergien stellen die Senken des Graphen dar und müssen zwingend gedeckt werden. Die Zielfunktion der Energiesystemmodelle optimiert die Systemstruktur und -nutzung dahingehend, dass diese exogenen Nachfragen, die Treiber des Modells, ausgabenminimal unter Einhaltung aller Nebenbedingungen befriedigt werden.

6.2.2. Zielfunktion

Die Zielfunktion der beiden Energiesystemmodelle von *PERSEUS-EMO* ist definiert durch die Minimierung aller auf ein Basisjahr diskontierten entscheidungsrelevanten Systemausgaben, die zur Deckung der exogen vorgegebenen Energienachfragen notwendig sind. Die Zielfunktion berücksichtigt die vielfältigen, ausgabenbeeinflussenden Systemelemente mittels einer Reihe von Summanden. Diese umfassen sowohl Ausgaben, die mit dem Energie- und Stofftransport, mit der Energieumwandlung auf der Detailebene der Modellstruktur sowie im Fall des europäischen Energiesystemmodells mit dem EU-ETS verbunden sind (s. Gl. 6.1).

Die ersten drei Summanden der Zielfunktion berücksichtigen Ausgaben zur Bereitstellung und zum Transport von Energie- und Stoffflüssen. Hierzu zählen die Brennstoffausgaben $Cfuel_{imp,prod',ec,t}$, die Durchleitungsentgelte $Cfee_{prod,prod',ec,t}$ und die sonstige Ausgaben $Cvar_{prod,prod',ec,t}$ und $Cvar_{prod,exp,ec,t}$. Der vierte und fünfte Summand beinhalten alle Ausgaben der Energieumwandlung: die variablen Kosten der Prozessnutzung $Cvar_{proc,t}$, die fixen Betriebsausgaben jeder Anlage $Cfix_{unit,t}$, die Investitionen für neue Anlagen $Cinv_{unit,t}$ sowie Laständerungskosten je Anlage $Cload_{unit,t}$. Die letzten beiden Summanden schließlich integrieren die mit dem EU-ETS einhergehenden Ausgaben in die Zielfunktion. Neben den Transaktionskosten $Ctrans_{CO_2,t}$[6] werden Pönalezahlungen bei Überschreiten der Emissionsobergrenzen $Cpen_{CO_2,t}$ und Ausgaben für die Beschaffung von Emissionszertifikaten aus JI- und CDM-Projekten $Ckyp_{kyoID,t}$ berücksichtigt (vgl. Kap. 2.1.3).

6.2.3. Nebenbedingungen

Die Nebenbedingungen der Energiesystemmodelle, die im folgenden dargelegt werden, bilden die eigentliche modelltechnische Beschreibung des realen Energieversorgungssystems. Mit ihnen werden technische, ökonomische und ökologische Eigenschaften und Zusammenhänge des betrachteten Systems berücksichtigt. Hierbei ist immer ein problemadäquater Kompromiss zwischen Modellgenauigkeit und Modellgröße erforderlich. Dies betrifft insbesondere die nichtlinearen Abhängigkeiten im realen Energiesystem, die aus Gründen der Rechenzeit linearisiert werden.

Die folgende Beschreibung der Modellnebenbedingungen beginnt bei den Gleichungen, die die Energie- und Stoffflüsse betreffen, woraufhin die einzuhaltenden Restriktionen der Kraftwerkkapazitäten und des Kraftwerkeinsatzes vorgestellt werden. Daran schließen sich die Gleichungen zur Modellierung des EU-ETS an, der nur im europäischen Energiesystemmodell hinterlegt ist.

---

[6]Die beiden positiven Hilfsvariablen $Emissaux^{+}_{sec,CO-2,t}$ und $Emissaux^{-}_{sec,CO-2,t}$ dienen zur Erfassung der gesamten CO_2-Zertifikatshandelsmengen.

$$
\begin{aligned}
\min \sum_{t \in T} \alpha_t \cdot \Bigg(& \sum_{imp \in IMP} \sum_{ec \in EC} \sum_{prod' \in PROD'_{imp,ec}} \left(FL_{imp,prod',ec,t} \cdot Cfuel_{imp,prod',ec,t} \right) \\
+ & \sum_{prod \in PROD} \sum_{ec \in EC} \sum_{prod' \in PROD'_{prod,ec}} \left(FL_{prod,prod',ec,t} \cdot \left(Cvar_{prod,prod',ec,t} + Cfee_{prod,prod',ec,t} \right) \right) \\
+ & \sum_{exp \in EXP} \sum_{ec \in EC} \sum_{prod \in PROD'_{exp,ec}} \left(FL_{prod,exp,ec,t} \cdot Cvar_{prod,exp,ec,t} \right) \\
+ & \sum_{proc \in GENPROC} \left(PL_{proc,t} \cdot Cvar_{proc,t} \right) \\
+ & \sum_{unit \in UNIT} \left(\begin{array}{l} \left(Cap_{unit,t} \cdot Cfix_{unit,t} \right) \\ + \left(NewCap_{unit,t} \cdot Cinv_{unit,t} \right) \\ + \sum_{seas \in SEAS} \left(LVup_{unit,seas-1,seas,t} + LVdown_{unit,seas-1,seas,t} \right) \cdot Cload_{unit,t} \end{array} \right) \\
+ & \sum_{sec \in TRADESEC} \left(\begin{array}{l} \left(\left(Emissaux^+_{sec,CO_2,t} + Emissaux^-_{sec,CO_2,t} \right) \cdot \dfrac{Ctrans_{CO_2,t}}{2} \right) \\ + \left(Emisspen_{sec,CO_2,t} \cdot Cpen_{CO-2,t} \right) \end{array} \right) \\
+ & \sum_{kyoID \in KYOID} \left(KyoCert_{kyoID,t} \cdot Ckyo_{kyoID,t} \right) \Bigg)
\end{aligned}
$$

$$\tag{6.1}$$

6.2.3.1. Energie- und Stoffflussbilanzen

Die in den Energiesystemmodellen hinterlegten Energie- und Stoffflussbilanzen sorgen im Modell für die Einhaltung der physikalischen Gesetze zur Energie- und Stofferhaltung. Das heißt, dass die in einen Knoten bzw. Produzenten eingehenden Energie- und Stoffflüsse den ausgehenden entsprechen müssen. Eine Speicherung in den Knoten findet folglich nicht statt. Die Speicherung eines Energieträgers oder Stoffes im Modell erfolgt ausschließlich über eine zusätzliche Verknüpfung einer Senke mit einer Quelle (z.B. bei Pumpspeichern s. Kap. 6.2.3.5).

Ausschlaggebend für die Energie- und Stoffbilanzen der Modelle ist als treibende Größe die Nachfrage nach Nutzenergie in Form von Wärme oder Elektrizität. Es wird gefordert, dass die Nachfrage einer Region *reg* nach einem Energieträger *ec*, $Dem_{reg,ec,t,seas}$, in jeder betrachteten Zeitscheibe *seas* im Jahr *t* durch den Energie- oder Stoffstrom $FL_{prod,exp,ec,t,seas}$ gedeckt wird (s. Gl. 6.2). *exp* stellt dabei je eine Senke des Graphen dar, die über den Knoten *prod* an das Energieversorgungssystem angebunden ist.

$$FL_{prod,exp,ec,t,seas} \geq Dem_{reg,ec,t,seas} \qquad (6.2)$$

$$\forall prod \in PROD; \forall exp \in EXP; \forall ec \in EC_{seas}; \forall t \in T; \forall seas \in SEAS$$

Die beiden Energie- und Stoffflussbilanzen in den Gleichungen 6.3 und 6.4 erfassen jährlich konstante und unterjährig differenzierte Flüsse. Bei beiden besteht die linke Gleichungsseite aus allen Zuflüssen[7] zum betrachteten Produzenten sowie aus der Erzeugung in diesem Produzenten selbst. $\lambda_{proc,ec}$ beschreibt dabei den Anteil des Energieträgers *ec* an der gesamten Energieumwandlung dieses Produzenten, was z.B. für die Abbildung von Kraft-Wärme-Kopplungsanlagen verwendet wird. Die rechte Gleichungsseite beinhaltet alle Abflüsse[8] an Energie oder Stoffen des betrachteten Pro-

---

[7] *IMP* sind die Quellen des Graphen und $PROD_{prod,ec}$ ein weiterer Netzknoten.
[8] *EXP* sind die Senken des Graphen.

duzenten sowie den Eigenverbrauch der dort hinterlegten Prozesse[9]. In der unterjährig differenzierten oder auch saisonalen Energie- und Stoffflussbilanz wird die jährliche Energieumwandlung mit dem Anteil der Zeitscheibe an der Gesamtjahresnachfrage $f_{proc,t,seas}$ multipliziert.

$$
\begin{aligned}
& \sum_{imp \in IMP} FL_{imp,prod,ec,t} \\
+ & \sum_{prod' \in PROD_{prod,ec}} FL_{prod',prod,ec,t} \\
+ & \sum_{proc \in GENPROC_{prod,ec}} PL_{proc,t} \cdot \lambda_{proc,ec} \\
= & \sum_{exp \in EXP} \frac{1}{\eta_{prod,exp,ec,t}} \cdot FL_{prod,exp,ec,t} \\
+ & \sum_{prod' \in PROD'_{prod,ec}} \frac{1}{\eta_{prod,prod',ec,t}} \cdot FL_{prod,prod',ec,t} \\
+ & \sum_{prod \in DEMPROC_{prod,ec}} \frac{1}{\eta_{proc,ec}} \cdot PL_{proc,t} \cdot \lambda_{proc,ec}
\end{aligned} \tag{6.3}
$$

$$\forall prod \in PROD; \forall ec \in EC_{non-seas}; \forall t \in T$$

---

[9] $\eta_{proc,t}$ beschreibt den Wirkungsgrad des Prozesses *proc* und $\eta_{prod,prod',ec,t}$ den Übertragungswirkungsgrad des Flusses $(prod, prod', ec)$.

$$
\begin{aligned}
&\quad \sum_{imp \in IMP} FL_{imp,prod,ec,t,seas} \\
&+ \sum_{prod' \in PROD_{prod,ec}} FL_{prod',prod,ec,t,seas} \\
&+ \sum_{proc \in GENPROC_{prod,ec}} PL_{proc,t,seas} \cdot \lambda_{proc,ec} \\
\\
&= \sum_{exp \in EXP} \frac{1}{\eta_{prod,exp,ec,t}} \cdot FL_{prod,exp,ec,t,seas} \\
&+ \sum_{prod' \in PROD'_{prod,ec}} \frac{1}{\eta_{prod,prod',ec,t}} \cdot FL_{prod,prod',ec,t,seas} \\
&+ \sum_{prod \in DEMPROC_{prod,ec}} \frac{1}{\eta_{proc,ec}} \cdot PL_{proc,t} \cdot \lambda_{proc,ec} \cdot f_{proc,t,seas}
\end{aligned}
\tag{6.4}
$$

$$
\forall prod \in PROD; \forall ec \in EC_{seas}; \forall t \in T; \forall seas \in SEAS
$$

Diese beiden Bilanzen müssen sich aufgrund ihrer unterschiedlichen zeitlichen Auflösungen nicht zwingend entsprechen. Um dies zu gewährleisten, wird ergänzend gefordert, dass die jährliche Prozessnutzung $PL_{proc,t}$ der Summe der Prozessnutzung je Zeitscheibe über alle Zeitscheiben eines Jahres entspricht (s. Gl. 6.5). Analoges gilt für die Optimiervariablen der Flüsse (s. Gl. 6.6).

$$
\sum_{seas \in SEAS} PL_{proc,t,seas} = PL_{proc,t}
\tag{6.5}
$$

$$
\forall proc \in PROC; \forall t \in T
$$

$$
\sum_{seas \in SEAS} FL_{prod,prod',ec,t,seas} = FL_{prod,prod',ec,t}
\tag{6.6}
$$

$$
\forall prod \in PROD; \forall prod' \in PROD'; \forall ec \in EC; \forall t \in T
$$

Die Flussvariablen in *PERSEUS-EMO* können mit oberen oder unteren Grenzen $FLmax_{prod,prod',ec,t,seas}$ und $FLmin_{prod,prod',ec,t,seas}$ oder einem festen Niveau $FLlev_{prod,prod',ec,t,seas}$ versehen werden. Dies kann sowohl auf jährlicher als auch auf unterjähriger Ebene je Zeitscheibe erfolgen. Auf diese Weise können z.B. Leitungskapazitäten berücksichtigt werden.

Versorgung von Elektrofahrzeugen mit Elektrizität

In Kapitel 5 wurde die Elektrizitätsnachfrage und das Lastverschiebepotenzial von Elektromobilität hergeleitet. Beides muss problemadäquat in die Energiesystemmodelle integriert werden, um den Einfluss von Elektromobilität auf das Energiesystem integriert analysieren zu können. Deswegen wird zunächst sichergestellt, dass die Elektromobilitätsflotte $prod_{EV_{reg}}$ je Region *reg* mit der täglich benötigten Energiemenge geladen wird (s. Gl. 6.7). Dazu muss die je Typtag kummuliert geladene Energie $FLkum_{prod,ec,t,seas'}$ dem Anteil des Typtages an der Jahresenergienachfrage durch Elektrofahrzeuge entsprechen. Die Gleichung ist separat für jeden Typtag im Modell integriert, um beispielsweise Unterschiede zwischen Werk- und Wochenendtagen berücksichtigen zu können.

$$\sum_{seas \in SEAS_{DAY}} \sum_{prod \in PROD_{EV_{reg}}} FL_{prod',prod,ec,t,seas} = FLkum_{prod,ec,t,seas'} \quad (6.7)$$

mit: $FLkum_{prod,ec,t,seas'} = FLkumDay_{prod,ec,t,seas'} \cdot DEM_{prod,exp,ec,t}$

$\forall seas < seas'; \forall seas \in SEAS_{DAY}; \forall prod \in PROD_{EV_{reg}}; \forall exp \in EXP_{EV};$

$\forall ec \in ELEC; \forall t \in T$

Daneben werden die Grenzen des Lastverschiebepotenzials der Elektrofahrzeugflotte je Land im Modell berücksichtigt. Dafür wird die je Zeitscheibe durch die Elektrofahrzeugflotte geladene Energie $FL\text{-}EV_{prod,ec,t,seas}$ durch ein oberes Limit begrenzt (s. Gl. 6.8). Dieses Limit beschreibt die maximal ladbare Energie je Zeitscheibe (vgl. Kap. 5.5) und setzt sich aus dem Anteil der maximal zulässigen Lademenge $FL\text{-}EVup_{prod,ec,t,seas}$ an der Jahresenergienachfrage durch Elektromobilität $DEM_{prod,exp,ec,t}$ zusammen. In dieser Grenze sind neben den technischen

Entwicklungen, die das Elektrofahrzeug selbst betreffen, Information zur zeitlich und regional differenzierten Entwicklung der Ladeinfrastruktur und der Ladeleistung enthalten.

$$\sum_{prod \in PROD_{EV_{reg}}} FL_{prod',prod,ec,t,seas} = FL\text{-}EV_{prod,ec,t,seas} \qquad (6.8)$$

mit: $FL\text{-}EV_{prod,ec,t,seas} \leq FL\text{-}EVup_{prod,ec,t,seas} \cdot DEM_{prod,exp,ec,t}$

$\forall seas \in SEAS_{DAY}; \forall prod \in PROD_{EV_{reg}}; \forall exp \in EXP_{EV}; \forall ec \in ELEC; \forall t \in T$

6.2.3.2. Gleichstrom-Lastflussgleichungen für das deutsche Übertragungsnetz

Neben den allgemeinen Energie- und Stoffflussbilanzen werden im deutschen Energiesystemmodell zusätzlich die Lastflüsse des Übertragungsnetzes berücksichtigt[10]. Dazu wird sichergestellt, dass der elektrische Wirkleistungsfluss $FL_{ext,ext',elec,t,seas}$ durch die Übertragungsleitung zwischen den externen Netzknoten *ext* und *ext'* zu jedem Zeitpunkt dem Produkt aus dem Blindleitwert der Leitung $h_{ext,ext',ext'',t}$[11] und der Differenz des Phasenwinkels $\theta_{ext'',t,seas}$ des Netzknotens *ext''* entspricht (s. Gl. 6.9).

$$\sum_{ec \in EC} FL_{ext,ext',elec,t,seas} = \sum_{ext'' \in EXT} h_{ext,ext',ext'',t} \cdot \theta_{ext'',t,seas} \qquad (6.9)$$

$\forall ext,ext' \in EXT \subset PROD; \forall t \in T; \forall seas \in SEAS$

Darüber hinaus muss zu jedem Zeitpunkt die Summe aller Aus- und Einspeisungen $NetIn_{ext,elec,t,seas}$ in einen Netzknoten der Summe der aus- und eingehenden Lastflüsse entsprechen (s. Gl. 6.10). Einspeisen können z.B. Kraftwerke, die an diesem Netzknoten angeschlossen sind und ausspeisen

---

[10]Für mehr Details bezüglich der Herleitung der Gleichungen und zur Methode der Gleichstromlastflussbrechnung sei auf Eßer-Frey (2012) verwiesen.

[11]$h_{ext,ext',ext'',t}$ sind die Elemente der Übertragungsadmittanzmatrix H, dessen Spalten den Netzknoten und ihre Zeilen den Leitungen entsprechend. Weil in *PERSEUS-EMO* Flüsse immer durch ihren Start- und Endpunkt definiert sind, beschreiben die ersten beiden Indizes in $h_{ext,ext',ext'',t}$ diese beiden Punkte und der dritte den Netzknoten. (vgl. Eßer-Frey, 2012)

z.B. Transformatoren an unterlagerte Netzebenen. Die Lastflüsse werden hier mit dem Produkt der Elemente der Admittanzmatrix $b_{ext,ext',t}$ mit der Differenz des Phasenwinkels $\theta_{ext',t,seas}$ berechnet. Die Admittanzmatrix B ergibt sich aus dem Produkt der transponierten Übertragungsadmittanzmatrix H mit der Inzidenzmatrix. Die Inzidenzmatrix beschreibt dabei die Netzstruktur, also welche Netzknoten wie miteinander verbunden sind.

$$\sum_{ec \in EC} NetIn_{ext,elec,t,seas} = \sum_{ext' \in EXT} b_{ext,ext',t} \cdot \theta_{ext',t,seas} \qquad (6.10)$$

$$\forall ext \in EXT \subset PROD; \forall t \in T; \forall seas \in SEAS$$

Bei den Lastflüssen werden wie bei den Energie- und Stoffflüssen auch technische Restriktionen bezüglich der Durchleitungskapazitäten berücksichtigt. Dies sind in diesem Fall die thermischen Grenzen der Übertragungsleitungen $ThLim_{ext,ext',t}$, die durch deren Querschnitt, Aufbau und Material beeinflusst werden. Entsprechend darf der Lastfluss einer Leitung in beide mögliche Flussrichtungen (ungerichteter Graph) diese thermische Grenze nicht überschreiten (s. Gl. 6.11 und 6.12).

$$FL_{ext,ext',elec,t,seas} \geq (-1) \cdot ThLim_{ext,ext',t} \qquad (6.11)$$

$$\forall ext,ext' \in EXT \subset PROD; \forall t \in T; \forall seas \in SEAS$$

$$FL_{ext,ext',elec,t,seas} \leq ThLim_{ext,ext',t} \qquad (6.12)$$

$$\forall ext,ext' \in EXT \subset PROD; \forall t \in T; \forall seas \in SEAS$$

Um die Differenz der Phasenwinkel für die Gleichungen 6.9 und 6.10 berechnen zu können, wird ein Slack-Knoten als Bezug benötigt, bei dem in einer Gleichstromlastflussberechnung die Phasenwinkeldifferenz null ist (Spring, 2003). Dafür wurde Gleichung 6.13 in das deutsche Energiesystemmodell integriert.

$$\theta_{ext,t,seas} \cdot Slack_{ext} = 0 \tag{6.13}$$

$$\forall ext \in EXT \subset PROD; \forall t \in T; \forall seas \in SEAS$$

$$\text{mit } Slack_{ext} = \begin{cases} 1, & \text{wenn } ext = \text{Slack-Knoten} \\ 0, & \text{sonst} \end{cases}$$

6.2.3.3. Kapazitätsrestriktionen

Ein grundlegendes Element der Systemoptimierung in *PERSEUS-EMO* ist der Kraftwerksausbau bzw. -rückbau. Dieser wird jährlich und nicht wie bei den Energie- und Stoffflüssen zusätzlich unterjährig vorgenommen. Dabei werden Bestandskraftwerke mit Baujahr vor dem betrachteten Basisjahr anders behandelt als mögliche Kraftwerkszubauten. Erstere werden mit der Bestandskapazität $ResCap_{unit,t}$ beschrieben, die in diesem Fall auch der maximal zulässigen Kapazität $MaxCap_{unit,t}$ entspricht. In Abhängigkeit vom Baujahr einer Bestandsanlage, der technischen Lebensdauer und/oder bekannter Stilllegungspläne wird die Bestandskapazität einer Anlage für den betrachteten Zeithorizont festgelegt. Für diese Kapazitäten fallen keine Investitionen an und sie können im Rahmen der Optimierung für einen Rückbau freigegeben werden.

Für Kraftwerksklassen, die zukünftig zugebaut werden können, wird keine Bestandskapazität hinterlegt. Es kann aber eine maximal zulässige Kapazität gesetzt werden, wenn der Zubau aufgrund äußerer Rahmenbedingungen begrenzt werden soll. Dies kann beispielsweise im Fall von erneuerbaren Energienanlagen nötig sein, wenn die möglichen Standorte bereits ausgeschöpft sind und somit keine weiteren Anlagen errichtet werden können. Zusätzlich kann der jährliche Kapazitätszubau mit $MaxAdd_{unit,t}$ nach oben begrenzt werden, um z.B. vor dem Hintergrund der begrenzten Kapazität der Anlagenbauer einen unrealistisch hohen jährlichen Zubau zu unterbinden.

Die gesamte installierte Kraftwerkskapazität im Jahr t einer Anlage *unit* $Cap_{unit,t}$ ergibt sich schließlich aus der Summe der Bestandskapazitäten $ResCap_{unit,t}$ und der bis einschließlich zum Jahr t zugebauten Kapazitäten $NewCap_{unit,t'}$[12] (s. Gl. 6.14). Auch die Kraftwerkskapazität $Cap_{unit,t}$ kann mit weiteren Restriktionen versehen werden. Hierzu zählen ein Anlagenmindestbestand $MinCap_{unit,t}$ und -maximalbestand $MaxCap_{unit,t}$.

$$Cap_{unit,t} = ResCap_{unit,t} + \sum_{t'=(t-TLT_{unit})}^{t} NewCap_{unit,t'} \qquad (6.14)$$

$$\forall unit \in UNIT; \forall t \in T$$

Um den deutschen Atomausstieg im Modell berücksichtigen zu können, der die Kapazitäten einer ganzen Region betrifft, wurde Gleichung 6.15 eingeführt. Über $NucMax_{reg,t}$ kann die je Jahr t verbleibende Kapazität der Kernkraftwerke einer Region *reg* vorgegeben werden. Diese Gleichung kann bei Bedarf leicht für andere Kraftwerkstypen erweitert werden.

$$NucMaxCap_{reg,t} \geq \sum_{unit \in NUC_{reg}} Cap_{unit,t} \qquad (6.15)$$

$$\forall reg \in REG; \forall t \in T$$

Neben dem politisch induzierten Atomausstieg in Deutschland gibt es noch weitere politische Vorgaben, die den Kraftwerksausbau beeinflussen. Hierzu zählen beispielsweise auch die politisch gesetzten Ziele für den Ausbau erneuerbarer Energieanlagen (vgl. Kap. 2.1.2). Auch wenn diese Ziele in Energieeinheiten formuliert sind, so wirken diese zusammen mit den technischen Eigenschaften erneuerbarer Energieanlagen direkt auf die zuzubauenden Kapazitäten. Die Einhaltung dieser politischen Ziele $RESe - target_{reg,t}$ kann entweder je Region *reg* (s. Gl. 6.16) oder gemeinsam für alle betrachteten Regionen (s. Gl. 6.17) im Modell hinter-

---

[12]Mit Baujahr t' und einer technischen Lebensdauer TLT_{unit}.

legt werden[13]. Dabei muss die in erneuerbaren Energieanlagen erzeugte Elektrizität mindestens den gesetzten Zielen entsprechen, darf sie aber auch überschreiten.

$$\sum_{ec \in EC_{RES}} \sum_{proc \in PROC_{reg,ec}} PL_{proc,ec,t} \cdot \lambda_{proc,ec,t} \geq RESe - target_{reg,t} \quad (6.16)$$

$$\forall reg \in REG; \forall t \in T$$

$$\sum_{reg \in REG_{RES-E}} \sum_{ec \in EC_{RES}} \sum_{proc \in PROC_{reg,ec}} PL_{proc,ec,t} \cdot \lambda_{proc,ec,t}$$

$$\geq \sum_{reg \in REG_{RES-E}} RESe - target_{reg,t} \quad (6.17)$$

$$\forall t \in T$$

6.2.3.4. Anforderungen an Reservekapazitäten für die Systemstabilität

Die hohe Versorgungssicherheit des europäischen Energieversorgungssystems hängt grundlegend von Kraftwerkskapazitäten ab, die als Reserve zur Verfügung stehen. Mit ihnen werden beispielweise unvorhergesehene Kraftwerksausfälle, Abweichungen der prognostizierten Einspeisung aus erneuerbaren Energien oder Schwankungen in der Frequenz und dem Spannungsband des Elektrizitätsnetzes ausgeglichen. Die Vielfalt dieser Ausgleichsfälle erfordert unterschiedliche Eigenschaften der Reservekapazitäten. So müssen z.B. Kraftwerke für Primärreserve innerhalb von 30 Sekunden abrufbar sein, während die Sekundärreserve innerhalb von 15 Minuten bereit stehen muss (vgl. Möst, 2006).

Um die Anforderungen an Reservekapazitäten in den Energiesystemmodellen abzubilden, wird durch eine zusätzliche Restriktion sichergestellt, dass für die jährliche Spitzenlast ausreichend Kraftwerkskapazitäten vor-

---

[13]Für weitere Möglichkeiten und mehr Details erneuerbare Zielsetzungen im Modell integrieren zu können sei auf Rosen (2007) verwiesen.

gehalten werden. Dazu wird ein Reservefaktor *Reserve* eingeführt, der dafür sorgt, dass die gesicherten Kraftwerkskapazitäten[14] einer Region *reg* zu jedem Zeitpunkt die Nachfrage um den Faktor $(1 + Reserve)$ übersteigen (s. Gl. 6.18)[15].

$$\frac{(1 + Reserve)}{h_{seas}} \cdot \left(\sum_{proc \in DEMPROC_{reg,electr}} PL_{proc,seas,t} \cdot \Omega_{proc,t} \right)$$

$$\leq \sum_{unit \in GENUNIT} (Cap_{unit,t} \cdot Avai_{unit,t})$$

$$+ \sum_{unit \in WINDUNIT} Capsec_{unit,t} + \sum_{unit \in PVUNIT} Capsec_{unit,t} \qquad (6.18)$$

$$\forall t \in T; \forall seas \in SEAS; \forall reg \in REG$$

Neben der Kraftwerksreserve für die Jahresspitzenlast werden auf anderen Zeitskalen weitere Reserven für die Systemstabilität benötigt. Hierzu zählen insbesondere Primär-, Sekundär- und Tertiärreserve. Aufgrund der in diesem Modell hinterlegten zeitlichen Auflösung (vgl. Kap. 7.2) können Primär- und Sekundärreserven nicht integriert betrachtet werden. Hingegen wird ausreichende Tertiärreservekapazität $ReserveCap_{unit,seas,t}$ im System mit Gleichung 6.19 sichergestellt. $ReserveDem_{reg,seas,t}$ ist die benötigte Tertiärreserve je Region *reg* und $ReserveDem^{wind+}_{reg,seas,t}$ ist die durch den Ausbau von Windenergie zusätzlich erforderliche Reserve[16].

$$\sum_{unit \in UNIT_{reg}} ReserveCap_{unit,seas,t} \geq ReserveDem_{reg,seas,t} + ReserveDem^{wind+}_{reg,seas,t}$$

$$(6.19)$$

$$\forall t \in T; \forall seas \in SEAS; \forall reg \in REG$$

---

[14]Weil insbesondere bei Photovoltaik- und Windanlagen nur ein geringer Anteil ihrer Nominallast gesichert zu Verfügung steht, werden diese beiden Anlagentypen separat mit ihrer jeweiligen gesicherten Leistung $Capsec_{unit,t}$ berücksichtigt.

[16]Für die Herleitung dieser beiden Größen sei auf Rosen (2007) verwiesen.

Weil nicht jeder Kraftwerkstyp aufgrund seiner Lastgradienten gleichermaßen zur Tertiärreserve beitragen kann, ist im Modell der für Tertiärreserve verfügbare Kapazitätsanteil jeder Anlage hinterlegt. Damit der Kapazitätsanteil, der für Tertiärreserve vorgehalten werden soll, nicht zur Deckung der Nachfrage eingesetzt wird, wird die für die Prozessnutzung verfügbare Kapazität um die Reservekapazität reduziert (s. Gl. 6.20).

$$\sum_{proc \in PROC_{unit}} (PL_{proc,seas,t} \cdot \Omega_{proc,t}) + ReserveCap_{unit,seas,t} \cdot h_{seas}$$

$$\leq Cap_{unit,t} \cdot Avai_{unit,t} \cdot h_{seas} \tag{6.20}$$

$$\forall t \in T; \forall seas \in SEAS; \forall unit \in UNIT$$

6.2.3.5. Restriktionen der Anlagenfahrweisen

Beschränkung der Prozessnutzung

Weil das hier entwickelte Energiesystemmodell die Kraftwerksausbauplanung und die Einsatzplanung integriert optimiert, wird neben der Abbildung des Anlagenzubaus und -rückbaus die mögliche Fahrweise des Anlagenparks über verschiedene Gleichungen charakterisiert. Hierzu zählen zu allererst die Gleichungen 6.21 und 6.22, die gewährleisten, dass die Prozessnutzung einer Anlage über ein ganzes Jahr bzw. in einer einzelnen Zeitscheibe die Anlagenkapazität nicht überschreitet. Dabei ist nicht die gesamte Kapazität, sondern die durchschnittlich verfügbare Kapazität ausschlaggebend, weil Kraftwerke z.B. infolge von jährlich wiederkehrenden planbaren Revisionen in einem Jahr nicht durchgängig verfügbar sind. Die verfügbare Kapazität wird aus der Gesamtkapazität und einem Verfügbarkeitsfaktor $Avai_{unit,t}$ gebildet.

$$Cap_{unit,t} \cdot Avai_{unit,t} \cdot h_{year} \geq \sum_{proc \in PROC_{unit}} (PL_{proc,t} \cdot \Omega_{proc,t}) \qquad (6.21)$$

$$\forall unit \in UNIT; \forall t \in T$$

$$Cap_{unit,t} \cdot Avai_{unit,t} \cdot h_{seas} \geq \sum_{proc \in PROC_{unit}} (PL_{proc,t,seas} \cdot \Omega_{proc,t}) \qquad (6.22)$$

$$\forall unit \in UNIT; \forall t \in T; \forall seas \in SEAS$$

Neben dieser Einschränkung der Anlagennutzung können maximale und minimale jährliche Volllaststunden je Anlage vorgegeben werden. Mit den Gleichungen 6.23 und 6.24 wird gefordert, dass durch die Prozessnutzung die maximalen Volllaststunden nicht überschritten werden, und dass bei vorgegebenen minimalen Volllaststunden eine Mindestprozessnutzung erreicht wird.

$$\frac{VlhMax_{proc,t}}{h_{year}} \cdot Cap_{unit_{proc},t} \geq PL_{proc,t} \cdot \Omega_{proc,t} \qquad (6.23)$$

$$\forall proc \in PROC; \forall t \in T$$

$$\frac{VlhMin_{proc,t}}{h_{year}} \cdot Cap_{unit_{proc},t} \leq PL_{proc,t} \cdot \Omega_{proc,t} \qquad (6.24)$$

$$\forall proc \in PROC; \forall t \in T$$

Zusätzlich zur Gleichung 6.15, in der die Restkapazität von Kernkraftwerken in Deutschland beschränkt wurde, kann mit Gleichung 6.25 die politisch festgesetzte Reststrommenge festgelegt werden. Eine Adaption dieser Gleichung für andere Länder ist leicht möglich.

$$\sum_{t \in T} \sum_{unit \in NUC_{Germany}} \sum_{proc \in PROC_{unit}} PL_{proc,t} \cdot \lambda_{proc,elec} \cdot years_t$$

$$\leq NucMaxProd_{Germany} \tag{6.25}$$

Laständerungen

Jeder Kraftwerkstyp weist eine unterschiedliche mögliche Dynamik seiner Fahrweise auf. So weisen typische Grundlastkraftwerke wie z.B. Braunkohlekraftwerke vergleichsweise geringere Lastgradienten auf. Um die unterschiedlichen Fähigkeiten der Kraftwerkstypen zu berücksichtigen und die Lastkurve der Nachfrage exakt nachfahren zu können, muss deren Laständerungseigenschaft ins Modell integriert werden. Hierzu werden zwei Restriktionen in das Modell integriert. Zum einen wird bei Anlagen, bei denen eine Laständerung weitestgehend ausgeschlossen werden kann, die Prozessnutzung über eine Saison konstant gehalten (s. Gl. 6.26)[17] und zum anderen sind Laständerungskosten im Modell hinterlegt. Diese anlagenspezifischen Kosten fallen bei jeder Änderung der Last von einer zur folgenden Zeitscheibe an. Die Laständerung wird mit der Anzahl der Übergänge zwischen zwei Zeitscheiben im Jahr $No_{seas-1,seas}$ zur kumulierten Laständerung gewichtet (s. Gl. 6.27). Die beiden positiven Variablen $LVup_{unit,seas-1,seas,t}$ und $LVdown_{unit,seas-1,seas,t}$, die zur Betragsbildung der Laständerung genutzt werden, gehen zusammen mit den Laständerungskosten in die Zielfunktion ein (vgl. Gl. 6.1). Eine noch detailliertere Abbildung z.B. über Lastgradienten, für die eine zeitliche Auflösung unter einer Stunde nötig wäre, ist hier aufgrund der Begrenzung der Rechenkapazität nicht möglich.

---

[17]Die Gleichung enthält das Beispiel für die Saison *WINTER*. Für die anderen Jahreszeiten sind jeweils analoge Gleichungen im Modell hinterlegt.

$$\frac{PL_{proc,seas,t}}{h_{seas}} = \frac{\sum\limits_{seas \in WINTER} PL_{proc,seas,t}}{\sum\limits_{seas \in WINTER} h_{seas}} \qquad (6.26)$$

$$\forall proc \in BASEPROC; \forall seas \in WINTER$$

$$LVup_{unit,seas-1,seas,t} - LVdown_{unit,seas-1,seas,t} =$$

$$No_{seas-1,seas} \cdot \left(\sum\limits_{proc \in PROC_{unit}} \left(\left(\frac{PL_{proc,seas,t}}{h_{seas}} - \frac{PL_{proc,seas-1,t}}{h_{seas-1}} \right) \cdot \frac{1}{\eta_{proc,t}} \right) \right)$$

$$(6.27)$$

$$\forall t \in T; \forall seas \in SEAS; \forall unit \in UNIT$$

Wärmeauskopplung

Weil Kraft-Wärme-Kopplungsanlagen an Bedeutung im Energiesystem gewinnen, wird die Wärmeauskopplung separat modelliert. Dazu wird die maximal mögliche Wärmeauskopplung je Anlage und Wärmetyp in maximale Volllaststunden umgerechnet und diese dem Wärmeprozess als obere Einsatzgrenze gesetzt (s. Gl. 6.28). Diese Gleichung ist analog derjenigen zur Einhaltung vorgegebener maximaler Volllaststunden einer Anlage (vgl. Gl. 6.23) aufgebaut. Dieses Vorgehen dient vor allem dazu zu verhindern, dass sich wärmeauskoppelnde Anlagen gegenseitig substituieren, was sie im realen Energiesystem nicht können, weil die Wärmenachfrager dort eindeutig durch Wärmenetze einer Anlage zugeordnet sind.

$$\sum_{proc \in HEATPROC_{unit,heattype}} \left(\frac{VlhMax_{proc,t}}{h_{year}} \cdot Cap_{unit,t} \cdot \frac{\lambda_{proc,heattype}}{\Omega_{proc,t}} \right)$$

$$\geq \sum_{proc \in HEATPROC_{unit,heattype}} \left(PL_{proc,t} \cdot \lambda_{proc,heattype} \right) \tag{6.28}$$

$$\forall t \in T; \forall unit \in UNIT$$

Genauso wie die Elektrizitätsnachfrage weist auch die Wärmenachfrage eine Lastkurve auf, die durch die wärmeauskoppelnden Anlagen zu jeder Zeit gedeckt werden muss. Um dies unabhängig von der Elektrizitätserzeugung gewährleisten zu können, wurde Gleichung 6.29 in die Modelle integriert. $HGF_{unit,seas,heattype}$ steht dabei für das zeitliche Nachfrageprofil für jede Wärmeart[18] separat.

$$\sum_{proc \in HEATPROC_{unit,heattype}} \left(PL_{proc,t} \cdot \lambda_{proc,heattype} \right) =$$

$$HGF_{unit,seas,heattype} \cdot \sum_{proc \in GENPROC_{unit,heattype}} \left(PL_{proc,t} \cdot \lambda_{proc,heattype} \right) \tag{6.29}$$

$$\text{mit:} \quad HGF_{unit,seas,heattype} = \frac{\sum\limits_{proc \in DEMPROC_{reg_{unit},heattype}} \left(PL_{proc,t,seas} \cdot \lambda_{proc,heattype} \right)}{\sum\limits_{proc \in DEMPROC_{reg_{unit},heattype}} \left(PL_{proc,t} \cdot \lambda_{proc,heattype} \right)}$$

$$\forall t \in T; \forall unit \in UNIT; \forall seas \in SEAS; \forall heattype \in HEAT$$

Pumpspeicher

Wie bereits in Abschnitt 6.2.3.1 erwähnt, wird die Speicherung von Energie in Pumpspeichern separat zu den Energie- und Stoffflussbilanzen modelliert. Dies ist deswegen nötig, weil Pumpspeicher sowohl Elektrizität nachfragen als auch erzeugen und beide Größen über die Speicherkapazität von-

---

[18]Dies kann z.B. Nah- oder Fernwärme oder Wärme mit unterschiedlichem Temperaturniveau sein.

einander abhängen. Die beiden Betriebsmodi von Pumpspeichern, Pumpen und Turbinieren, werden durch je einen Produzenten im Modell abgebildet[19]. Damit z.B. nicht mehr Wasser zur Elektrizitätserzeugung turbiniert wird, als vorher gespeichert wurde, sind die beiden Produzenten über die Gleichung 6.30 miteinander verknüpft.

$$\sum_{exp \in EXP} FL_{prod',exp,to-storage,t} = \sum_{imp \in IMP} FL_{imp,prod,from-storage,t} \quad (6.30)$$

$$\forall t \in T; \forall (prod; prod') \in PMAP_{PROD,PROD'}$$

6.2.3.6. Der europäische CO_2-Zertifikatehandel

Neben den zuvor beschriebenen Gleichungen, die vor allem die Elektrizitäts- und Wärmeerzeugung, ihren Transport und ihre Nachfrage abbilden, wird mit den folgenden Gleichungen der europäische CO_2-Emissionshandel in das europäische Energiesystemmodell integriert[20]. Auf diese Weise können die Wechselwirkungen zwischen den Kuppelprodukten Elektrizität oder Wärme und CO_2-Emissionen erfasst werden.

CO_2-Bilanzierungsgleichungen

Der Abbildung des EU-ETS liegt wie beim realen europäischen Emissionshandel ein Mengenansatz zugrunde (vgl. Kap. 2.1.3), deswegen müssen für die Abbildung des CO_2-Handels zunächst die im Energieversorgungssystem entstehenden CO_2-Emissionen erfasst werden. CO_2-Emissionen können sowohl in Energieumwandlungsprozessen oder beim Energietransport anfallen. Um beide Emissionsquellen zu erfassen, kann jeder Prozess und Fluss mit einem CO_2-Emissionsfaktor ($EmissProc_{CO_2,proc,t}$, $EmissFlow_{CO_2,prod,prod',ec,t}$) versehen werden, der beschreibt wie viel CO_2 je umgewandelter oder transportierter Energieeinheit emittiert wird. Diese

---

[19]Zusätzlich werden die beiden Produzenten mittels der Tabelle *PMAP* einander eindeutig zugeordnet.

[20]Für weitere Details zur Integration des EU-ETS in ein *PERSEUS*-Modell sei auf Enzensberger (2003) verwiesen.

Faktoren werden mit der Prozess- bzw. Flussnutzung multipliziert und je Sektor zu den absoluten CO_2-Emissionen $EmissVol_{sec,CO_2,t}$ aufsummiert (s. Gl. 6.31). Die Summe über alle Sektoren *sec* einer Region *reg* ergibt hier folglich die CO_2-Emissionen je betrachtetem europäischen Land.

$$EmissVol_{sec,CO_2,t} = \sum_{proc \in PROC_{sec}} PL_{prod,t} \cdot EmissProc_{CO_2,proc,t} +$$

$$\sum_{prod' \in PROD'_{sec}} \sum_{ec \in EC} \sum_{prod \in PROD_{prod',ec}} FL_{prod,prod',ec,t} \cdot EmissFlow_{CO_2,prod,prod',ec,t}$$

$$(6.31)$$

$$\forall t \in T; \forall sec \in SEC$$

Um von den gesamt emittierten CO_2-Emissionen diejenigen zu ermitteln, für die über den europäischen CO_2-Handel Zertifikate ausgetauscht werden müssen, werden von den sektorspezifischen absoluten CO_2-Emissionen die je Sektor allokierten Emissionrechte $EmissRights_{sec,CO_2,t}$ abgezogen (s. Gl. 6.32). Daneben werden in dieser Gleichung noch zwei weitere Optionen berücksichtigt. Dies sind zum einen nicht handelbare CO_2-Zertifikate $EmissLoss_{sec,CO_2,t}$ und nicht durch Zertifikate abgedeckte CO_2-Emissionen $EmissPen_{sec,CO_2,t}$. Erstere können z.B. politisch vorgegeben werden, um nach einem Wirtschaftsabschwung in einer Region überzählige Zertifikate vom Handel auszunehmen und so CO_2-Vermeidungsmaßnahmen in den anderen Regionen nicht zu unterbinden. Die nicht durch CO_2-Zertifikate gedeckten Emissionen sind im Modell mit Strafzahlungen verbunden (vgl. Gl. 6.1), erleichtern als Schlupfvariable aber die Lösbarkeit des Modells bzw. stellen immer dann eine im Rahmen der Systemoptimierung sinnvolle Option dar, wenn der CO_2-Zertifikatspreis die Höhe der Pönale übersteigt.

$$\Delta Emiss_{sec,CO_2,t} = EmissVol_{sec,CO_2,t} - EmissRights_{sec,CO_2,t}$$
$$+ EmissLoss_{sec,CO_2,t} - EmissPen_{sec,CO_2,t}$$

$$\forall t \in T; \forall sec \in TRADESEC \qquad (6.32)$$

Je nach Handelsperiode des EU-ETS kann das Zurückgreifen auf nicht durch Zertifikate gedeckte CO_2-Emissionen nicht nur zu Pönalezahlungen führen, sondern auch zur Reduktion der zugeteilten Emissionsrechte für die nächste Periode t. Die in diesem Fall allokierten Emissionsrechte $EmissAlloc_{sec,CO_2,t}$ ergeben sich aus Gleichung 6.33 und ersetzen den Term $EmissRights_{sec,CO_2,t}$ in Gleichung 6.32 für die Periode t.

$$EmissAlloc_{sec,CO_2,t} = EmissRights_{sec,CO_2,t} - EmissPen_{sec,CO_2,t-1} \quad (6.33)$$

$$\forall t \in T; \forall sec \in TRADESEC$$

CO_2-Zertifikathandelsgleichungen

Die zuvor ermittelten sektorspezifisch zu handelnden CO_2-Emissionen $\Delta Emiss_{sec,CO_2,t}$ bilden die Grundlage der folgenden Handelsgleichungen. Jeder Handelsvorgang ist dabei mit Transaktionskosten $Ctrans_{CO_2,t}$ verbunden, die in die Zielfunktion eingehen (vgl. Gl. 6.1)[21]. Eigentlich wäre zu fordern, dass sich die Nachfrage und das Angebot über alle gehandelten CO_2-Zertifikate ausgleichen müssen wie in Gleichung 6.34 dargestellt. Weil im EU-ETS der Bezug von externen Zertifikaten aus JI- und CDM-Projekten zulässig ist (vgl. Kap. 2.1.3), wird statt wie in Gleichung 6.34 formuliert die zulässige Zertifikatsmenge durch die zugängigen Kyoto-Projekten $KyoCert_{kyoID,t}$ erweitert (s. Gl. 6.35).

$$\sum_{sec \in TRADESEC} \Delta Emiss_{sec,CO_2,t} = 0 \quad (6.34)$$

$$\sum_{sec \in TRADESEC} \Delta Emiss_{sec,CO_2,t} = \sum_{kyoID \in KYOID} KyoCert_{kyoID,t} \quad (6.35)$$

$$\forall t \in T$$

Die im Modell hinterlegten CO_2-Zertifikate aus Kyoto-Projekten sind gemäß ihrer Kosten $Ckyo_{kyoID,t}$ zu Zertifikatskontingenten $kyoID$ mit einer

---

[21]Es wird hier angenommen, dass Transaktionskosten sowohl beim Käufer als auch beim Verkäufer anfallen (vgl. Enzensberger, 2003).

maximal verfügbaren Zertifikatsmenge $KyoMax_{kyoID,t}$ zusammengefasst (vgl. Kap. 7.8). Folglich darf ein Kontingent nur bis zu seiner oberen Grenze ausgeschöpft werden (s. Gl. 6.36). Die mit diesem Zertifikatsbezug verbundenen Ausgaben sind Bestandteil der Zielfunktion (s. Gl. 6.1).

$$KyoCert_{kyoID,t} \leq KyoMax_{kyoID,t} \qquad (6.36)$$

$$\forall t \in T; \forall kyoID \in KYOID$$

In einem Teil der Handelsperioden des EU-ETS ist das Übertragen von überzähligen Zertifikaten in die folgende Periode zulässig, was *banking* genannt wird (vgl. Kap. 2.1.3). Dies ist durch eine Erweiterung von Gleichung 6.35 für die betreffenden Perioden im Modell hinterlegt (s. Gl. 6.37). Zwischen Perioden, die zusammen in eine *banking*-Periode *bpID* fallen, können Zertifikate übertragen werden. Die *banking*-Perioden sind jeweils durch ihr Start- und Endjahr $bplow_{bpID}$ und $bpup_{bpID}$ definiert und entsprechen den Handelsperioden des EU-ETS.

$$\sum_{t'=bplow_{bpID}}^{t} \sum_{sec \in TRADESEC} \Delta Emiss_{sec,CO_2,t'}$$

$$\leq \sum_{t'=bpup_{bpID}}^{t} \sum_{kyoID \in KYOID} KyoCert_{kyoID,t'} \qquad (6.37)$$

$$\forall t \in \left[bplow_{bpID}, bpup_{bpID} \right]; \forall bpID \in BPID$$

Neben dem *banking*, das einen zusätzlichen Freiheitsgrad im CO_2-Zertifikatehandel darstellt, können im Modell auch Handelsbeschränkungen gesetzt werden. So kann je Region *reg* eine Emissionsobergrenze $EmissMax_{reg,CO_2,t}$ gesetzt werden, die unabhängig vom Handel mit CO_2-Zertifikaten eingehalten werden muss (s. Gl. 6.38). Auch ist es möglich die Handelsmenge von CO_2-Zertifikaten $TradeMax_{reg,CO_2,t}$ je Region zu begrenzen (s. Gl. 6.39).

$$\sum_{sec\ SEC_{reg}} EmissVol_{sec,CO_2,t} \leq EmissMax_{reg,CO_2,t} \qquad (6.38)$$

$$\sum_{sec\ SEC_{reg}} \Delta Emiss_{sec,CO_2,t} \leq TradeMax_{reg,CO_2,t} \qquad (6.39)$$

$$\forall t \in T; \forall reg \in REG$$

6.3. Kritische Diskussion des gewählten Modellansatzes

Der hier gewählte Modellansatz baut auf verschiedenen Annahmen auf, die wesentliche Eigenschaften des Modells festlegen. Diese werden im folgenden kritisch diskutiert. Dabei berücksichtigen die Ausführungen zu allgemeinen Eigenschaften der *PERSEUS*-Modellfamilie insbesondere die Ausführungen in Enzensberger (2003) und Rosen (2007).

6.3.1. Implizites Marktverständnis und Akteursverhalten

Die dem Modell zugrunde gelegte Zielfunktion, die zentral alle entscheidungsrelevanten Systemausgaben unter Berücksichtigung der Sytemnebenbedingungen minimiert, weicht von der realen Marktsituation mit ihren unterschiedlichen Akteuren ab. Diese Vereinfachung geht implizit von einem einheitlichen Verhalten aller Marktteilnehmer aus, welches einem streng ausgabenbasierten Bietverhalten in anonymen und diskriminierungsfreien Märkten entspricht. Strategisches Verhalten eines oder mehrere Akteure wird damit vernachlässigt.

Vor dem Hintergrund der politischen Bestrebungen einen einheitlichen, diskriminierungsfreien und transparenten europäischen Energiebinnenmarkt zu schaffen (vgl. Kap. 2.1.1), können die getroffenen Annahmen zum Akteursverhalten für den langfristigen Analysefokus dieser Arbeit als zulässig angesehen werden. Dieser Fokus liegt vornehmlich auf der Analyse langfristiger Entwicklungen im Wechselspiel mit veränderlichen Rahmenbedingungen des Energieversorgungssystems. Deswegen wird ein Schwerpunkt auf die möglichst realitätsnahe Abbildung des physikalischen Energiesystems und seiner Wirkzusammenhänge gelegt. Mögliche kurzfristige und meist zeitlich befristete Effekte auf die Energiemärkte, die durch Akteursverhalten induziert sind, werden vor dem Hintergrund der hier gewählten Zielsetzung und dem langfristigen Betrachtungshorizont nicht untersucht.

6.3.2. Investitionsentscheidungen im Modell

Eine große Gefahr bei der linearen Optimierung von Investitionsentscheidungen liegt im sogenannten *bang-bang*-Effekt (vgl. u.a. Möst, 2006). Dieser beschreibt das im Modell unerwünschte vollständige Umstellen auf eine Technologie, die infolge von kleinen Änderungen in den exogenen Eingangsgrößen marginal wirtschaftlicher ist. Durch Verwendung von Kraftwerkstypen, deren Kostenstruktur ausreichend unterschiedlich je Lastbereich sind, kann dieser Effekt reduziert werden. Zusätzlich kann durch detaillierte und regional differenzierte Lastkurven sowie Differenzierung der Aufgabenbereiche von Kraftwerken im Energieversorgungssystem die Auswirkung eines *bang-bang*-Effektes auf einen kleinen Systembereich beschränkt werden, der für das Gesamtsystem vernachlässigbar ist. Um darüber hinausgehend bei exogen gegebenen Grenzen (z.B. politische Zielsetzungen) diesen Effekt zu unterbinden, können z.B. unplausible Lösungen ausgeschlossen oder ergänzende Restriktionen implementiert werden (z.B. Beschränkung des Zubaus einer Kraftwerksklasse bedingt durch beschränkte Kapazitäten der Anlagenbauer $MaxAdd_{unit,t}$, vgl. Kap. 6.2.3.3). Auf die gleiche Weise können über die Ausgabenminimierung hinausgehende, bei realen (Des-)Investitionsentscheidungen vorliegende Aspekte wie z.B. unternehmenspolitische Risikostreuungsstrategien oder begrenzte Fertigungskapazitäten der verschiedenen Anlagenbauer durch zusätzliche Restriktionen und zusätzliche Kosten für Energie-/Stoffflüsse oder Prozesse im Modell berücksichtigt werden. Es ist allerdings nur schwerlich möglich den Einfluss von blockweisem Zu- oder Rückbau von Kraftwerken bei den vorliegenden Systemgrenzen[22] zu betrachten, weil dies durch die dafür nötige Formulierung als gemischt-ganzzahliges Optimierproblem in zu langen Rechenzeiten resultieren würde. Ein analoges Problem ergibt sich bei der Berücksichtigung von stochastischen Größen, weil die Berechnung der Verzweigungen eines Entscheidungsbaums ebenfalls auf einem gemischt-ganzzahligen Optimierproblem aufbaut. Hinzu kommen bei stochastischen Größen mögliche Unsicherheiten/Probleme bei der Quantifizierung der benötigten Eingangsgrößen wie beispielsweise der Erwartungswerte, der Standardabweichungen oder Risikopräferenzen.

Dem integriert betrachteten langfristigen Zeithorizont in einem linearen Energiesystemmodell liegt die Annahme perfekter Voraussicht zugrunde, weil sämtliche in der Zukunft liegenden Rahmenannahmen bereits deterministisch im Modell hinterlegt sind. Eine Alternativ, um diese kontroverse Annahme nicht treffen zu müssen, stellen myopische Ansätze dar, die jeweils sequentiell eine Periodenreihe berechnen. Laut Enzensberger (Enzensberger, 2003) unterscheiden sich die Ergebnisse beider Ansätze bei ansonsten gleicher Datenbasis nur dahingehend, dass in myopischen Ansätzen eine verzögerte Systemanpassung mit deswegen höheren Ausgaben zu beobachten ist. Die Ergebnisse eines perfect-foresight-Ansatzes können folglich als eine untere Grenze für die Entwicklung von Elektrizitäts- und CO_2-Preisen angesehen und entsprechend interpretiert werden. Hinzu kommt, dass Entscheidungen zu Kraftwerksaus- oder -rückbauten von Akteuren mit umfangreichem Expertenwissen in diesem Bereich getroffen werden, so dass ein perfect-forsight-Ansatz kombiniert mit einer Szenarioanalyse zur Identifizierung robuster Ergebnisse näherliegend ist als ein myopischer. Dass perfect-foresight-Ansätze ein geeignetes Werkzeug dar-

---

[22]Diese Systemgrenzen umfassen zum einen das europäische Energiesystem und zum anderen das regional differenziert abgebildete deutsche Energiesystem. Beide Varianten führen bereits bei einem reinen linearen Optimierproblem zu erheblichen Rechenzeiten (vgl. Kap. 7.11).

stellen, wird auch dadurch unterstützt, dass sie zum grundlegenden Modellrepertoire der zuvor genannten Akteure gehören.

6.3.3. Preisinformationen auf Basis von Systemgrenzausgaben

Um die Entwicklung der Energiesysteme nicht nur technisch sondern auch ökonomisch zu analysieren, werden Informationen zu Preisentwicklungen für Elektrizität und CO_2-Zertifikate aus den Modellergebnissen abgeleitet. Die Basis für diese Herleitung bilden die Systemgrenzausgaben der Elektrizitätsnachfrage und der Emissionshandelsgleichungen.

Für alle Zeitscheiben außer den Spitzenlastzeitscheiben je Typtag werden anhand der nicht eingelasteten aber verfügbaren Kraftwerke die kurzfristigen Systemgrenzkosten ermittelt. In den Spitzenlastzeitscheiben kann es infolge zusätzlich benötigter Kraftwerkszubauten zu Preisspitzen kommen. Weil Investitionsentscheidungen bei Kraftwerken periodenübergreifend erfolgen, kann die Anrechnung der diskontierten Investitionen auf eine einzelne Zeitscheibe wegen der damit einhergehenden hohen Grenzausgaben als problematisch angesehen werden. In diesem Fall enthalten die Systemgrenzausgaben auch die Kapazitätskosten der Anlagen. Dieses Vorgehen deckt sich aber mit im realen Markt beobachteten Preisen, die sich nicht allein über kurzfristige Grenzausgaben erklären lassen (Möst, 2006; Genoese, 2010). In früheren Arbeiten mit *PERSEUS* wurde durch Vergleiche zu realen Elektrizitätspreisen gute Übereinstimmungen festgestellt (vgl. u.a. Möst, 2006; Enzensberger, 2003), so dass von einer hinreichenden Belastbarkeit der Preisbestimmung gemäß der beschriebenen Methode ausgegangen werden kann.

Analog zur Herleitung von Elektrizitätspreisen werden die CO_2-Zertifikatspreise aus den Schattenpreisen der Handelsgleichungen (vgl. Kap. 6.2.3.6) abgeleitet.

6.3.4. Preiselastizität der Elektrizitäts- und Wärmenachfrage

Die in den Energiesystemmodellen hinterlegten Energienachfragen werden als inelastisch angenommen und damit als unabhängig von der Entwicklung der Elektrizitäts- und Wärmepreise. Diese Annahme beruht auf der in großem Maßstab begrenzten Speicherbarkeit dieser Energieformen und ihrer nur geringen Substituierbarkeit. Laut Rosen (2007) gilt diese Inelastizität für kurzfristige Zeiträume, während für langfristige Betrachtungshorizonte empirisch leicht negative Elastizitäten beobachtet wurden, die z.B. aus ergriffenen Effizienzmaßnahmen resultieren. In dem hier gewählten Modellansatz werden diese Maßnahmen durch Annahmen zur Entwicklung der Energienachfragen implizit abgebildet.

6.3.5. Modellierung der Lastflüsse mittels Gleichstromansatz

Im hier verwendeten deutschen Energiesystemmodell werden die Lastflüsse im Übertragungsnetz mittels einer Gleichstromlastflussberechnung dem realen Wechselstromfluss angenähert. Diese Näherung ist bei bestimmten Netzeigenschaften bezüglich der Phasenwinkeldifferenz und dem Verhältnis von Reaktanz zu ohmschen Widerstand vertretbar und hängt entscheidend von der betrachteten Fragestellung ab (vgl. Eßer-Frey, 2012). Weil für diese Arbeit insbesondere der Wirkleistungsfluss von Interesse ist, stellt die Verwendung eines Gleichstromansatzes einen guten Kompromiss zwischen Detailgrad des Modells und der benötigten Rechenkapazität dar.

6.3.6. Abbildung der Elekrizitätsnachfrage durch Elektromobilität

Die Ableitung der Elektrizitätsnachfrage durch Elektromobilität basiert in dieser Arbeit auf Mobilitätsstudien (vgl. Kap. 5.1). Diese geben vor allem das Mobilitätsverhalten im jeweiligen Erhebungsjahr wieder. Der Verwendung dieser Datenbasis für einen Betrachtungshorizont bis 2030 liegt folglich die Annahme zugrunde, dass sich das erfasste Mobilitätsverhalten in diesem Zeitraum nicht wesentlich verändert. So bleiben beispielsweise demographische Effekte für das zeitlich differenzierte Fahrverhalten unberücksichtigt. Weil die hier relevanten Größen, Fahrleistung, Standzeiten und Fahrzeugbestand in den letzten Jahren eher konstant waren (Deutsches Institut für Wirtschaftsforschung (DIW), 2009; Zumkeller et al., 2007), ist das eine plausible Annahme, auch wenn erste Anzeichen eines möglichen Kulturbruches nicht gänzlich von der Hand zu weisen sind (Jochem, Poganietz et al., 2013). Diese mögliche Unsicherheit muss bei der Interpretation der Ergebnisse mit bedacht werden.

Neben der Elektrizitätsnachfrage von EVs wurden auch die Lastkurve dieser Nachfrage und das mit ihr verbundene Lastverschiebepotenzial abgeleitet (vgl. Kap. 5.5). Hierfür wurde in einem ersten Schritt für jedes einzelne EV die Ladekurve für die zwei betrachteten Extremladestrategien ermittelt. Diese Einzelladekurven wurden in einem zweiten Schritt über die EV-Flotte kumuliert. Auf Basis dieser kumulierten Ladekurven wurden die Eingangsgrößen für EVs für die Energiesystemmodelle abgeleitet. Dies stellt hinsichtlich der Batterieladezustände und individuell verfügbarer Ladeinfrastruktur eine Vereinfachung dar, die aufgrund begrenzter Rechenkapazitäten getroffen werden muss. Weil selbst im deutschen, regional stärker differenzierten Energiesystemmodell aus Sicht des Energiesystems je Anschlussknoten tausende EVs kumuliert wirken bzw. ihre Energie nachfragen, ist die Modellierung von Elektromobilität als eine länderspezifische EV-Flotte bei weitestmöglicher Mitführung der EV-Einzelinformationen in den vorgelagerten Berechnungsschritten außerhalb von *PERSEUS-EMO* vertretbar. Das gilt insbesondere dann, wenn, wie in dieser Arbeit, der Fokus auf den Auswirkungen auf das Energiesystem liegt.

6.3.7. Systemgrenzen

Das entwickelte Energiesystemmodell *PERSEUS-EMO* stellt ein Partialmodell dar. Makroökonomische Fragestellungen können mit einem solchen Ansatz nicht beantwortet werden. Darunter fallen z.B. der Einfluss makroökonomischer Entwicklungen und des Elektrizitätsmarktpreises auf die Elektrizitätsnachfrage. Deswegen wird diese Nachfrage exogen vorgegeben.

Eine Erweiterung des bestehenden Ansatzes um die fehlenden Sektoren ist aufgrund der Modellgröße und Datenverfügbarkeit auf dem Detailniveau des Energiesektors nicht möglich. Eine höher aggregierte Abbildung dieser zusätzlichen Sektoren würden den Vorteil von Bottom-up Modellen mit ihrem Technikfokus aufheben. Weil in der Zielsetzung dieser Arbeit auf die Auswirkungen auf das Energiesystem fokussiert wird, ist die detaillierte Technikabbildung höher zu bewerten als die makroökonomische Wechselwirkungen mit dem Energiesektor. Sollten in zukünftigen Arbeiten hingegen makroökonomische Fragestellungen im Fokus stehen, kann die Kopplung mit einem kompatiblen höher aggregierten Top-down-Modell einen geeigneten Ansatz dafür darstellen.

6.3.8. Unsicherheiten

Die Entwicklung des europäischen Energiesystems und von Elektromobilität sind vielfältigen Unsicherheiten unterworfen. Viele der auf das Energiesystem und auf die Marktpenetration von EVs wirkenden Rahmenbedingungen (vgl. Kap. 2 und Kap. 3) können aus heutiger Sicht nur schwer oder eingeschränkt in ihrer zukünftigen Entwicklung abgeschätzt werden. Jede dieser Projektionen ist folglich mit einer Unsicherheit behaftet, die aber aus unterschiedlichen Gründen resultieren. Die wesentlichen Unsicherheiten für die hier vorgenommene Analyse werden in den folgenden Abschnitten umrissen.

Die Preisentwicklung für die Brennstoffe der Kraftwerke als auch für die Kraftstoffe für Pkws hängen für international gehandelte Energieträger wesentlich von der globalen Nachfrage ab. Die globale Nachfrage nach Energieträgern wiederum hängt u.a. maßgeblich von der weltweiten wirtschaftlichen Entwicklung ab. Weil diese Arbeit makroökonomische Zusammenhänge auf globaler Ebene nicht endogen mitbetrachtet, werden die Preisentwicklungen exogen vorgegeben. Dafür werden Studien herangezogen, die diese globalen Zusammenhänge in ihren Brennstoffpreisprojektionen berücksichtigen. Gleichzeitig muss bei der Wahl einer Preisentwicklung darauf geachtet werden, dass die in der Studie getroffenen Annahmen mit denen in *PERSEUS-EMO* konsistent sind. Zusätzlich können innerhalb einer Szenarienanalyse unterschiedliche Entwicklungen betrachtet werden.

Eine weitere Unsicherheit liegt in der Entwicklung der Elektrizitätsnachfrage. Letztere hängt sowohl von der wirtschaftlichen Entwicklung einer Region als auch von den Effizienzverbesserungen des eingesetzten Technologiemixes (z.B. im Endverbrauchersektor) ab. Um die Unsicherheit vor allem in der langfristige Entwicklung der Höhe der Elektrizitätsnachfrage zu berücksichtigen, werden in einem Energiesystemmodell meist Szenarienanalysen verwendet. In dieser Arbeit wird dabei ein Fokus auf den Einfluss von Elektromobilität auf die gesamte Elektrizitätsnachfrage gelegt. Neben der jährlichen Nachfragemenge stellt auch der zeitliche Verlauf der Elektrizitätsnachfrage eine Unsicherheit dar. So können neue Technologien (z.B. Lastverschiebungen mithilfe von Informations- und Kommunikationtechnologien) oder die Zusammensetzung der Nachfragesektoren (z.B. Single-Haushalte, abwandernde Industriebranchen) zu einer Veränderung seiner Struktur führen.

Die in Kapitel 2.1 aufgeführten politischen und regulatorischen Rahmenbedingungen verdeutlichen deren Relevanz für die Entwicklung des europäischen Energiesystems. Unsicherheiten weist hierbei vor allem die langfristige Ausgestaltung der Rahmenbedingungen auf. Hierzu zählen z.B. die Subventionen für EVs oder erneuerbare Energien, der Vorrang erneuerbarer Energien bei der Einspeisung, die Fortschreibung der CO_2-Emissionscaps nach 2025 im EU-ETS und die Öffnung der Regelenergiemärkte für weitere Anbieter. Dabei können sich bestimmte Rahmenbedingungen z.B. auch auf die Elektrizitätsnachfrage und die Brennstoff- bzw. Kraftstoffpreise auswirken, sie können aber gleichzeitig auch von technologischen Entwicklungen beeinflusst werden. Diese Unsicherheiten können nur indirekt über eine Szenarioanalyse adressiert werden, weil politischen Entscheidungsprozesse insbesondere über einen langfristigen Zeithorizont nicht innerhalb eines Energiesystemmodells kalkulierbar sind.

Technologische Fortschritte beeinflussen die Entwicklung des Energiesystems grundlegend. So könnten z.B. Weiterentwicklungen bei der Batterietechnologie zu einer neuen Elektrizitätsnachfrage durch EVs führen oder dazu, dass Batterien als Energiespeicher ins Energiesystem integriert werden. Ebenso wird die Entwicklung und Implementierung von Informations- und Kommunikationstechnologien im Energiesystem dessen Steuerung verändern, indem sie beispielsweise die weitergehende Regelung von Lastverlagerungen ermöglicht. Aber auch im Bereich der konventionellen Kraftwerkstechnik sowie bei erneuerbaren Energieanlagen können Wirkungsgradverbesserungen oder Kostenreduzierungen zu einer Verschiebung der Kraftwerkseinsätze führen. In einem Energiesystemmodell wird die Verfügbarkeit bestimmter neuer oder weiterentwickelter Technologien exogen vorgegeben und kann in Szenarienanalysen variiert werden. Die Grundlage für die Verfügbarkeit bestimmter technologischer Entwicklungen bilden Abschätzungen in Studien und Expertenwissen aus den entsprechenden Technologiegebieten, die auch Aspekte der Akzeptanz oder der Rohstoffverfügbarkeit umfassen. Die Nutzung bzw. der Ausbau neuer oder verbesserter Technologien im Energiesystem hingegen wird in Energiesystemmodellen endogen ermittelt.

Kraftwerke und erneuerbare Energieanlagen stehen über ein Jahr nicht kontinuierlich zur Verfügung. Ein Teil dieser Nichtverfügbarkeiten wird von den Anlagenbetreibern geplant und meist in Zeiten mit niedriger Last gelegt. Hierzu gehören insbesondere die Kraftwerksrevisionen und -instandsetzungen. Die geplanten Nichtverfügbarkeiten können mittels durchschnittlicher jährlicher Verfügbarkeiten je Kraftwerkstyp in einem Energiesystemmodell berücksichtigt werden. Daneben können auch ungeplante Nichtverfügbarkeiten auftreten und eine Unsicherheit für die Energieversorgung darstellen. Hierzu zählen z.B. unvorhergesehene Kraftwerks- oder Netzausfälle sowie die volatile Verfügbarkeiten natürlicher Energieträger (z.B. Wind und Sonneneinstrahlung). Diese können nicht direkt in einem Energiesystemmodell abgebildet werden, weil die Berücksichtigung von stochastischen Effekten einen vertretbaren Rechenaufwand übersteigen würde. Darüber hinaus wirken sich diese stochastischen Ausfälle vor allem kurzfristig auf das Energiesystem aus und über einen langfristigen Zeithorizont verliert die stochastische Komponente an Bedeutung. Um dennoch zu jeder Zeit eine sichere Energieversorgung gewährleisten zu können, werden in Energiesystemmodellen ergänzende Anforderungen gestellt, die ausreichend Reservekraftwerke gewährleisten. Diese Anforderungen umfassen sowohl eine ausreichende Kapazität, als auch die durchschnittlich von solchen Kraftwerken pro Jahr bereitgestellte Elektrizitätsmenge.

7. Modellaufbau und Datenbasis von *PERSEUS-EMO*

In diesem Kapitel werden der Modellaufbau vorgestellt, dem die mathematische Struktur des vorhergehenden Kapitels zugrunde liegt, und die für die Modellanwendung genutzte Datenbasis dargelegt. Am Ende des Kapitels werden die Analyseoptionen aufgezeigt, die mit diesem Modellansatz bestehen.

7.1. Geografische Systemgrenzen des Modellansatzes

Die zwei Energiesystemmodelle, aus denen sich der entwickelte Modellansatz zusammensetzt, weisen wie bereits erläutert jeweils unterschiedliche Systemgrenzen auf. So umfasst das europäische Energiesystemmodell *PERSEUS-EMO-EU* die Abbildung aller europäischen Länder, die den Elektrizitätsimport und -export von Deutschland wesentlich beeinflussen. Hierzu gehören die meisten Länder der heutigen europäischen Union[1] und zusätzlich Norwegen und die Schweiz (s. Abb. 7.1). Diese Länder umfassen knapp 93% der CO_2-Emissionen im EU-ETS (UNFCCC, 2012), so dass der wesentliche Teil des Emissionshandels mit den geografischen Grenzen dieses Modellansatzes erfasst ist.

Jedes Land ist als eine eigene Region im Modell hinterlegt. Eine Ausnahme hierbei stellt Dänemark dar, das aufgrund seiner geografischen Struk-

---

[1] Von den europäischen Ländern werden die baltischen Staaten sowie Rumänien und Bulgarien nicht betrachtet, weil sie das Elektrizitätsaustauschsaldo von Deutschland aufgrund der geringeren Verknüpfungen mit dem restlichen europäischen Übertragungsnetz kaum beeinflussen. Im Vergleich zu Rosen (2007) stellt dies eine geografische Erweiterung um Slowenien dar.

tur durch zwei miteinander verbundene Regionen abgebildet wird (Rosen, 2007). Das regional stärker differenzierte Energiesystemmodell *PERSEUS-EMO-NET* bildet Deutschland ab und unterteilt diese Modellregion in seine 440 Kreise (Eßer-Frey, 2012; BBSR, 2011).

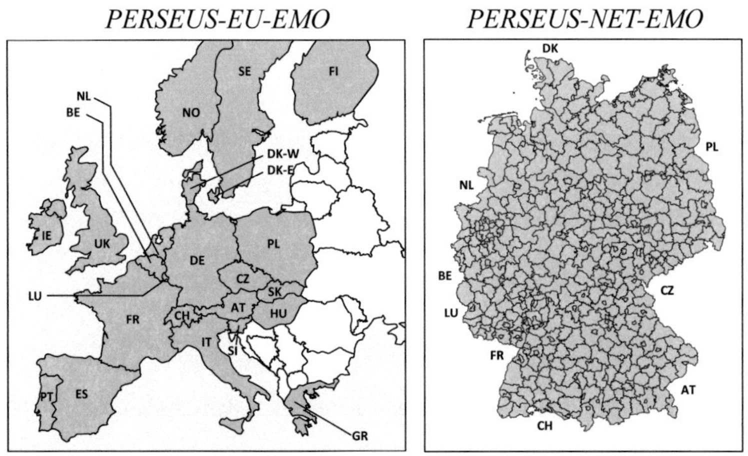

Abbildung 7.1.: Geografischer Abbildungsbereich von *PERSEUS-EMO* (Darstellung in Anlehnung an Rosen (2007); Eßer-Frey (2012))

7.2. Betrachtungshorizont und zeitliche Auflösung

Für die Analyse der langfristigen Auswirkungen von Elektromobilität auf das Energiesystem ist der betrachtete Zeithorizont von 2007 bis 2030 gewählt worden. Alle ökonomischen Größen beziehen sich als reale Größen auf das Basis- bzw. Startjahr. 2007 wurde als Startjahr gewählt, weil zum Zeitpunkt der Erstellung dieser Arbeit die aktuellsten[2] Eingangsdaten in

---

[2]Für einen Teil der benötigten Daten sind zwar neuere Werte erhältlich, können aber wegen der fehlenden Konsistenz zu den anderen Datenbereichen nicht für eine Kalibrierung verwendet werden. Hinzu kommt, dass die aktuellsten Daten einiger Statistiken auf europäischer Ebene (z.B. Eurostat) in den Folgejahren nachgebessert werden, so dass Daten teilweise erst ein paar Jahre nach ihrer Veröffentlichung als belastbar angesehen werden können.

dem benötigten einheitlichen Umfang für eine Kalibrierung aus diesem Jahr stammen. Für alle anderen Daten, die nicht im direkten Zusammenhang mit der Kalibrierung stehen, wurden die jeweils aktuellsten verfügbaren Datenquellen verwendet.

Das gewählte Endjahr 2030 ermöglicht es wesentliche Strukturänderungen im Kraftwerkspark mit seinen langen Innovationszyklen zu erfassen (Möst & Fichtner, 2010)[3]. Parallel deckt dieser Zeitraum die wesentlichen quantitativ gesetzten politischen Ziele ab und erfasst so auch in dieser Hinsicht relevante Änderungen in den Rahmenbedingungen der Energiesysteme. Ein darüber hinausgehender Betrachtungshorizont wäre außerdem bezüglich der Eingangsdaten mit hohen Unsicherheiten verbunden, die die Aussagekraft der Ergebnisse grundlegend einschränken würde. Dies betrifft sowohl technische, ökonomische als auch politische Eingangsgrößen. So könnten z.B. technologische Entwicklungen und Durchbrüche zu neuen Kraftwerkstypen oder anderen Kostenstrukturen führen.

Der Betrachtungshorizont von 2007 bis 2030 wird durch charakteristische Jahre abgebildet, die frei wählbaren Perioden zugeordnet werden. Für die Modellanwendung wurden mit Ausnahme der ersten dreijährigen Periode ab 2007 einheitliche fünfjährige Perioden gewählt. Jede dieser Perioden weist eine unterjährige Differenzierung auf. Ziel dieser zeitlichen Differenzierung ist es, die Lastkurven der Versorgung mit Elektrizität oder Wärme adäquat erfassen zu können. Eine höhere zeitliche Differenzierung (z.B. stündlich) oder die Erhöhung der Periodenanzahl (z.B. einjährige Perioden) führen zu nicht handhabbaren Rechenzeiten. Deswegen muss die zeitliche Auflösung der Modelle dieser Begrenzung Rechnung tragen. Dazu baut die unterjährige Zeitstruktur der Modells auf Jahreszeiten und sogenannten Typtagen auf (s. Abb. 7.2).

Die eigens für diese Arbeit abgeleiteten Jahreszeiten umfassen in den Modellen einen Winter, einen Sommer und die Übergangszeit, die sich auf

---

[3]Der in Rosen (2007) betrachtete Zeitraum bis 2020, wäre für diese Arbeit zu kurzfristig gewesen, so dass dieser entsprechend erweitert wurde.

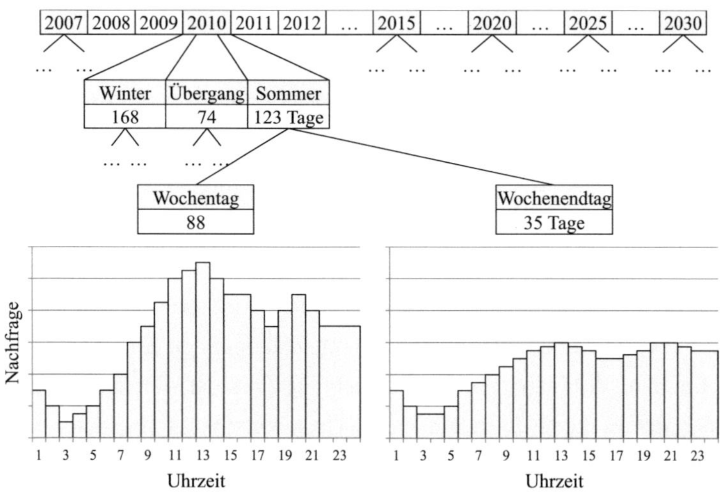

Abbildung 7.2.: Zeitliche Auflösung des abgebildeten Zeithorizonts (Darstellung in Anlehnung an Rosen (2007))

die beiden Zeiträume im Jahr zwischen Winter und Sommer aufteilt. Festgelegt wurden diese Zeiträume anhand einer Analyse der Laststruktur der konventionellen Elektrizitätsnachfrage jedes betrachteten Landes. Je nach Jahreszeit weisen die täglichen Lastkurven der Elektrizitätsnachfrage unterschiedliche Strukturen und Höhenniveaus auf (ENTSO-E, 2007-2011). Während im Winter die abendliche Lastspitze höher als diejenige am Mittag ist, weist der Sommer fast gar keine Abendspitze auf. In den Übergangszeiten zwischen diesen Jahreszeiten liegt zwar eine zweite Lastspitze am Abend vor, aber die Tageslastspitze liegt in der Mittagszeit (s. am Beispiel Deutschland Abb. 7.3). Dieses Muster ist weitestgehend unabhängig vom betrachteten Land und Jahr[4].

Jede Jahreszeit ist wiederum in Typtage unterteilt. Diese wurden für diese Arbeit so gewählt, dass sowohl die zeitliche Struktur der konventionellen

---

[4]Wobei sich die Länder in den absoluten Ausprägungen und den konkreten Uhrzeiten der Lastspitzen unterscheiden. Diese Unterschiede sind in den länderspezifischen Lastkurven für die Elektrizitätsnachfrage hinterlegt.

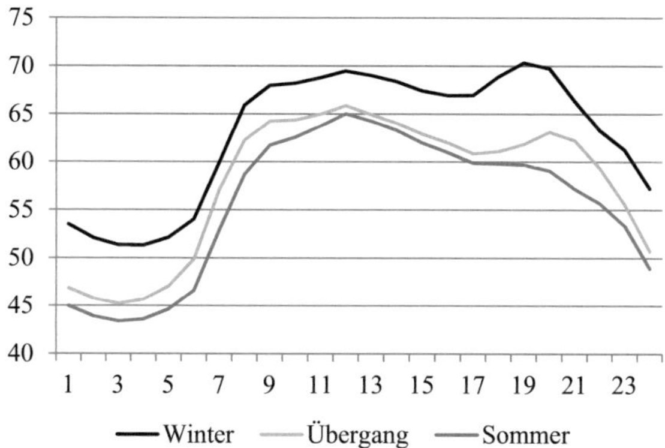

Abbildung 7.3.: Durchschnittliche Lastkurven der deutschen Elektrizitätsnachfrage je betrachteter Jahreszeit für einen Werktag im Jahr 2010 (ENTSO-E, 2007-2011)

Elektrizitätsnachfrage als auch diejenige von Elektrofahrzeugen mit möglichst geringem Informationsverlust erfasst werden. Dies bedeutet, dass gleiche Stunden der Tage einer Jahreszeit mit ähnlicher Last zusammengefasst werden können. Ein länderweiser Vergleich der stündlich aufgelösten Lastkurven dieser beiden Nachfragearten ergab zum einen die Differenzierung nach Werk- und Wochenendtagen und zum anderen die untertägige Zeitstruktur (vgl. Abbildung 7.2). Insgesamt sind so in den Energiesystemmodellen 126 Zeitscheiben pro Jahr hinterlegt. Diese stellt im Vergleich zu früheren Modellversionen von *PERSEUS* (vgl. Kap. 6.1) eine höher aufgelöste und zwischen der konventionellen Elektrizitätsnachfrage und derjenigen durch Elektromobilität abgestimmte Zeitstruktur dar. Bisherige Modellversionen von *PERSEUS* mit einem langfristigen Betrachtungskorizont umfassten meist 36 (vgl. Rosen, 2007; Enzensberger, 2003) bzw. maximal 42 Zeitscheiben (Eßer-Frey, 2012), da in den damit behandelten Forschungsfragen eine höhere zeitliche Auflösung nicht notwendig oder möglich war. Für die problemangemessene Abbildung der Lastverschiebung der Elektrizitätsnachfrage durch Elektrofahrzeuge ist für diese Arbeit eine höhere zeitliche Differenzierung unverzichtbar.

7.3. Detaillierte Struktur der Modellregionen

Das europäische Energiesystemmodell *PERSEUS-EMO-EU* umfasst insgesamt 23 Regionen, um die betrachteten Länder abzubilden. Diese Regionen weisen alle die gleiche Struktur auf (Rosen, 2007), die in Abbildung 7.4[5] dargestellt ist. Insgesamt sind die Regionen aus sieben Sektoren zur weiteren Disaggregation der Abbildung des Energieversorgungssystems eines Landes aufgebaut: die Brennstoffversorgung *cc-regional-fuelmarket*, die öffentliche Energieversorgung *cc-utilitysupply*, die industrielle Energie(eigen)versorgung *cc-industrial-supply*, die Energieeinspeisung durch erneuerbare Energien *cc-renewables*, die Nahwärmeversorgung *cc-districtheat* und die beiden Nachfragesektoren der Elektrizitäts- und Nahwärmenachfrage *cc-electr-district-demand* sowie die Fernwärmenachfrage *cc-heat-demand*.

Bei der Brennstoffversorgung wird zwischen lokal verfügbaren und importierten Enerieträgern unterschieden, die mittels der Produzenten *cc-indigenous resources* bzw. *cc-regional fuelnode* zu den Energieumwandlungssektoren transportiert werden. Diese Verbindungsflüsse können genutzt werden, um beispielsweise brennstoff- und länderspezifische Transportkosten in Abhängigkeit von den Transportwegen zu berücksichtigen. In den Umwandlungssektoren der Energieversorgung werden die eingehenden Energieträger in Elektrizität und Wärme umgewandelt. Bei der Energieform Wärme wird zwischen Nah- und Fernwärme differenziert, die in je unterschiedlichen Sektoren erzeugt und nachgefragt werden. Während Wärme direkt durch lokal begrenzte Wärmenetze zum Endverbraucher *cc-heatconsumers* oder *cc-districtheatconsumers* transportiert wird, wird die erzeugte Elektrizität in das Übertragungsnetz *cc-internalgridnode* einge-

---

[5]Der Platzhalter *cc* steht dort für die jeweilige Landesabkürzung (country code).

speist. Von dort aus wird die Elektrizität entweder zu den Endverbrauchern *cc-electricityconsumers* verteilt oder für Pumparbeit zu Pumpspeichern *cc-pumpedstorage* weitergeleitet oder als dritte Variante mit Nachbarregionen über die Kuppelstellen *cc-externalgridnode* und *cc-dc-cablenode* ausgetauscht. Die Höhe des Austauschs ist Teil der Optimierung in *PERSEUS-EMO-EU* und hängt von der Differenz der Grenzausgaben der Elektrizitätserzeugung der beiden verbundenen Regionen sowie den Übertragungsverlusten und Durchleitungsentgelten der Kuppelleitung ab. Die Elektrizitätsnachfrage von Elektrofahrzeugen ist im Produzenten *cc-electrictyconsumers* durch eigene Anlagen und Prozesse auf der Detailebene (vgl. Abb. 6.1) abgebildet.

Das deutsche Energiesystemmodell *PERSEUS-EMO-NET* weist hiervon eine leicht abweichende Sektorenstruktur auf (vgl. Kap. 6.2.1). Alle oben aufgezeigten Sektoren sind dort in einem Sektor zusammengefasst. Allerdings enthält ein Sektor einzig den Kraftwerkspark und die Energienachfrage, die an einem Knoten des deutschen Übertragungsnetzes vorliegen. Auf diese Weise wird mittels der Sektoren die geografische Struktur des deutschen Übertragungsnetzes abgebildet (s. Abb. 7.6). Dabei wird unterschieden zwischen 100 Kraftwerksknoten, an denen Großkraftwerke angeschlossen sind, 265 Umspannknoten, an denen untergelagerte Netzebenen und damit auch die Endverbraucher und dezentralen Elektrizitätserzeuger angeschlossen sind, und 77 Verbindungsknoten, die zwei Übertragungsleitungen miteinander verbinden (Eßer-Frey, 2012).

7.4. Modellierung und Parametrisierung der Übertragungsnetze

Die beiden Energiesystemmodelle von *PERSEUS-EMO* bilden das Übertragungsnetz auf zwei unterschiedliche Weisen ab. Während in *PERSEUS-EMO-EU* die Kuppelleitungen zwischen den europäischen Ländern als Energieflüsse eines gerichteten Graphen hinterlegt sind (vgl. Rosen, 2007),

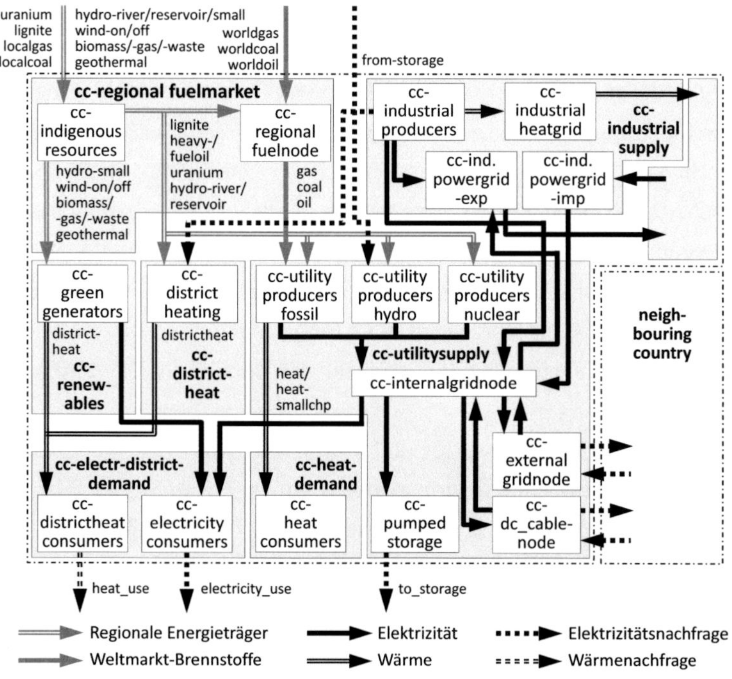

Abbildung 7.4.: Struktur der Modellregionen von *PERSEUS-EMO* (Darstellung in Anlehnung an Rosen (2007))

ist in *PERSEUS-EMO-NET* das deutsche Übertragungsnetz mittels einer Gleichstromlastflussberechnung abgebildet (vgl. Eßer-Frey, 2012). Die dabei verwendete Datengrundlage und Datennutzung in den beiden Modellen wird im folgenden erläutert.

7.4.1. Europäische Kuppelleitungen und Verluste der nationalen Elektrizitätsnetze

Im europäischen Energieversorgungssystem sind die einzelnen Länder mit zwei Kuppelleitungsarten verbunden (Rosen, 2007). Dies sind zum einen über Land verlaufende Höchstspannungsleitungen und zum anderen **H**igh **V**oltage **D**irect **C**urrent(HVDC)-Seekabel. Beide Leitungsarten weisen unterschiedliche physikalische Eigenschaften u.a. hinsichtlich der übertragbaren Energiemenge und den Netzverlusten auf. Zur Abbildung der Durchleitungskapazitäten dieser Kuppelleitungen sind in *PERSEUS-EMO-EU* auf die Zeitscheiben bezogene Obergrenzen hinterlegt. Diese Obergrenzen sind aus den NTC[6]-Werten des europäischen Übertragungsnetzes abgeleitet und deren Entwicklung über den Betrachtungshorizont berücksichtigt absehbare Ausbauprojekte (ENTSO-E, 2009; UCTE, 2009).

Die Übertragungsverluste der Kuppelleitungen sind vor allem von der Leitungslänge abhängig. Bei den HVDC-Seekabeln kommen noch Verluste durch die Transformation in den Stromgleichrichtern hinzu (Rosen, 2007). Ebenso weisen untergelagerte Netzebenen Leitungsverluste auf, die insbesondere durch die Umspannungen zwischen den Spannungsebenen verursacht werden (Enzensberger, 2003). Anhand von länderspezifischen Elektrizitätsbilanzen[7] (z.B. auf Basis von Eurostat, 2012f) können die Netzverluste der Übertragungs- und Verteilnetze als Prozent der inländischen Elektrizitätserzeugung und des Austauschsaldos je Land hergeleitet werden (s. Abb. 7.5). Die unterschiedlichen Werte resultieren zum einen aus den Differenzen der Distanzen in jedem Land und zum anderen aus der jeweiligen Altersstruktur der nationalen Übertragungsnetze (Enzensberger, 2003). Die aufgeführten Netzverluste gehen als Flusseffizienzen in *PERSEUS-EMO* ein. Sowohl in *PERSEUS-EMO-EU* als auch in *PERSEUS-EMO-NET* werden die Netzverluste anteilig den Übertragungs- und Verteilnetze zugeordnet.

---

[6]Die **N**et **T**ransfer **C**apacity ergibt sich aus der Total Transfer Capacity (TTC) abzüglich der Transmission Reliability Margin (TRM). Die TTC berücksichtigt thermische Grenzen sowie Spannungsgrenzen der Kuppelleitungen und Stabilitätsgrenzen um z.B. signifikante Oszillationen von Frequenz, Spannung und Leistung zu verhindern. Die TRM bezieht Prognoseabweichungen in die Betrachtung mit ein und dient als eine Art Sicherheitspuffer. (ETSO, 2000)

[7]Dabei muss beachtet werden, dass solche Statistiken Inkonsistenzen enthalten können. Deswegen werden idealerweise mehrere Quellen zur Absicherung verwendet.

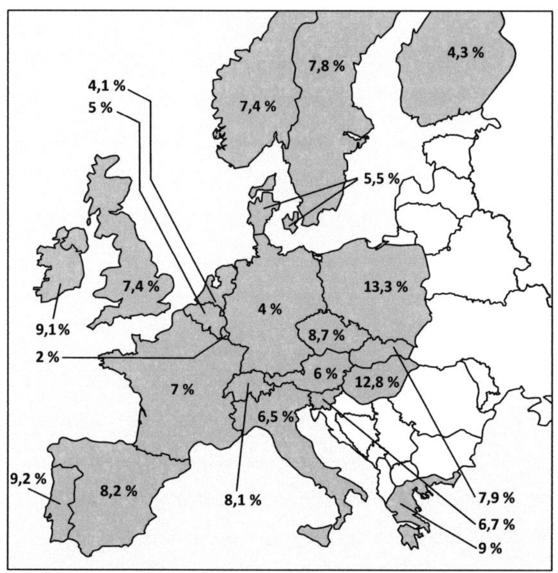

Abbildung 7.5.: Netzverluste in den europäischen Elektrizitätsnetzen (abgeleitet u.a. aus Eurostat (2012f); Rosen (2007))

Ergänzend sind neben den physikalischen Restriktionen Durchleitungsentgelte für das Übertragungsnetz im Modell hinterlegt (Rosen, 2007). Diese Netznutzungsgebühr ist seit 2003 europaweit einheitlich geregelt und berechnet sich mit einem Satz von 0,05 ct/kWh anhand der eingespeisten Energie (ETSO, 2003). Sie ist somit distanzunabhängig.

In *PERSEUS-EMO-EU* ist der Netzausbau kein Bestandteil der Optimierung, weil Ausbauentscheidungen bei Kuppelleitungen neben ökonomischen Aspekten auch von politischen Einflüssen wesentlich geprägt werden können. Hinzu kommt, dass die Investitionen je Einzelfall unterschiedlich sind, weil z.B. unter Umständen vor- und nachgelagerte Netzelemente angepasst werden müssen.

7.4.2. Das deutsche Übertragungsnetz

In *PERSEUS-EMO-NET* ist die Höchstspannungsebene mit 220 kV und 380 kV des Elektrizitätsnetzes in Deutschland abgebildet (Eßer-Frey, 2012). Die Leiterdistanzen werden mit Hilfe einer Netzkarte in einem geografischen Informationssystem ermittelt. Dabei werden Leitungen in einem räumlichen Korridor z.B. Leitungen auf einem gemeinsamen Elektrizitätsmast zusammengefasst. Auf diese Weise sind 563 Sammelleitungen mit 739 Einzelleitungen auf der 380 kV Spannungsebene und 520 Einzelleitungen auf der 220 kV Spannungsebene im Modell abgebildet (s. Abb. 7.6). Untergelagerte Netzebenen sind an den Umspannwerken angebunden und der Elektrizitätsaustausch mit den Nachbarländern wird gemäß der Ergebnisse von *PERSEUS-EMO-EU* vorgegeben. Ebenso wie in *PERSEUS-EMO-EU* ist in *PERSEUS-EMO-NET* der Netzausbau aus ähnlich gelagerten Gründen nicht Bestandteil der Optimierung, sondern wird anhand der im Energieleitungsausbaugesetz (EnLAG) (Bundesjustizministerium, 2009) genannten Ausbauprojekte (vgl. auch Kap. 2.1.1) festgeschrieben (vgl. Eßer-Frey, 2012).

Im deutschen Übertragungsnetz werden vornehmlich Aluminium-Stalium-Verbundleitungen eingesetzt, die sich durch ihre thermische Grenze und ihren ohmschen Widerstand sowie Blindwiderstand (Reaktanz) charakterisieren lassen (Spring, 2003). Die thermische Grenze beschreibt bei kontinuierlichem Betrieb den elektrischen Strom, bei dem die Temperatur der Leiterbahnen zu keinem unzulässigen Durchhängen der Leitungen oder zu zu hohen Leitungsverlusten führt. Bei vergleichweise kurzen[8] Freilandleitungen, wie sie im deutschen Übertragungsnetz vorliegen, kann die kapazitive Reaktanz vernachlässigt werden. Für die Berechnung der dann verbleibenden Reihenimpedanz $\underline{Z} = R'l + jX'l$ wird der Wirkwiderstand R' und die induktive Reaktanz X' sowie die Leiterlänge l für die Abbildung des Übertragungsnetzes in *PERSEUS-EMO-NET* benötigt (s. Tab. 7.1). Sowohl

---

[8]Kurz bedeutet in diesem Zusammenhang bis zu einer Länge von 100 km zwischen zwei Netzknoten (Eßer-Frey, 2012).

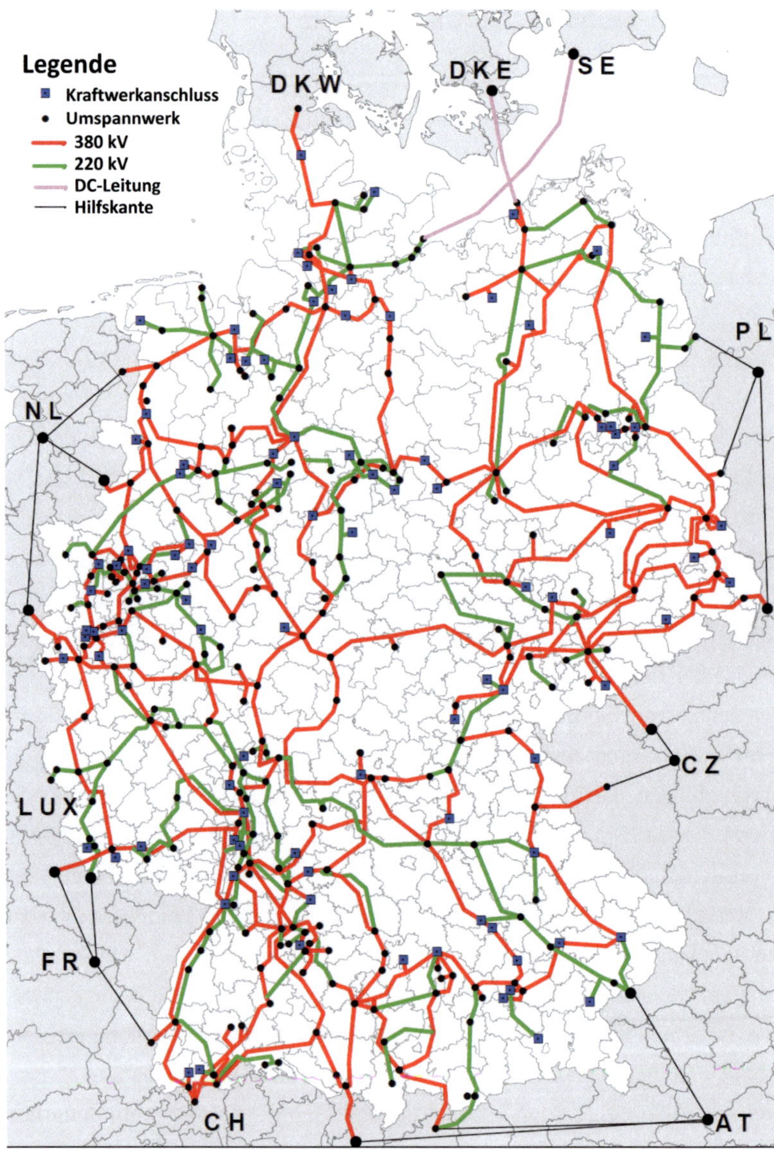

Abbildung 7.6.: Struktur des deutschen Übertragungsnetzes in *PERSEUS-EMO-NET* (Eßer-Frey, 2012)

beim Wirkwiderstand als auch beim induktiven Blindwiderstand wird in dieser Arbeit davon ausgegangen, dass parallele Leiterbahnen durch die Widerstände der einzelnen Leitung beschrieben werden können. Im Fall des induktiven Blindwiderstands stellt dies eine Näherung dar, weil dieser bei parallelen Leiterbahnen einen leicht höheren Wert als bei einer Einzelleiterbahn aufweist. Weil für diese geringfügige Widerstandsanhebung bei parallel verlaufenden Leitern keine Daten verfügbar sind, ist diese Näherung vor dem Hintergrund der Zielsetzung dieser Arbeit vertretbar. (vgl. Eßer-Frey, 2012; Spring, 2003)

Tabelle 7.1.: Charakterisierung der Leiterbahnen des deutschen Übertragungsnetzes (vgl. Eßer-Frey, 2012; Spring, 2003)

Spannungsebene	220 kV	380 kV
Thermische Grenze	490 MVA	1700 MVA
Wirkwiderstand [Ω/km]	0,062	0,031
Induktiver Blindwiderstand [Ω/km]	0,32	0,26

7.5. Konventionelle Elektrizitätserzeugung

In diesem Abschnitt werden von der Brennstoffversorgung bis hin zu den ökonomischen und operativen Eigenschaften der Umwandlungsanlagen die berücksichtigten Parameter und die verwendete Datenbasis der konventionellen Elektrizitätserzeugung beschrieben.

7.5.1. Brennstoffpreise und Transportkosten

Die Entwicklung der Brennstoffpreise ist insbesondere für langfristige Zeiträume mit Unsicherheiten verbunden. Prognosen für die Weltmarktentwicklung und damit verbundene Preistrends werden vielfältig und regelmäßig veröffentlicht (Rosen, 2007) und enthalten heterogene Entwicklungsvorhersagen mit einer großen Bandbreite (Eßer-Frey, 2012). Im Folgenden wird zunächst auf die im Modell berücksichtigten Transportkosten und die verwendeten Preistrends für die international gehandelten Energieträger, Rohöl, Erdgas und Steinkohle eingegangen. Dies wird durch die zugrunde gelegte Datenbasis für den lokal gehandelten Energieträger Braunkohle sowie den Sonderfall von Uran ergänzt. Weil den Brennstoffkreislaufkosten für Uran in verschiedenen Studien kaum Bedeutung beigemessen wird, werden die relevanten Zusammenhänge für Uran und die für diese Arbeit genutzte Datenbasis im Vergleich zu den anderen Brennstoff- und Transportkosten ausführlicher beschrieben und hergeleitet.

Transportkosten

Die Transportkosten[9] der Energieträger bis zum Kraftwerk werden entfernungsspezifisch berücksichtigt. Die Höhe der Kosten wird je Land differenziert betrachtet. Diese Betrachtung orientieren sich an den typischen Transportwegen für den jeweiliegen Energieträger. Dabei variieren die Werte im Modell für Erdgas zwischen 0 ct/kWh$_{therm}$ (z.B. in den Niederlanden) und 0,3 ct/kWh$_{therm}$ (z.B. in Italien) und für Steinkohle zwischen 0 ct/kWh$_{therm}$ (z.B. Polen) und 0,2 ct/kWh$_{therm}$ (z.B. Österreich) (Rosen, 2007).

Brennstoffpreise für Rohöl, Steinkohle und Erdgas

In dieser Arbeit werden für Rohöl, Erdgas und am Weltmarkt gehandelte Steinkohle die zwei Preistrends in Tabelle 7.2 verwendet. Diese Entwicklungen wurden gewählt, weil die in IEA (2010) getroffenen Rahmenannahmen (z.B. Entwicklung der Elektrizitätsnachfrage, Verfügbarkeit von Kraftwerkstechnologien) mit denen dieser Arbeit gut übereinstimmen. Die beiden Varianten werden in Kapitel 8.1 den betrachteten Szenarien zugeordnet.

Der Trend des *Current policies scenario* beschreibt eine stärker ansteigende Preisentwicklung infolge eines anhaltenden Nachfrageanstiegs nach fossi-

---

[9]Abschätzungen dieser Kostenkomponenten sind Enzensberger (2003) entnommen und auf das hier verwendete Basisjahr angepasst.

Tabelle 7.2.: Weltmarktpreistrends für fossile Energieträger (vgl. IEA, 2010)

Weltmarktpreis [ct_{2007}/kWh_{therm}]	2007	2010	2015	2020	2025	2030
Current policies scenario						
Rohöl	3,19	2,82	4,01	4,69	5,12	5,54
Erdgas	1,75	1,84	2,47	2,79	2,98	3,21
Steinkohle	0,46	0,57	0,57	0,62	0,64	0,65
New policies scenario						
Rohöl	3,19	2,79	3,86	4,22	4,48	4,69
Erdgas	1,75	1,83	2,45	2,68	2,84	2,98
Steinkohle	0,46	0,57	0,57	0,59	0,61	0,61

len Energieträgern, weil u.a. geringe politische Bemühungen zur Nachfragereduzierung angenommen werden. Daneben treiben insbesondere die Entwicklungen der Schwellenländern, allen voran China und Indien, die globale Nachfrage nach Energieträgern. Dieser deutliche Nachfrageanstieg führt dazu, dass vermehrt aufwendiger zu erschließende fossile Energieträgervorkommen genutzt werden müssen. Dies führt zu einem vergleichsweise stärkerem Anstieg der Brennstoffkosten. Gleichzeitig wird in diesem Trend infolge der geringeren politischen Unterstützung von einem im Vergleich zur Entwicklung im *New policies scenario* verhalteren Ausbau erneuerbarer Energien sowie von niedrigeren CO_2-Zertifikatspreisen ausgegangen.

Die zweite Entwicklung, *New policies scenario*, unterstellt eine vergleichsweise geringere Nachfrage nach fossilen Energieträgern, weil eine ambitioniertere Energiepolitik unterstellt wird. Diese angenommene Energiepolitik umfasst insbesondere die weitergehende Reduzierung von Treibhausgasen sowie die Abschaffung von Subventionen fossiler Energieträger. Ersteres soll mit politisch geförderten Energieeffizienzmaßnahmen sowie dem Ausbau von erneuerbaren Energien einhergehen. Zusammen mit ansteigenden Endkundenpreisen für Energieträger und hohen CO_2-Zertifikatspreisen wirkt sich dies dämpfend aus den weltweiten Nachfrageanstieg nach Energieträgern aus. Dennoch wird auch in diesem Szenario in der Entwicklung der Schwellenländer die treibende Größe für die globale Nachfrageentwicklung gesehen (IEA, 2010).

Brennstoffpreise für Braunkohle

Der Begriff Braunkohle wird in der Literatur unterschiedlich definiert und in abweichende Subkategorien unterteilt (s. Abb. 7.7). Zumeist wird unter Braunkohle eine nicht-klumpende Kohle verstanden, die einen unteren Heizwert von mindestens 6,7 MJ/kg und maximal 25 MJ/kg bezogen auf die aschefreie Masse aufweist. Darunter fallen im englischsprachigen Raum alle Formen von „lignite" und zumeist alle „sub-bituminous" Kohlen.[10] (BGR, 2009)

Der Transport von Braunkohle über größere Entfernungen ist in der Regel aufgrund der geringen Energiedichte nicht wirtschaftlich. Deswegen wird Braunkohle hauptsächlich[11] in lagerstättennahen Kraftwerken zur Strom- und Wärmeerzeugung eingesetzt und auf keinem herkömmlichen Markt gehandelt, sondern von den Kraftwerksbetreibern über langfristige Verträge direkt von den Grubenbetreibern bezogen. Entsprechend sind im liberalisierten Elektrizitätsmarkt Preisinformationen schwer zu bekommen. Die in dieser Arbeit verwendeten Brennstoffpreise für Braunkohle sind in Tabelle 7.3 aufgeführt. Für deren Ableitung wurden zunächst die Braunkohlepreise aus Enzensberger (2003) entnommen, der im Literaturvergleich eine kurzfristig eher konservative und langfristig optimistische Entwicklung unterstellt. Diese wurden durch die Reihe IEA/NEA (2005, 2010) sowie durch

---

[10]Dies ist für die Nutzung von englisch sprachigen Kraftwerksdatenbanken wie beispielsweise der World Electricity Power Plant Datenbank (Platts, 2009) für die Zuordnung einzelner Kraftwerksblöcke zur korrekten Kraftwerksklasse essentiell.

[11]Neben Rohbraunkohle zur Verfeuerung in Kraftwerken wird die geförderte Braunkohle auch in Veredelungsbetrieben u.a. zu Briketts, Staub, Wirbelschichtkohle und Koks weiterverarbeitet, deren Hauptabnehmer in Industrie, Haushalten und Kleinverbrauchern zu finden sind. Diese Produkte machen an der Gesamtförderung zwischen 1 und 11 % je nach Land aus. (Statistik der Kohlenwirtschaft e.V., 2012)

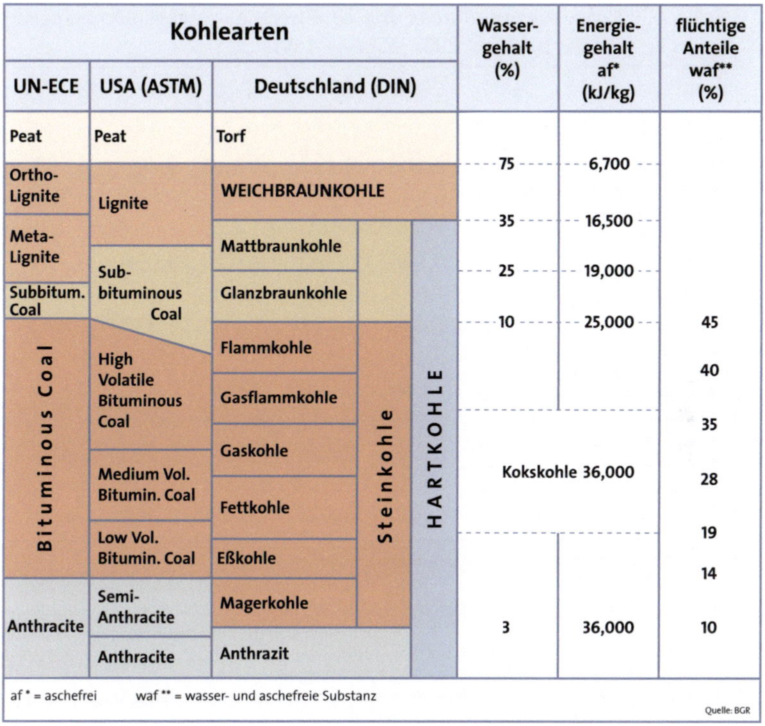

Kohlearten			Wasser-gehalt (%)	Energie-gehalt af* (kJ/kg)	flüchtige Anteile waf** (%)
UN-ECE	USA (ASTM)	Deutschland (DIN)			
Peat	Peat	Torf			
Ortho-Lignite	Lignite	WEICHBRAUNKOHLE	75	6,700	
Meta-Lignite	Sub-bituminous Coal	Mattbraunkohle	35	16,500	
Subbitum. Coal		Glanzbraunkohle	25	19,000	
Bituminous Coal	High Volatile Bituminous Coal	Flammkohle	10	25,000	45
		Gasflammkohle			40
		Gaskohle			35
	Medium Vol. Bitumin. Coal	Fettkohle		Kokskohle 36,000	28
	Low Vol. Bitumin. Coal	Eßkohle			19
					14
Anthracite	Semi-Anthracite	Magerkohle	3	36,000	10
	Anthracite	Anthrazit			

af* = aschefrei   waf** = wasser- und aschefreie Substanz

Quelle: BGR

Abbildung 7.7.: Kategorisierung von Kohlearten (BGR, 2003)

Jahresberichte der Minenbetreiber (vgl. Vetršek, 2007; Velenje, 2008) er-gänzt und angepasst. Ein Vergleich mit weiteren Studien[12] - vor allem für Deutschland - zeigt eine gute Übereinstimmung mit den dort angenomme-nen Preisen.

Brennstoffkreislaufkosten für Uran

Für Atomkraftwerke müssen die gesamten heute berücksichtigten Brenn-stoffkreislaufkosten als Primärenergiekosten angesetzt werden. Darunter

---

[12](vgl. IEA/NEA, 1998; Grobbel, 1999; EWI & Prognos, 2005; Hobohm et al., 2005; Schnei-der, 1998; Heinzow et al., 2005; Matthes, 2006; Wissel et al., 2008; Matthes et al., 2008)

189

Tabelle 7.3.: Reale Brennstoffpreise frei Kraftwerk für Braunkohle bezogen auf das Basisjahr 2007 in $[ct_{2007}/kWh_{therm}]$

Land	2005	2010	2015	2020	2025	2030
Bulgarien	0,471	0,455	0,455	0,455	0,455	0,455
Deutschland	0,448	0,383	0,422	0,460	0,499	0,537
Griechenland	0,581	0,581	0,581	0,581	0,581	0,581
Österreich[1]	1,470	-	-	-	-	-
Polen	0,396	0,396	0,396	0,396	0,396	0,396
Rumänien[2]	1,119	1,081	1,081	1,081	-	-
Slowakische Republik	1,550	1,409	1,405	1,400	1,538	1,676
Slowenien	0,908	0,869	0,830	0,830	0,830	0,830
Spanien	0,577	0,577	0,577	0,577	0,577	0,577
Tschechische Republik	0,528	0,482	0,496	0,509	0,530	0,551
Ungarn	0,699	0,699	0,699	0,699	0,699	0,699

[1] In Österreich wurde 2006 die Braunkohleförderung eingestellt.
[2] In Rumänien wird davon ausgegangen, dass die Braunkohleförderung aufgrund der vergleichsweise hohen Förderkosten nur bis 2020 erfolgt.

fallen die Kosten für das abgebaute Uran, für die Konversion und Anreicherung sowie für die eigentliche Brennstoffproduktion und Abfallbehandlung einschließlich Endlagerung. Die Förderkosten von Uran haben lediglich einen Anteil von ungefähr 25% an den Brennstoffkreislaufkosten (IEA, 2007). Für dieses Natururan, das an internationalen Märkten gehandelt wird und somit der dort geltenden Preisbildung unterliegt, konnte in den letzten Jahren ein realer Preisanstieg beobachtet werden (s. Tab. 7.4). Parallel bildete der Markt für Uran eine starke Volatilität aus, so dass erstmals in 2005 die gewichteten durchschnittlichen Preise für den kurzfristigen Bezug von Uran über denen für langfristige Bezugsverträge lagen. Dieser Trend hat sich fortgesetzt und in 2007 die aktuell größte Preisdifferenz erreicht. Ein Grund für diese Entwicklung am Uran-Spotmarkt wird in der Handelsaktivität von Rohstoffspekulanten gesehen. Für die Betrachtung von Atomkraftwerken hingegen sind vor allem die Mehrjahresverträge von Interesse, da über diese (unter vertraulichen Bedingungen) der größte Urananteil gehandelt wird. (IEA/NEA, 2010)

Tabelle 7.4.: Reale Rohstoffkosten für Natururan bezogen auf das Basisjahr 2007 in EUR_{2007}/kg_{Uran} (EURATOM, 2010)

Jahr	Mehrjahresverträge[1]	„Spot"-Verträge
1999	40,6	28,9
2000	42,8	26,3
2001	43,4	23,8
2002	37,7	28,3
2003	33,1	23,6
2004	31,4	27,8
2005	35,1	46,2
2006	39,3	54,9
2007	41,0	121,8
2008	46,2	115,5
2009	52,5	73,5

[1] Unter Mehrjahresverträgen werden Lieferverträge verstanden, die Lieferungen über mehr als 12 Monate umfassen.

Ein großer Teil des Uranbedarfs wird derzeit noch über Lagerbestände gedeckt, die beispielsweise aus der Abrüstung von Atomwaffen stammen. Die Verwendung von diesem als Sekundärbezug (secondary supplies) bezeichneten Uran wirkt preisdämpfend und damit hemmend auf Investitionen zur Exploration weiterer Vorkommen. Allerdings wird diese Bezugsquelle für Uran in den nächsten Jahren erschöpft sein, so dass zusammen mit dem Interesse verschiedener Länder vermehrt Atomkraftwerke zu errichten der Uranpreis und damit die Förderaktivitäten steigen werden. (IEA/NEA, 2010)

Dieser Trend lässt sich auch darin wiederfinden, dass im zweijährig erscheinenden „Uranium: Resources, Production and Demand" (NEA, 2010) im Vergleich zu früheren Ausgaben weniger Vorkommen in dem Kostenbereich unter 80 US\$/kg$_{Uran}$ gelistet werden. Ebenso gehen laut IEA/NEA (2005) die Atomkraftwerksbetreiber erstmals[13] von konstanten Uranpreisen aus.[14]

In verschiedenen Arbeiten wird dem Einfluss der Uranpreise auf die Brennstoffkreislaufkosten kaum Bedeutung beigemessen und diese vereinfachend real konstant angenommen (Wissel et al., 2008; Hundt et al., 2009b; Enzensberger, 2003; Rosen, 2007), weil der Anteil der Primärenergiekosten an den Stromgestehungskosten von Atomkraftwerken relativ gering ist. Um in einem optimierenden Energiesystemmodell die Konkurrenz zu anderen Brennstoffen über den langfristigen Betrachtungshorizont nicht zu verzerren, wird in dieser Arbeit eine Entwicklung der Brennstoffkreislaufkosten von Uran abgeleitet. Dazu wird angenommen, dass die Kosten für Anreicherung, Produktion und Abfallbehandlung technisch bedingt real konstant bleiben, während die Preise für Natururan aufgrund der Marktentwicklung steigen.

Ausgehend von IEA/NEA (2010) werden die Brennstoffkreislaufkosten für 2008 mit 0,62 ct$_{2007}$/kWh gewählt. Die darin enthaltenen Kosten für Natururan entsprechen 0,155 ct$_{2007}$/kWh, was 25% der Gesamtkosten entspricht. Die Kosten für Uran in 2008 betragen 46,168 EUR$_{2007}$/kg$_{Uran}$ laut EURATOM (2010). Gemäß NEA (2008) wird das Uranvorkommen, welches bis Kosten von $\leq$ 80 US\$$_{2005}$/kg$_{Uran}$ förderbar ist, je nach Nachfrageentwicklung bis 2017 bzw. 2022 ausgeschöpft sein. Das Vorkommen der nächsten Kostenschwelle von $\leq$ 130 US\$$_{2009}$/kg$_{Uran}$ wird je nach Szenario zu 40% bzw 50% bis 2035 genutzt (NEA, 2010). Dies entspricht einer Reichweite bis ungefähr 2075 bzw. 2050. Zwischen diesen Zeitpunkten werden die Kosten für Natururan linear approximiert. Damit ergibt sich die in Tabelle 7.5 aufgeführte Entwicklung der Brennstoffkreislaufkosten für Uran, wie sie im Modell verwendet wird.

---

[13]im Vergleich zu früheren Ausgaben dieser Reihe (IEA/NEA, 1998, 1989)

[14]Eine Ausnahme bilden hier die finnischen Atomkraftwerksbetreiber, die von einer Steigung von 1% pro Jahr ausgehen, was durch landesspezifische Vorschriften bedingt wird.

Tabelle 7.5.: Angenommene Entwicklung für die realen Brennstoffkreislaufkosten von Uran (eigene Berechnung, gerundet)

Jahr	2007	2010	2015	2020	2025	2030
Brennstoffkreislauf-kosten von Uran [EUR_{2007}/kg_{Uran}]	0,61	0,63	0,66	0,69	0,71	0,73

7.5.2. Technologiedaten

Die Kraftwerksblöcke des realen Energieversorgungssystems sind in *PERSEUS-EMO* Technologieklassen zugeordnet. Diese Klassen werden anhand des Standorts des Kraftwerkes[15], dem verwendeten Brennstoff, der genutzten Umwandlungstechnologie und der typischen Blöckgröße gebildet. Dies dient dazu die Modellgröße und damit die Rechenzeit auf akzeptable Größenordnungen zu beschränken. So sind in *PERSEUS-EMO-EU* insgesamt ca. 2.800 Anlagenklassen und in *PERSEUS-EMO-NET* ca. 6.500 hinterlegt. Jede dieser Technologieklassen wird mittels einer Reihe technischer, ökonomischer und ökologischer Parameter und Restriktionen charakterisiert (s. Abb. 7.8 und vgl. Kap. 6.2.3).

Der in den Modellen hinterlegte Bestand der Kraftwerkskapazitäten, die in dieser Arbeit im Vergleich zu früheren Arbeiten mit *PERSEUS* neben den öffentliche Kraftwerke auch Kraftwerke zur Eigenversorgung umfassen, wurde primär aus Platts (2009) abgeleitet und durch nationale und europäische Statistiken kontrolliert und ergänzt[16]. Durch die berücksichtigte Altersstruktur und die technische Lebensdauer jeder Anlagenklasse wurde die Sterbekurve des bestehenden Kraftwerkspark ermittelt, die bei-

---

[15]In *PERSEUS-EMO-EU* wird zwischen den europäischen Ländern differenziert (Rosen, 2007), während in *PERSEUS-EMO-NET* die Kraftwerksblöcke in Deutschland je Netzknoten betrachtet werden (Eßer-Frey, 2012).

[16]Die Datenbank von Platts (2009) enthält für Europa knapp 43.000 einzelne Kraftwerksblöcke mit teilweise unvollständigen oder veralteten Daten. Diese Datenlücken wurden für diese Arbeit mit Hilfe einer umfassenden Datenrecherche gefüllt und die Kraftwerksblöcke einzeln den Technologieklassen zugeordnet. Dies ist insbesondere bei Kraftwerksblöcken mit mehreren Brennstoffoptionen komplex und aufwendig.

		Technische Daten	Ökonomische Daten		Ökologische Daten
			Parameter	Vorgabe	
Anlage		Installierte Leistung	Investitionen	Beschränkung des freien Zu-/Rückbaus	
		Anlagenverfügbarkeit	Fixe Ausgaben		
		Techn. Nutzungsdauer (ND)	Wirtschaftl. ND	gesetzter Zubau	
Prozess	Input 1	Jeweiliger Anteil am Gesamtinput	Variable Brennstoff-nebenkosten	Beschränkung der Betriebsweise auf Grundlastbetrieb	Emissionsfaktoren (spezifische CO_2-Emissionen)
	Input 2				
	Input 3				
	Output 1	Jeweiliger Anteil am Gesamtoutput	Laständerungs-kosten	Gesetzte Anteile einer Betriebsweise am Gesamtoutput	
	Output 2				
	Output 3				
		Wirkungsgrad		Volllaststunden	

Abbildung 7.8.: Techno-ökonomische Parameter und Vorgaben der Kraftwerksanlagen im Modell (Enzensberger, 2003)

spielhaft für den deutschen fossil-nuklearen Kraftwerkspark in Abbildung 7.9 dargestellt ist. Für den daraus resultierenden Bedarf an Kraftwerksneubauten sind in den Modellen Zubauoptionen hinterlegt (s. Abb. 7.10). Die darin und im Bestand verwendeten Kraftwerksparameter sind der IIP-Technologiedatenbank entnommen, die z.B. anhand von IEA/NEA (1989, 1998, 2005, 2010) und zahlreicher Fachpublikationen sowie Expertengesprächen kontinuierlich erweitert und für diese Arbeit grundlegend aktualisiert wurde.

Die in Abbildung 7.10 aufgeführten Zubauoptionen stehen in *PERSEUS-EMO-EU* nicht in jedem Land zur Verfügung. So ist der Zubau von Kernkraftwerke auf Finnland, Frankreich, Niederlande, Polen, Schweden (nur Ersatz), Slowakische Republik, Tschechische Republik, Ungarn und das Vereinigte Königreich beschränkt. Ebenso wird der Zubau von Braunkohlekraftwerken im Modell nur in Ländern mit Braunkohleabbau[17] zugelassen. Für diese Modellregionen wurde zusätzlich der Bezug von Braunkohle auf die Reserven des jeweiligen Landes beschränkt (s. Tab. 7.6). Sind diese

---

[17]Dies sind Deutschland, Griechenland, Polen, Slowakische Republik, Slowenien, Spanien, Tschechische Republik und Ungarn.

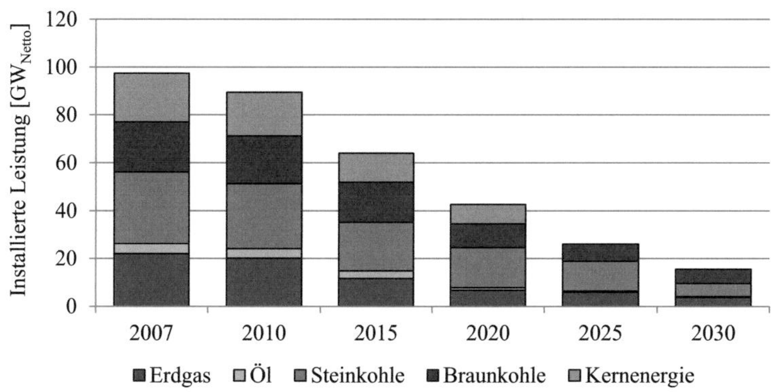

Abbildung 7.9.: Sterbekurve des deutschen fossil-nuklearen Kraftwerksparks (eigene Berechnungen u.a. auf Basis von Platts (2009))

länderspezifischen Reserven aufgebraucht, können Braunkohlekraftwerke in den betreffenden Ländern nicht mehr betrieben werden. Bei Bedarf kann die Änderung der jährlichen Förderung noch als Beschränkung aufgenommen werden. Dies sollte aber nur in Betracht gezogen werden, wenn der Braunkohlebezug zeitlich betrachtet zu heterogen ausfällt.

7.6. Elektrizitätserzeugung aus erneuerbaren Energien

Die Elektrizitätserzeugung aus erneuerbaren Energien gewinnt zunehmend an Bedeutung im europäischen Energiesystem (vgl. Kap. 2.1.2). Vor allem Windenergieanlagen und PV-Anlagen weisen eine stark volatile Einspeisecharakteristik auf. Entsprechend müssen neben den techno-ökonomischen Anlagenparametern auch Lastprofile für die Einspeisung von Elektrizität aus erneuerbaren Energieanlagen berücksichtigt werden.

Für die Abbildung erneuerbarer Energieanlagen in *PERSEUS-EMO* wurde auf die Daten des *REMix*-Modells (Scholz, 2010) zurückgegriffen. Die dort vorgenommene Ressourcenanalyse baut u.a. auf umfangreichen me-

Technologie	Jahr der Inbetriebnahme	Blöckgröße [MW$_{Netto}$]	Nettowirkungsgrad [%]	Spez. Investitionen [€/kW$_{Netto}$]	Fixe Betriebsausgaben [€/kW/a]	Variable Betriebsausgaben [ct/kWh$_{el}$]
Erdgas						
GuD-Kraftwerk (klein)	2015	300	57,5	900	20	0,3
	2020		58			
	2025		58,5			
	2030		59			
GuD-Kraftwerk (groß)	2015	800	61	700	14	0,3
	2020		63			
	2025		63			
	2030		65			
Gasturbinen (Spitzenlast)	2015	250	37	350	6	0,15
	2020		37,5			
	2025		38			
	2030		39			
Steinkohle						
Staubfeuerung, überkritischer Dampferzeuger	2015	700	48	1400	20	0,3
	2020		50			
	2025		51			
	2030		51			
Kombi-Prozess mit integrierter Vergasung (IGCC)	2015	650	55	2240	95	0,15
	2020		57	2000		
	2025		60	1715		
	2030		61			
Kombi-Prozess mit integrierter Vergasung (IGCC) mit CCS	2020	275	50	2417	124	1,06
	2025		52,5	2132		
	2030		53,5	2115		
Braunkohle						
Staubfeuerung, überkritischer Dampferzeuger	2015	900	46	1700	20	0,4
	2020		47,5			
	2025		49			
	2030		51,5			
Kombi-Prozess mit integrierter Vergasung (IGCC)	2015	650	49	2548	102	0,2
	2020		50,5	2450		
	2025		52,3	2352		
	2030		53			
Kombi-Prozess mit integrierter Vergasung (IGCC) mit CCS	2020	350	44,5	2866	136	0,8
	2025		46	2752		
	2030		46,5			
Kernkraft						
Druckwasserreaktor (EPR)	2020	1700	36,5	2600	55	0,05
	2025		37			
	2030		37,5			

Abbildung 7.10.: Zubauoptionen der konventionellen Elektrizitätserzeugung (IIP-Technologiedatenbank)

Tabelle 7.6.: Länderspezifische Braunkohlereserven im Basisjahr 2007 (eigene Berechnungen basierend auf BGR (2009); Ballisoy und Schiffer (2001))

Land	Braunkohlereserven [PJ]
Bulgarien	13.961
Deutschland	371.606
Griechenland	14.833
Polen	31.487
Rumänien	2.995
Slowakische Republik	966
Slowenien	3.192
Spanien	2.479
Tschechische Republik	2.535
Ungarn	23.059

terologischen Daten auf und die Parameter der erneuerbaren Energietechnologien werden mittels Lernkurven in die Zukunft projiziert. Für jedes in *PERSEUS-EMO-EU* betrachtete Land liegen hieraus regionalspezifische Daten vor. Insgesamt werden neun Technologien berücksichtigt: Solarenergie (PV und CSP[18]), Wind (onshore und offshore), Geothermie, Wasserkraft (Lauf- und Speicherwasserkraft), Biomasse und Biogas. Jede dieser Technologien wird durch ihre Kosten-Potenzial-Kurven[19], Lastprofile, installierte Kapazität und Volllaststunden länderspezifisch charakterisiert. Zusätzlich ist für diese Werte eine Entwicklung bis 2030 hinterlegt. Das maximale Potenzial dieser Technologien je Land für das Jahr 2010 ist in Abildung 7.11 dargestellt.

Für die Verwendung in *PERSEUS-EMO-EU* wurden die Kosten-Potenzial-Kurven der erneuerbaren Energien je Region und Technologie zu Kosten-

---

[18]Concentrating Solar Power

[19]Diese Kurven beschreiben, wie viel Leistung zu welchen Elektrizitätserzeugungskosten je Land verfügbar ist und ihre maximale Leistung beschreibt das technisch-realisierbare Potenzial einer erneuerbaren Energietechnologie in einem Land.

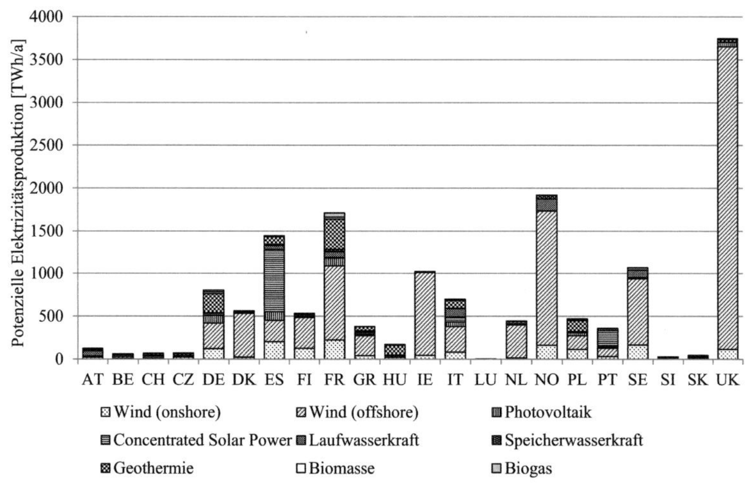

Abbildung 7.11.: Elektrizitätserzeugungspotenzial erneuerbarer Technologien in Europa (basierend auf Daten aus Scholz (2010))

Potenzial-Stufen aggregiert[20] (s. als Beispiel Abb. 7.12), um jede Stufe im linearen Optimierproblem mit einem eigenen Prozess abbilden zu können. Diese Aggregation dient vornehmlich dazu, die Modellgröße in handhabbaren Größenordnungen zu halten. Auf diese Weise wurden ca. 1600 Prozesse mit erneuerbarem Energieträger in *PERSEUS-EMO-EU* integriert.

Um das Lastprofil der Elektrizitätseinspeisung erneuerbarer Energien weitestgehend berücksichtigen zu können, wurde eine spezifische Verfügbarkeit je Zeitscheibe für jeden Prozess für diese Arbeit integriert, die aus den

---

[20]Hierzu wurde eine Matlab-Routine programmiert, die sowohl eine Umrechnung der Zinssätze als auch die Festlegung der Stufenzahl flexibel ermöglicht.

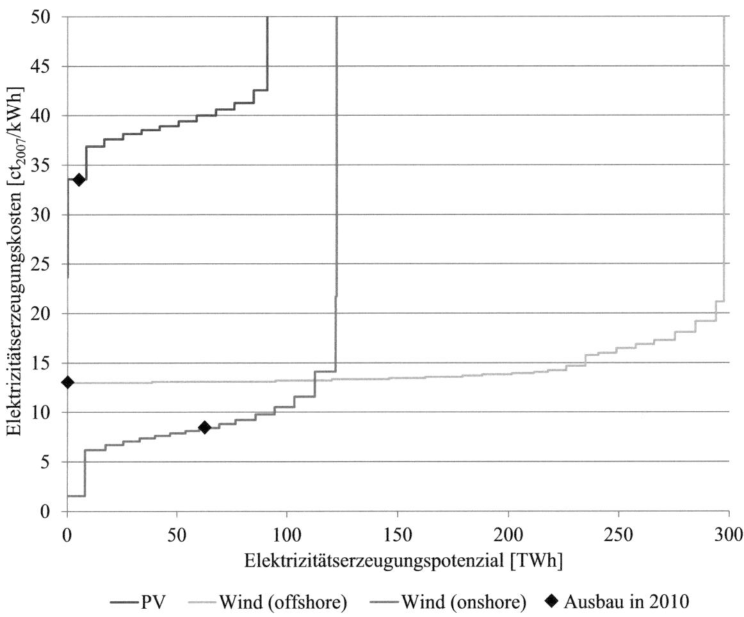

Abbildung 7.12.: Beispielhafte Kostenpotenzialkurven für Deutschland in 2010 (eigene Berechnungen basierend auf Daten aus Scholz (2010))

stündlichen Lastprofilen aus Scholz (2010) abgeleitet wurde[21]. Weil diese Einspeisekurven Einschränkungen bei der Einspeisung erneuerbarer Energien z.B. das Abregeln von Windkraftanlagen bei zu hohen Windgeschwindigkeiten nicht enthalten, wurden je Land 126 Prozesse je erneuerbarem Energieträger zur Aufnahme von überschüssiger Elektrizität aus erneuerbaren Energieanlagen eingeführt.

---

[21]Dies stellt eine Vereinfachung der realen Einspeisung dar, weil stochastische Einflüsse nicht berücksichtigt werden. Die Integration einer stochastischen Betrachtungsweise würde allerdings bei den hier vorliegenden Energiesystemmodellen zu inakzeptablen Rechenzeiten führen. Allerdings ist diese Näherung für die jährliche Energiebilanz vertretbar. Für den Kraftwerkszubau sind deswegen zusätzliche Gleichungen für den aus der Volatilität erneuerbarer Energien resultierenden Reservebedarf in den Modellen hinterlegt (vgl. Kap. 6.2.3.4). Dieser Reservebedarf orientiert sich u.a. an den Reserveangaben in ENTSO-E (2011) und dem Vorgehen gemäß Rosen (2007).

Als exogen vorgegebene Ausbauziele für erneuerbare Energien werden die im Anhang in Tabelle A.22 aufgeführten Werte verwendet, die aus den politischen Rahmenbedingungen[22] abgeleitet wurden (vgl. Kap. 2.1.2). In *PERSEUS-EMO-NET* ist die Technologiewahl unter den erneuerbaren Energien aufgrund der Modellgröße nicht Bestandteil der Optimierung, deswegen wird dort der endogen ermittelte Technologiemix aus dem europäischen Energiesystemmodell vorgegeben. Die aufwendige und detaillierte regionale Verteilung der erneuerbaren Energieanlagen in Deutschland wird aus Eßer-Frey (2012) übernommen. Diese orientiert sich an den lokalen Potenzialen für erneuerbare Energien und den bereits installierten Anlagen. Gemäß dieser Aufschlüsselung werden die Kapazitäten erneuerbarer Energieanlagen von *PERSEUS-EMO-EU* auf die Regionen in Deutschland verteilt.

7.7. Elektrizitätsnachfrage und Lastkurve

Der Elektrizität- und Wärmebedarf der im Modell abgebildeten Regionen ist der Treiber der Energiesystemmodelle. Je Land ist die in Tabelle 7.7 aufgeführte Entwicklung der länderspezifischen Elektrizitätsnachfrage ohne Elektromobilität hinterlegt. Diese steigt bis 2030 in den betrachteten europäischen Ländern um insgesamt 23,1% bzw. um 0,86% jährlich. Dabei ist der Anstieg in den Ländern unterschiedlich ausgeprägt. Während in Finnland und Deutschland die Elektrizitätsnachfrage ohne Elektromobilität bis 2030 bezogen auf 2007 um 10,8% steigt[23], erreicht z.B. die Slowaki-

---

[22]Hierbei wurden insbesondere die „Nationale Aktionspläne Erneuerbare Energien" (Europäische Kommission, 2010) genutzt, weil sie für alle Länder weitestgehend einheitlich vorliegen.

[23]Im Gegensatz zu dieser Steigung verfolgt die deutsche Bundesregierung in ihrem Energiekonzept eine Reduktion des Stromverbrauchs bis 2050 um 25% (BMWi & BMU, 2010). Um auf europäischer Ebene in sich konsistente Annahmen nutzen zu können, wurde hier die einheitliche europäische Studie „EU energy trends to 2030" (Capros et al., 2010) verwendet. Dies ist auch vor den Hintergrund zu sehen, dass bei einem steigenden Anteil erneuerbarer Energien in der Elektrizitätsversorgung, eine Reduzierung der Stromnachfrage im Vergleich zu den übergeordneten Zielen des Energiekonzeptes, wie z.B. die Reduktion der CO_2-Emissionen, an Bedeutung verliert.

sche Republik einen Anstieg von knapp 50%. Für die Regionalisierung der Elektrizitätsnachfrage in Deutschland für *PERSEUS-EMO-NET* wird die räumliche Verteilung aus Eßer-Frey (2012) genutzt und auf das hier verwendete Nachfrageniveau von Gesamtdeutschland angepasst.

Die Lastkurven der Elektrizitätsnachfrage sind aus den stündlichen Lastdaten je Land von 2007 bis 2011 aus ENTSO-E (2007-2011) abgeleitet und auf die zeitliche Auflösung der verwendeten Modelle skaliert (vgl. Kap. 7.2). Dazu mussten insbesondere länderspezifische Feiertage und mögliche Brückentage identifiziert werden, weil deren Lastprofile eher der typischen Lastkurve eines Wochenendtages ähneln als der eines Werktages. Diese Lastkurven bilden in *PERSEUS-EMO* die Grundlage für die zeitliche Struktur der Kraftwerkseinsatzplanung.

7.8. CO_2-Emissionsrechte und Zertifikatehandel

Im Rahmen des EU-ETS wird u.a. die Menge an CO_2-Emissionszertifikaten festgelegt, die innerhalb der beteiligten Länder ausgegeben wird. Diese Menge wurde in den beiden ersten Handelsperioden (2005-2007 und 2008-2012) durch die länderspezifischen Nationalen Allokations Pläne (NAP) (NAP-I, 2004; NAP-II, 2006) bestimmt. Ebenso regelten die NAPs die Allokation der Zertifikate. Die Allokationen weisen je Land bezüglich der betroffenen Sektoren und Zuteilungsregeln Unterschiede auf, so dass eine Zuordnung von Emissionszertifikaten zu den in *PERSEUS-EMO* einheitlich strukturierten Sektoren erschwert wird. Hinzu kommt, dass in manchen NAPs nachträgliche Anpassungen vorgenommen wurden. Deswegen müssen bei der Zuteilung der Zertifikate im Modell Verallgemeinerungen vorgenommen werden, die zu den in Tabelle 7.8 aufgeführten CO_2-Emissionsrechte je Land führen. Dazu wurden die CO_2-Emissionen der *PERSEUS-EMO*-Sektoren aus der Zeit vor dem EU-ETS auf die CO_2-Emissionen der öffentlichen Elektrizitäts- und Wärmeerzeugung aus UNFCCC (2012) bezogen. Für die Jahre während des EU-ETS, zu denen

Tabelle 7.7.: Länderspezifische Entwicklung der Elektrizitätsnachfrage exklusive Elektromobilität bis 2030 in [TWh/a] (Capros et al., 2010; Eurostat, 2012f)

Land	2007	2010	2015	2020	2025	2030
Belgien	82,9	83,3	87,5	94,3	99,0	101,2
Dänemark	33,5	32,1	35,4	36,6	38,2	39,4
Deutschland	527,4	528,9	551,0	567,4	576,6	584,4
Finnland	86,1	83,5	90,9	93,2	95,7	95,4
Frankreich	426,0	444,1	464,1	493,7	521,5	545,7
Griechenland	55,2	53,1	61,3	66,9	71,8	76,2
Irland	25,9	25,2	28,1	30,8	33,3	35,2
Italien	309,3	299,3	324,3	355,5	379,1	399,0
Luxemburg	6,7	6,6	7,6	8,1	8,4	8,7
Niederlande	108,4	106,9	114,3	119,8	124,9	128,8
Norwegen	110,6	114,7	135,5	139,6	141,7	143,8
Österreich	62,0	61,3	61,4	65,6	68,6	71,0
Polen	114,5	118,5	125,9	136,8	147,4	159,3
Portugal	49,0	49,9	49,9	54,2	58,7	63,4
Schweden	131,1	131,2	137,9	142,4	148,1	148,8
Schweiz	57,4	59,8	60,9	62,4	63,6	64,6
Slowakische Republik	24,6	24,1	29,2	32,6	35,4	36,7
Slowenien	13,3	12,0	14,7	16,1	16,8	16,8
Spanien	262,2	260,6	278,8	308,9	338,3	361,5
Tschechische Republik	57,3	57,2	64,1	69,6	74,2	77,4
Ungarn	33,8	34,2	36,0	38,6	41,4	43,6
Vereinigtes Königreich	342,7	328,3	357,6	372,1	384,4	394,3

CO_2-Emissionen der Verbrennungsanlagen gemäß Europäische Kommission (2013) vorliegen, wurde das Verhältnis zu den Emissionen aus UNFCCC (2012) und *PERSEUS-EMO* ermittelt und daraus die für die *PERSEUS-EMO*-Sektoren angepassten CO_2-Emissionsrechte abgeleitet.

Tabelle 7.8.: CO_2-Emissionsrechte für die Elektrizitätserzeugung in [kt CO_2/a] (eigene Berechnungen basierend auf NAP-I (2004); NAP-II (2006); UNFCCC (2012); Europäische Kommission (2013))

Land	2005-2007	2008-2012	2020	2030
Belgien	22.588	20.188	17.767	14.254
Dänemark	21.246	16.157	13.837	11.026
Deutschland	308.923	227.522	196.460	156.871
Finnland	19.282	14.465	12.804	10.287
Frankreich	66.448	51.552	45.007	36.037
Griechenland	56.298	47.958	39.912	31.567
Irland	13.555	14.998	13.639	11.029
Italien	115.353	108.450	84.767	65.897
Luxemburg	28	23	19	16
Niederlande	48.701	45.966	42.086	34.088
Norwegen	-	3.777	3.225	2.638
Österreich	12.318	11.978	10.969	8.885
Polen	163.186	142.046	123.595	98.879
Portugal	24.965	19.730	17.589	14.156
Schweden	7.752	5.700	5.469	4.478
Schweiz	-	-	1.931	1.576
Slowakische Republik	8.495	7.782	7.215	5.861
Slowenien	8.403	7.976	6.861	5.473
Spanien	104.910	80.642	67.991	53.959
Tschechische Republik	74.711	68.695	59.102	47.150
Ungarn	19.671	15.342	12.768	10.098
Vereinigtes Königreich	124.541	115.719	103.873	83.738
Summe	1.248.627	1.028.302	886.888	707.963

Auch wenn ab 2013 ein europaweit einheitliches Emissionsreduktionsziel im EU-ETS Gültigkeit besitzt, wurde hier zunächst an der länderweisen Zuteilung festgehalten, um weiterhin Transaktionskosten in der Zielfunktion berücksichtigten zu können (vgl. Kap. 6.2.3.6), weil es bei Vernachlässigung dieser zu einer Ergebnisverzerrung kommen könnte. Dies stellt insofern eine zulässige Abbildung des europaweiten Emissionsreduktionsziels dar, weil im Modell keine Handelsbeschränkungen hinterlegt sind und sich so europaweit ein Gleichgewicht in den Grenzvermeidungskosten für CO_2-Emissionen einstellen kann.

Zum Zeitpunkt der Analyseberechnungen für diese Arbeit lagen noch keine konkreten Informationen für die späteren Jahre (ab 2025) der vierten Handelsperiode (2021-2030) vor (vgl. Kap. 2.1.3). Deswegen wird für den Zeitraum von 2025 bis 2030 die jährliche Reduktion von 2021 bis 2025 (1,74%/a) fortgeschrieben, die ebenfalls für die dritte Handelsperiode Gültigkeit besitzt. Die je Land und Handelsperiode zugeteilten Emissionsrechte sind in Tabelle 7.8 zusammengestellt. Darin ist ersichtlich, dass Norwegen erst seit der 2. Handelsperiode am EU-ETS teilnimmt und für die Schweiz aufgrund der aktuell stattfindenden Teilnahmeverhandlungen (vgl. Kap. 2.1.3) eine Integration ab 2020 angenommen ist. Bei Überschreiten der verfügbaren Emissionszertifikate fallen Strafzahlungen an, die ebenfalls im Modell berücksichtigt werden (Rosen, 2007). Diese betragen für die erste Handelsperiode (2005-2007) 40 €/t CO_2 und in den folgenden Handelsperioden 100 €/t CO_2 (vgl. Kap. 2.1.3).

Während *banking*, wie in Kapitel 6.2.3.6 beschrieben, durch separate Gleichungen im Modell berücksichtigt ist, wird der umgekehrte Prozess *borrowing*, bei dem Zertifikate späterer Jahre bereits heute genutzt werden, nicht explizit abgebildet. *Borrowing* ist zwar aufgrund der zeitlichen Überschneidung der jährlichen Zertifikatsausgabe und -einreichung prinzipiell zumindest über zwei Jahre möglich (vgl. Kap. 2.1.3). Weil in *PERSEUS-EMO* charakteristische Jahre abgebildet werden, die jeweils drei- bzw. fünfjährige Perioden umfassen, und somit der größte Teil des möglichen *borrowing* innerhalb der Perioden liegen würde, wird diese zeitliche Überschneidung nicht berücksichtigt.

Neben der zuvor beschriebenen Zertifikateallokation sind im Modell auch zusätzliche Emissionsrechte aus Flexiblen Maßnahmen (CDM- und JI-

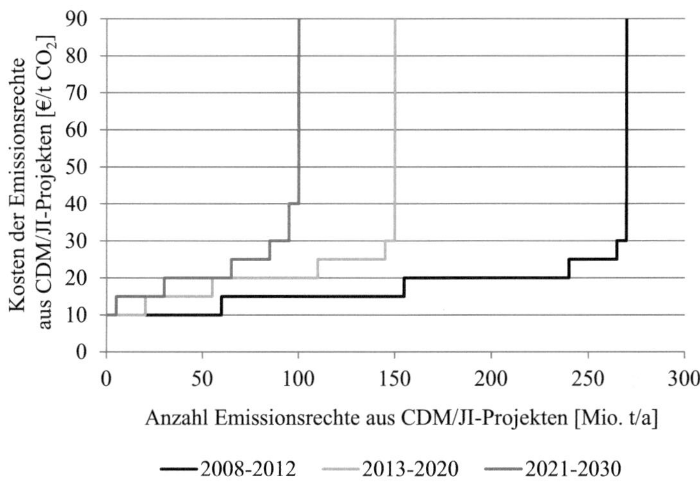

Abbildung 7.13.: Verfügbare Mengen und zugehörige Kosten von Emissionszertifikaten aus CDM- und JI-Projekten (The World Bank, 2013, 2011;
IEA, 2010; Wietschel et al., 2009)

Projekte) im Rahmen des Kyoto-Protokolls hinterlegt. Mit Emissionsrech-
ten aus diesen Maßnahmen kann ein nicht unwesentlicher Anteil des europäischen CO_2-Reduktionsziels abgedeckt werden[24]. Die Nutzung solcher Zertifikate hängt maßgeblich von den damit verbundenen Risiken,
den Kosten und ihrer Verfügbarkeit ab. Daneben wirkt sich seit 2008 ein
Nachfragerückgang und ein niedriger CO_2-Zertifikatspreis u.a. infolge der
Wirtschaftskrise auf den Markt für Emissionszertifikate aus Flexiblen Maßnahmen aus. So reduzierte sich das Volumen der CER-Transaktionen[25] von
ca. 650 Mio.t in 2007 auf knapp 100 Mio.t in 2011 und summierte sich
für die erfassten Jahre der 2. Handelsperiode des EU-ETS (2008 bis 2011)

---

[24]Für Deutschland liegt dieser Anteil maximal bei ca. 60% des deutschen CO_2-
Reduktionsziels (Matthes, 2008).

[25]Das Handelsvolumen für ERU aus JI-Projekten fällt im Vergleich wesentlich geringer aus.
Dieses belief sich in 2011 auf ca. 28 Mio.t (The World Bank, 2013).

auf etwas unter 850 Mio.t (The World Bank, 2013). Bei diesen Handelsvolumina ist zu berücksichtigten, dass die europäischen Länder nicht die einzigen Käufer für CER darstellen. Der Anteil der europäischen Länder am Handelsvolumen zwischen 2008 und 2011 entsprach in etwa 750 Mio.t, die durchschnittlich für knapp 10 bis 15 €/t CO_2 gehandelt wurden (The World Bank, 2013, 2011). Dies entspricht in etwa den ersten beiden Stufen der Mengen-Kosten-Kurve für die Jahre 2008-2012 in Abbildung 7.13. Davon ausgehend wurden unter Berücksichtigung von The World Bank (2011), The World Bank (2013) und IEA (2010) die insgesamt verfügbaren Zertifikatsmengen und deren spezifische Kosten, die in *PERSEUS-EMO-EU* integriert sind, gemäß Wietschel et al. (2009) zugrunde gelegt (s. Abb. 7.13).

7.9. Zinssatz

Die Wahl eines Zinssatzes in der Energiesystemanalyse muss passend zur zugrundeliegenden Fragestellung gewählt werden. Bei den folgenden Ausführungen sind die geänderten Rahmenbedingungen am Kapitalmarkt z.B. durch die „Euro-Krise" nicht berücksichtigt, weil in dieser Arbeit ein langfristiger Zeithorizont betrachtet und von einer Stabilisierung der Märkte für diesen Betrachtungszeitraum ausgegangen wird.

Je nach Zielsetzung der Analyse werden unterschiedliche Verzinsungen gewählt. So wurden für Analysen für die Politikberatung meist 3-5%/a als durchschnittliche risikofreie Verzinsung am Kapitalmarkt gewählt. Während für sektorale Investitionsstrategien und bei Marktmodellen mit einem detaillierten Akteursverhalten meist von 8-12%/a Verzinsung ausgegangen wird. Dieser Zinssatz stellt eine adäquate Rendite für das zusätzliche Risiko in liberalisierten Märkten dar. (Rosen, 2007)

Darüber hinaus wird meist ein einheitlicher Zinssatz in der Energiesystemanalyse für alle berücksichtigten Kraftwerkstechnologien angenommen (Enzensberger, 2003). Dies ist z.B. im Hinblick auf die Entwicklung zur dezentralen Elektrizitätserzeugung (PV-Anlagen, etc.) und den damit verbundenen Anstieg der Zahl der Marktakteure mit unterschiedlichen Renditeerwartungen kritisch zu hinterfragen. Weil allerdings Daten zu technologiespezifische Verzinsungen nicht vorliegen, wird in dieser Arbeit von einem einheitlichen Zinssatz von 10%/a bis 2030 ausgegangen.

7.10. Resultierende Modellkomplexität

Die resultierende Modellgröße der beiden Energiesystemmodelle wird maßgeblich durch die Anzahl der betrachteten Optimierperioden bestimmt. In dieser Arbeit werden 6 Perioden berücksichtigt, um den Zeitraum von 2007 bis 2030 abzubilden. Auf diese Weise ergibt sich für *PERSEUS-EMO-EU* ein Modell mit über 1,5 Millionen Variablen und mehr als 1,5 Millionen Gleichungen sowie über 12 Millionen non-zero Elementen in der MPS-Matrix. *PERSEUS-EMO-NET* weist durch seine detaillierte regionale Auflösung von Deutschland mehr als 16 Millionen Variablen, über 7 Millionen Gleichungen und mehr als 43 Millionen non-zero Elemente auf. Beide Modelle werden auf einem PC mit vier CPU-Kernen mit je 3,2 GHz und 24 GB RAM Arbeitsspeicher berechnet. Je nach Szenarienannahmen reichen die Rechenzeiten der Modelle für einen Durchlauf (eine Doppeliteration s. Kap. 4.5) von 40 bis 170 Stunden, je nachdem wie zügig das jeweilige Szenario konvergiert. Dabei beansprucht *PERSEUS-EMO-EU* durchschnittlich 12 Stunden pro Modelllauf und *PERSEUS-EMO-NET* 24 bis 72 Stunden. Die Modellierung der EV-Marktpenetration weist wesentlich geringere Rechenzeiten (ca. 5 Minuten je Land) auf. Dadurch dass hierbei eine Vielzahl an Daten übergeben werden müssen, beläuft sich die Gesamtzeit je Modelllauf auf durchschnittlich 3 Stunden. Für die vollständige Berechnung und Analyse eines Szenarios wird durchschnittlich ein Monat benötigt. Aus diesem Grund sollten für dieses Modellkonzept weitere Steigerungen der Rechenzeit jedes der drei Modelle möglichst vermieden werden, weil sich dies durch die Iterationen mehrfach in der Gesamtrechenzeit niederschlägt.

7.11. Implementierung von *PERSEUS-EMO*

PERSEUS-EMO ist in der Programmiersprache GAMS (General Algebraic Modelling System) implementiert (Rosenthal, 2012). GAMS eignet sich insbesondere für umfangreiche und komplexe Modelle, weil es u.a. die Nutzung vielfältiger, aktueller Lösungsalgorithmen ermöglicht. Letzteres wird dadurch gewährleistet, dass Optimierprobleme in das standardisierte MPS-Format übersetzt werden, was von den meisten kommerziellen Lösern als Eingangsformat genutzt werden kann. Auf diese Weise können die für das jeweilige Optimierproblem performantesten Solver angewandt werden. Für diese Arbeit wurde der Solver CPLEX 12.0 verwendet (*cplex 12*, 2013). Dieser kommerziell verfügbare Solver basiert auf Varianten des Simplexalgorithmus und wird in dieser Arbeit zur Lösung des linearen Optimierproblems verwendet.

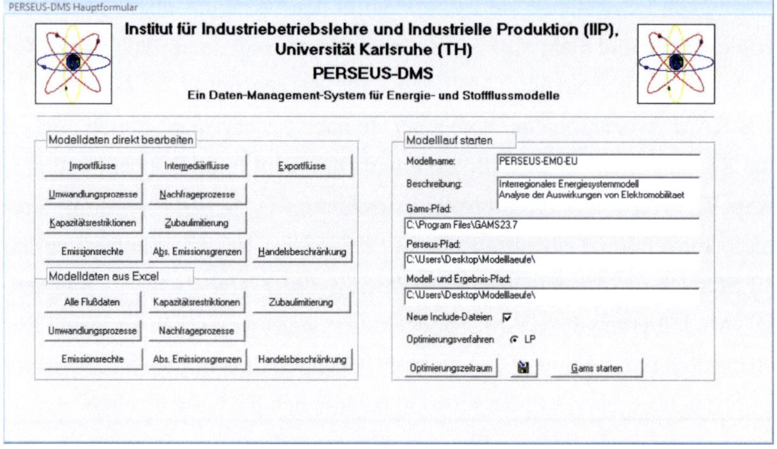

Abbildung 7.14.: *PERSEUS* Datenhaltungssystem (Hauptfenster)

Die Eingangsdaten für die Modelle werden in einer Microsoft Access Datenbank verwaltet (Göbelt et al., 2000). Für diese Datenbank existiert eine grafische Benutzeroberfläche (s. Abb. 7.14), die es ermöglicht alle Modellparameter strukturiert zu bearbeiten. Außerdem weist diese einen automatisierten Link zur mathematischen Formulierung des Optimierproblems in GAMS auf. Die Modellergebnisse werden in formatierten Textdateien ausgegeben und können je nach Bedarf in Microsoft Excel weiterverarbeitet werden.

Auf Basis der in diesem Kapitel dargelegten Datengrundlage wird die modellgestützte Analyse durchgeführt. Deren Ergebnisse werden im Folgenden vorgestellt und im Rahmen der Forschungsfrage eingeordnet.

8. Modellgestützte Analyse der langfristigen Auswirkungen von Elektromobilität auf das Energiesystem

In diesem Kapitel werden die Ergebnisse der Modellrechnungen dargestellt. Dazu werden zunächst die Szenarien für das Energiesystem beschrieben, die die Szenarien für die Elektromobilität in Kapitel 5 ergänzen. Im
Anschluss daran werden die Ergebnisse für die Marktpenetration von EVs
und die damit verbundene Elektrizitätsnachfrage und resultierenden Lastkurven erläutert. Daran schließt sich die Darlegung der Ergebnisse des
Energiesystems an, in der der Einfluss von EVs auf das Energiesystem jeweils herausgearbeitet wird. Eine kurze Zusammenfassung der Ergebnisse
schließt dieses Kapitel ab.

8.1. Szenariendefinitionen für das Energiesystem

Für die Modellberechnungen dieser Arbeit wurde eine Szenarienanalyse
anstatt einer Parametervariation genutzt. Dies hat den Hintergrund, dass
Variationen in der großen Anzahl von Parametern untereinander konsistent sein müssen, um das mit dem Modell abgebildete System als Ganzes
analysieren zu können. Die Variation einzelner Parameter ermöglicht lediglich die Analyse einer im Modell isolierten Abhängigkeit. Die tatsächlichen
weiteren Abhängigkeiten und Wechselwirkungen mit anderen Parametern
bleiben dabei jedoch unberücksichtigt. Hinzu kommt, dass bei dem Para-
meterumfang der hier verwendeten Modelle und den damit verbundenen
Rechenzeiten eine Parametervariation sich auf wenige ausgewählte Parameter und Variationen beschränken müsste. Die Aussagekraft der Ergeb-

nisse einer Szenarienanalyse ist für eine integrierte Betrachtung des Energiesystems als höher einzustufen.

Die drei berechneten Szenarien (*Nische*, *Moderat*, *Forciert*) wurden ausgewählt, um die Bandbreite von langfristigen Auswirkungen durch Elektromobilität auf das Energiesystem zu erfassen[1]. Hierzu wurden drei Ausprägungsvarianten der Rahmenbedingungen herangezogen, die sich hinsichtlich der Brennstoffpreise, der Ausbauziele für EE und dem CO_2-Reduktionspfad unterscheiden (vgl. Tab. 8.1).

Für das Szenario *Nische*, bei dem es aufgrund der ungünstigen Rahmenbedingungen für EVs (vgl. Kap. 5.3.2) zu einer geringen Marktpenetration kommt (vgl. Kap. 8.2.3), werden für die Parameter des Energiesystems keine besonderen Anpassungen vorgenommen, weil eine Beeinflussung der exogenen Energiesystemmodellparameter durch die EV-Elektrizitätsnachfrage unwahrscheinlich ist. Damit einhergehend wird davon ausgegangen, dass es für EVs keine Lastverschiebung gibt und die Ladeinfrastruktur in Umfang und Ladeleistung nur begrenzt ausgebaut wird.

Das Szenario *Moderat* unterscheidet sich vom Szenario *Nische* bezüglich der Parameter des Energiesystems geringfügig. Die vergleichweise höhere Marktpenetrationen von EVs im Szenario *Moderat* bedingen eine höhere zusätzliche Elektrizitätsnachfrage. Weil das Ausbauziel für erneuerbare Energien prozentual von der gesamten Elektrizitätsnachfrage abhängt, führt dies in diesem Szenario zu einem absolut höheren Ausbau von erneuerbaren Energien. Gleichzeitig ist die Lastverschiebung von EVs möglich und es steht im Vergleich zum Szenario *Nische* eine umfangreichere Ladeinfrastruktur zur Verfügung (vgl. Kap. 5.3.2), was die Lastkurve der Elektrizitätsnachfrage von EVs beeinflusst.

Weitreichender sind die Unterschiede zum Szenario *Forciert*. Durch die hohe Penetration infolge der angenommenen optimistischen Technologieent-

---

[1] Die Szenarienausprägungen für Elektromobilität werden in Kapitel 5.3.2 aufgeführt. Diese Ausprägungen bedingen unvorteilhafte (*Nische*), moderate (*Moderat*) und vorteilhafte (*Fociert*) Rahmenbedingungen für EVs.

Tabelle 8.1.: Szenarienparameter für das Energiesystem und qualitative Szenarienausprägungen (basierend auf Heinrichs und Trommer (2011))

	Nische/Moderat	*Forciert*
Brennstoffpreise[1]	*current policies scenario*	*new policies scenario*
Ausbauziele für EE nach 2020[2]	verlangsamter Ausbau[3]	gleichbleibender Ausbau[4]
CO_2-Reduktionspfad[5]	-1,74%/a	-3,08%/a[6]

[1] vgl. Tab. 7.2

[2] Bis 2020 gelten für alle drei Szenarien die gemäß der „Nationalen Aktionspläne Erneuerbare Energien" (Beurskens & Hekkenberg, 2011) festgelegten Ausbauziele für erneuerbare Energien.

[3] Die Ausbauziele für erneuerbare Energien werden mit der Hälfte der Steigung des Ausbaus zwischen 2010 und 2020 fortgeschrieben (vgl. Tab. A.22).

[4] In diesem Szenario wird die Steigung des Ausbaus erneuerbarer Energien zwischen 2010 und 2020 gleichbleibend bis 2030 fortgeschrieben.

[5] Dieser Prozentsatz wird nur für die 3. Handelsperiode des EU-ETS (2013-2020) zwischen den Szenarien variiert. Durch diese Variation erreichen die Szenarien unterschiedliche Reduktionsniveaus in 2030 (vgl. Tab. 7.8 und A.7). Die CO_2-Reduktion der anderen Handelsperioden unterscheidet sich zwischen den Szenarien nicht.

[6] „...,sofern sich andere Industrieländer zu vergleichbaren Emissionsminderungen und wirtschaftlich weiter fortgeschrittene Entwicklungsländer zu einem ihren Verantwortlichkeiten und jeweiligen Fähigkeiten angemessenen Beitrag verpflichten" (Europäische Kommission, 2009d), haben sich die Länder der europäischen Gemeinschaft bereit erklärt ihr CO_2-Reduktionsziel für 2020 gegenüber 1990 von 20 auf 30% zu erhöhen (Europäische Kommission, 2009d). Die Umrechnung dieses Ziels ergibt eine jährliche Reduktionsraten von -3,08%.

wicklung (vgl. Kap. 5.3.2) kommt es in diesem Fall zu den ausgeprägtesten Auswirkungen von EVs auf das Energiesystem unter den drei Szenarien. Es wird davon ausgegangen, dass eine solch vorteilhafte Entwicklung der Rahmenbedingungen für EVs vom gesellschaftlichen und politischen Willen getragen wird die Nutzung von Energie nachhaltiger zu gestalten. Deswegen werden für das Energiesystem dazu passende Szenarienparameter gewählt. Hierzu zählen ein ambitionierteres Ausbauziel für EE und ein stärkeres Reduktionsziel für CO_2-Emissionen. Zusätzlich wird für die Entwicklung der Brennstoffpreise von einem im Vergleich zu den anderen beiden

Szenarien geringeren Anstieg ausgegangen, weil durch die Umgestaltung der Energiesektoren die Nachfrage nach fossilen Energieträgern geringer ausfällt.

8.2. Entwicklung der Elektromobilität im europäischen Energiesystem

Im Folgenden werden die Ergebnisse vorgestellt, die die Entwicklung von Elektromobilität im europäischen Energiesystem beschreiben[2]. Dazu gehören diejenigen Größen der Modellierung von Elektromobilität (vgl. Kap. 5), die von der Modellkopplung iterativ abhängen (vgl. Kap. 4.5). Dies sind im konkreten:

- die Antriebskostendifferenz[3] zwischen einem EV und einem konventionell angetriebenen Vergleichsfahrzeug,

- die minimal profitable Jahresfahrleistung für EVs,

- die Marktpenetration von EVs,

- die Elektrizitätsnachfrage von EVs und

- die Lastkurven sowie das Lastverschiebepotenzial von EVs.

8.2.1. Entwicklung der Antriebskostendifferenz zwischen EVs und konventionell betriebenen Fahrzeugen

Die Antriebskostendifferenz, die zur Ermittlung des ökonomischen Potenzials von Elektromobilität benötigt wird, variiert zwischen den Szenarien und hängt von den mit *PERSEUS-EMO* ermittelten Elektrizitätspreisen ab.

---

[2]Hierbei werden i.d.R. zunächst die Ergebnisse des Szenarios *Moderat* gezeigt und ins Verhältnis zu den Ergebnissen der beiden anderen Szenarien gestellt, da anhand der Ergebnisse des Szenarios *Moderat* die wesentlichen Änderungen aufgezeigt werden können.

[3]Diese umfasst die Strom- und Kraftstoffkosten.

Sie ergibt sich durch die Modellkopplung zwischen der Methode zur Abschätzung der Elektromobilitätsentwicklung und den Energiesystemmodellen. Die iterativ ermittelten Werte werden in Abbildung 8.1 dargestellt.

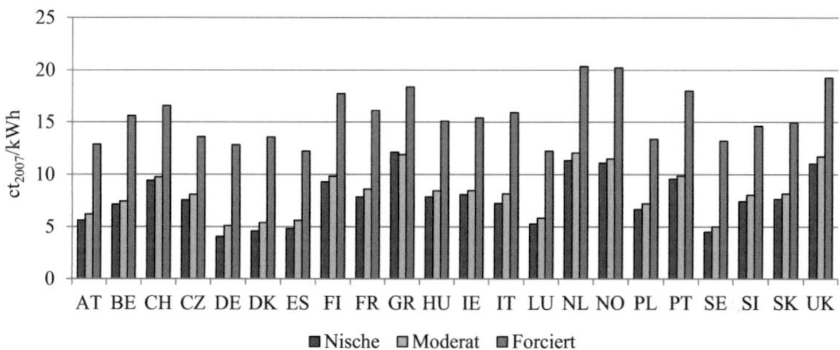

Abbildung 8.1.: Iterativ ermittelte länderspezifische Antriebskostendifferenz in 2030 (eigene Berechnungen)

In dieser Abbildung sind die szenarienspezifischen Unterschiede in der Antriebskostendifferenz im Jahr 2030 nebeneinander gestellt[4]. Die Antriebskostendifferenz gibt den Unterschied zwischen den Antriebskosten eines konventionell angetriebenen Pkws und denen eines EVs an. Im Vergleich zu 2010 (s. Abb. 5.4, S. 114) steigt die Antriebskostendifferenz in jedem Land und Szenario. Allerdings weißt das Szenario *Forciert* mit einem Durchschnitt von 15,56 ct$_{2007}$/kWh eine wesentlich höhere Steigung auf als die beiden anderen Szenarien mit ihren fast halb so großen Durchschnitten von 7,74 ct$_{2007}$/kWh (*Nische*) bzw. 8,29 ct$_{2007}$/kWh (*Moderat*). Dies liegt vorallem in der Annahme begründet, dass die kilometerspezifischen Verbräuche von EVs im Szenario *Forciert* vergleichsweise stärker sinken.

Die Niederlande und Norwegen weisen in allen 3 Szenarien in 2030 einen vergleichweise hohen Wert bei der Antriebskostendifferenz auf. Dies resultiert aus den dort im Ländervergleich in 2030 geringen Strompreisen bei gleichzeitig höheren Kraftstoffpreisen. Für das in den ersten beiden Szena-

---

[4]Die konkreten Zahlenwerte sind der Übersichtlichkeit halber im Anhang in Tab. A.8 aufgeführt.

rien ebenfalls vergleichsweise hohe Werte aufzeigende Griechenland fällt der Wert im Szenario *Forciert* vergleichweise von der Spitzengruppe ab. Die Ursache hierfür ist der im Vergleich ausgeprägtere Anstieg der Strompreise in Griechenland im Szenario *Forciert*. Die Szenarien *Nische* und *Moderat* ähneln sich bei den Ländern mit den geringsten Antriebskostendifferenzen (Deutschland, Dänemark und Schweden), während im dritten Szenario (*Forciert*) Spanien und Luxemburg die niedrigsten Werte aufweisen. Auch diese Verschiebung ist ursächlich der je Szenario und Land variierenden Entwicklung der Strompreise zu zuschreiben. Es kann also festgehalten werden, dass während die Länderreihenfolge bei der Antriebskostendifferenz bis 2030 in den Szenarien *Nische* und *Moderat* annähernd konstant bleibt, es im Szenario *Forciert* zu vereinzelten Verschiebungen kommt. Diese Verschiebungen lassen sich weitestgehend analog in den Entwicklungen der Strom- und Kraftstoffpreise der Länder wiederfinden.

8.2.2. Entwicklung der minimal profitablen Jahresfahrleistung für EVs im Vergleich zu einem konventionell betriebenen Fahrzeug

Die bereits in Kapitel 5.3.3 erwähnte minimal profitable Jahresfahrleistung entspricht derjenigen, die minimal nötig ist, damit ein EV im Vergleich zu einem konventionell betriebenen Fahrzeug keine ökonomischen Nachteile aufweist. Für alle darüber liegenden Jahresfahrleistungen, die die Kriterien des technischen Potenzials erfüllen (vgl. Kap. 5.3.3), ist ein EV aufgrund der geringeren variablen Kosten vergleichsweise günstiger.

In Tabelle 8.2 ist die Entwicklung der minimal wirtschaftlichen Jahresfahrleistung je Land für das Szenario *Moderat* aufgeführt[5]. In 2010 besteht für PHEVs in keinem der betrachteten Länder ein Potenzial, weil die dafür nötige Jahresfahrleistung die maximal mögliche elektrische Jahresfahrleistung von PHEVs überschreitet. Gemäß der hier ermittelten Ergebnisse

---

[5]Die Werte für die Jahre 2015 bis 2025 sowie für die anderen Szenarien sind der Übersichtlichkeit halber im Anhang in den Tabellen A.9 bis A.11 aufgelistet.

216

Tabelle 8.2.: Iterativ ermittelte minimal profitable Jahresfahrleistung für EVs im Szenario *Moderat* für das Jahr 2010 und 2030 (eigene Berechnungen)

Land	2010 BEV	2010 PHEV[1]	2030 BEV	2030 PHEV[1]
Belgien	90.497		15.246	10.008
Dänemark	29.234		13.095	10.569
Deutschland	135.616		24.773	13.931
Finnland	109.679		11.602	6.746
Frankreich	99.951		14.011	9.244
Griechenland	123.460		18.675	10.967
Irland	125.783		11.168	7.913
Italien	135.634		10.351	8.304
Luxemburg	125.610		17.706	11.484
Niederlande	84.300		8.156	5.515
Norwegen	61.173	>12.000[2]	9.496	8.432
Österreich	155.750		12.843	12.938
Polen	121.658		13.477	8.912
Portugal	111.470		10.381	8.105
Schweden	146.717		27.032	16.422
Schweiz	154.339		15.997	9.845
Slowakische Republik	103.860		9.932	6.665
Slowenien	128.897		11.472	7.817
Spanien	141.605		19.371	14.154
Tschechische Republik	160.918		12.666	8.404
Ungarn	133.278		12.347	8.296
Vereinigtes Königreich	83.792		7.690	4.812

[1] rein elektrisch gefahrene Kilometer

[2] Weil für PHEV eine rein elektrisch fahrbare Tagesreichweite von 40 km in 2010 angenommen wird (vgl. u.a. Tab. 5.4), belaufen sich die maximal elektrisch fahrbaren Jahreskilometer auf 12.000 km. Wenn die minimal benötigte Jahresfahrleistung für Rentabilität eines PHEV im Vergleich zu einem konventionell angetriebenen Fahrzeug über diesen 12.000 km liegt, sind PHEV finanziell nicht vorteilhaft.

waren die PHEVs auf Europas Straßen in 2010 nicht wirtschaftlich. Dies läßt darauf schließen, dass für den Kauf eines PHEVs andere Gründe dominierten. Für BEVs weist in 2010 nur Dänemark ein Potenzial auf, weil die Jahreskilometer der anderen Länder über den hier aufgrund der Batteriereichweite angenommenen maximal möglichen von 39 tkm/a liegen (vgl. für die je Periode und Szenario in Abhängigkeit der Ladeinfrastruktur differenzierten Obergrenzen der Jahreskilometer Tab. 5.12[6]). In 2015 weisen insbesondere durch die sinkenden Batteriepreise bereits ca. 2/3 aller Länder ein Potenzial für BEVs auf, weil 2/3 der minimal profitablen Jahresfahrleistungen unter der maximal möglichen von 46,8 tkm/a liegen. Ab 2020 weisen alle betrachteten Länder ein Potenzial für BEVs auf, weil die minimal profitable Jahresfahrleistungen aller Länder unter der maximal möglichen von 54,6 tkm/a liegen.

Für PHEVs entwickelt sich das Potenzial verzögert, weil der höhere Anschaffungspreis durch geringere maximal elektrisch fahrbare Jahreskilometer im Vergleich zum BEV und die damit verbundenen niedrigeren Antriebskosten kompensiert werden muss. So besteht in 2015 nur in Finnland, den Niederlanden und im Vereinigten Königreich ein Potenzial für PHEVs. In 2020 steigt die Anzahl der Länder mit PHEV-Potenzial auf ca. die Hälfte der betrachteten Länder und ab 2025 auf 100% der Länder.

In 2030 hingegen liegen die minimal wirtschaftlichen Jahresfahrleistungen für BEVs und PHEVs in jedem Land unterhalb der maximalen elektrischen Jahreskilometer, so dass in jedem Land für beide EV-Typen ein Potenzial besteht. Deutschland weist hier sowohl für PHEVs als auch BEVs die europaweit höchste minimal wirtschaftliche Jahresfahrleistung auf. Daraus läßt sich schließen, dass die Rahmenbedingungen für EVs in Deutschland im europäischen Vergleich ungünstiger sind. Hieran haben insbesondere die vergleichsweise hohen Strompreise in Deutschland ihren Anteil. Die vergleichsweise günstigsten Voraussetzungen für EVs weist das Vereinigte Königreich auf, was sich in den folgenden Abschnitten auch in den EV-Marktpenetrationen und der EV-Elektrizitätsnachfrage widerspiegelt.

---

[6]Für manche Nutzungsformen (z.B. Flottenfahrzeuge) könnte diese Kilometerleistung jedoch mit einem BEV durch individuell angepasste Ladungskonzepte erreicht werden. Dies bleibt hier jedoch unberücksichtigt.

Vergleicht man die Ergebnisse des Szenarios *Moderat* mit denen im Szenario *Nische*, so fällt auf, dass in Letzterem das EV-Potenzial wesentlich geringer ist. In 2010 weist auch Dänemark kein Potenzial für BEVs auf und ab 2020 sind BEVs nur in drei Ländern eine Option (Frankreich, Niederlande und Vereinigtes Königreich). Selbst in 2030 weisen im Szenario *Nische* drei Länder noch kein Potenzial für BEVs auf (Deutschland, Spanien und Schweden). Für PHEVs ist das Potenzial noch geringer, weil ausschließlich in 2030 in zwei Ländern hierfür ein Potenzial besteht (Niederlande und Vereinigtes Königreich).

Im Szenario *Forciert* hingegen existiert in 2010 wie im Szenario *Moderat* für BEV nur in Dänemark ein Potenzial. Bereits ab 2015 weisen alle Länder bis auf die Tschechische Republik ein Potenzial für BEVs auf und ab 2020 besteht auch dort ein BEV-Potenzial. Das Potenzial für PHEVs verhält sich in diesem Szenario analog zu dem von BEVs und weist damit nicht die Verzögerung zur BEV-Entwicklung wie im Szenario *Moderat* auf.

8.2.3. Marktpenetration

Mit den zuvor ermittelten minimal profitablen Jahresfahrleistungen werden aus dem technischen Potenzial für Elektromobilität die Fahrzeugnutzer mit ausreichend hoher Jahresfahrleistung herausgefiltert (vgl. Kap. 5.3.4). Deren Anteil an der Grundmenge der gesamten Neuwagenkäufer entspricht dem Anteil von BEV und PHEV an den jährlichen Neuzulassungen. Die Kumulierung der jährlichen EV Neuzulassungen ergibt schließlich die Marktpenetration der Elektromobilität (vgl. Kap. 5.4.1).

In Abbildung 8.2[7] sind die länderspezifischen Anteile von EVs an den Neuzulassungen für das Szenario *Moderat* aufgeführt. Bedingt durch die Ergebnisse zu den minimal profitablen Jahresfahrleistungen (s. Kap. 8.2.2) weist nur Dänemark in 2010 einen Anteil von BEVs an den Neuzulassungen auf. Bis 2030 steigen die Anteile an den Neuzulassungen in fast allen

---

[7]Die Anteile an den Neuzulassungen für die anderen beiden Szenarien und die Zahlenwerte für das Szenario *Moderat* sind im Anhang in Tab. A.12, A.13, A.14 aufgeführt.

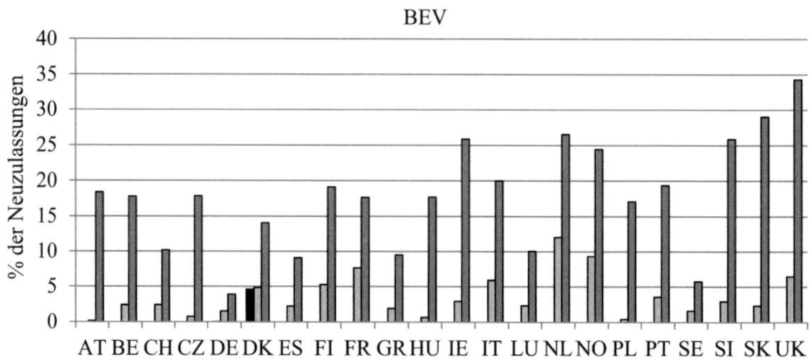

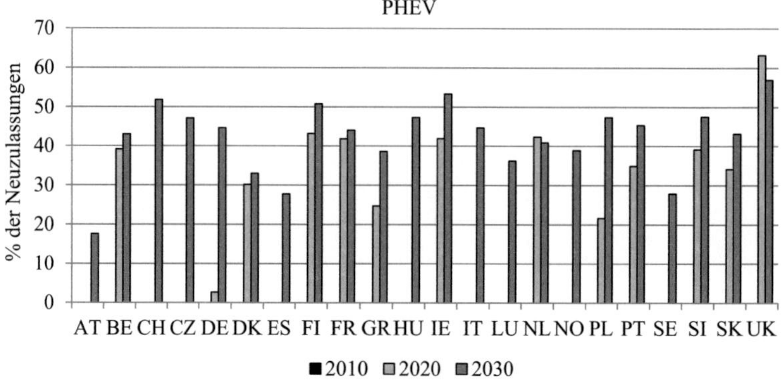

Abbildung 8.2.: Iterativ ermittelter Anteil von BEVs und PHEVs an den länderspezifischen Neuzulassungen im Szenario *Moderat* (eigene Berechnungen)

Ländern sowohl für BEVs als auch PHEVs. Einzig in den Niederlande und
dem Vereinigten Königreich, die beide sehr hohe EV-Neuzulassungsanteile
aufweisen, kommt es beim PHEV-Anteil in 2030 zu 2025 zu einem leichten Rückgang. Dennoch weist das Vereinigte Königreich in 2030 nicht nur
bei den BEVs den höchsten Neuzulassungsanteil mit ca. 34% auf, sondern
auch bei den PHEVs mit ca. 57%. Den minimalen Anteil bei den BEVs
weist Deutschland mit knapp 4% auf und bei den PHEVs Österreich mit ca.

18%. Den höchsten Anteil von BEVs und PHEVs zusammen weist wiederum das Vereinigte Königreich mit ca. 91% auf und den minimalen Anteil Schweden mit ca. 34%. Im Vergleich zu den für 2030 prognostizierten jährlichen weltweiten Verkauszahlen aus IEA (2011) für BEVs von ca. 9 Mio./a und für PHEVs von ca. 25 Mio./a, liegen die hier ermittelten Neuzulassungen für 2030 bei ca. 2,7 Mio.BEV/a bzw. ca. 6 Mio.PHEV/a.

Im Szenario *Nische* sind die Anteile wesentlich geringer als im Szenario *Moderat*. Hier liegt der maximale Anteil von BEVs an den Neuzulassungen in 2030 bei ca. 10% in Norwegen und Finnland und der minimale mit 0% in Spanien und Schweden, was beides direkt mit den Ergebnissen auf dem vorherigen Abschnitt (s. Kap. 8.2.2) zusammenhängt. Für PHEV weisen im Szenario *Nische* nur zwei Länder einen Anteil an den Neuzulassungen in 2030 auf. Dies sind das Vereinigte Königreich mit ca. 49% und die Niederlande mit ca. 36%. Summiert man die Anteile für BEVs und PHEVs weist wiederum das Vereinigte Königreich mit ca. 57% den größten Anteil auf.

Noch höhere Werte als im Szenario *Moderat* finden sich im Szenario *Forciert*. Hier reichen die Anteile von BEVs an den Neuzulassungen in 2030 von ca. 27% in Griechenland bis ca. 46% in Österreich, die von PHEVs von minimal ca. 41% in Ungarn bis maximal ca. 55% im Vereinigten Königreich. Die Summe der Anteile von BEVs und PHEVs an den Neuzulassungen reicht von 73% in Griechenland bis 97% im Vereinigten Königreich.

Mit den Anteilen von BEVs und PHEVs an den Neuzulassungen ergeben sich für die betrachteten europäischen Länder beispielhaft für das Szenario *Moderat* die in Abbildung 8.3 dargestellten EV-Marktpenetrationen[8]. Insbesondere fallen hier die großen Anteile der EVs im Vereinigten Königreich auf. So fährt in 2015 und 2020 fast jedes zweite europäische EV im Vereinigten Königreich. In 2025 ist es noch fast jedes dritte und in 2030 grob jedes vierte EV. Dies verdeutlicht das hohe Potenzial für EVs im Vereinigten Königreich. Insgesamt summiert sich der EV Bestand in Europa

---

[8]Für die beiden anderen Szenarien sind die EV-Marktpenetrationen im Anhang in den Tabellen A.16 und A.17 aufgeführt.

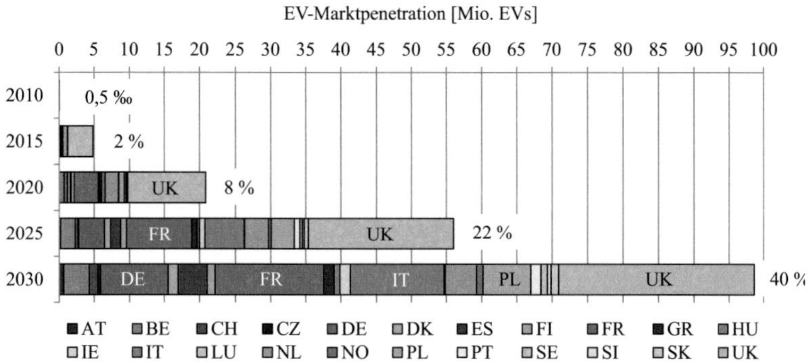

Abbildung 8.3.: Iterativ ermittelte länderspezifische EV-Marktpenetration für das Szenario *Moderat* (eigene Berechnungen)

bis 2030 auf knapp 100 Millionen Pkw im Szenario *Moderat* auf. Im Szenario *Nische* erreicht der europäische EV-Pkw-Bestand in 2030 knapp über 8 Millionen Pkw und im Szenario *Forciert* ca. 175 Millionen Pkws.

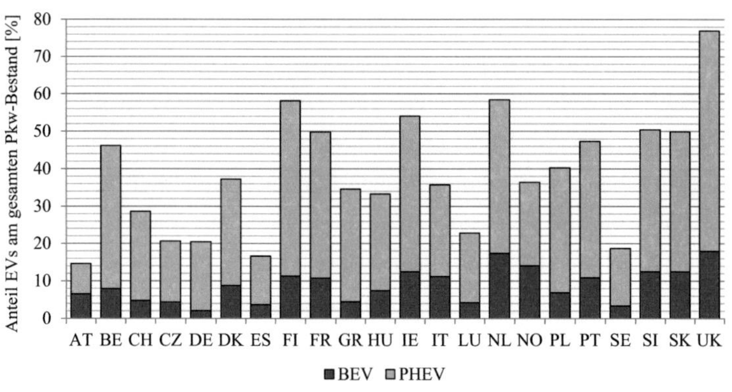

Abbildung 8.4.: Iterativ ermittelte länderspezifische Anteile von EVs am Pkw-Bestand in 2030 für das Szenario *Moderat* (eigene Berechnungen)

Weil Abbildung 8.3 nicht verdeutlichen kann wie umfassend die EV-Marktpenetration in einem Land ausfällt, sind in Abbildung 8.4 ergänzend die Anteile von BEVs und PHEVs am Pkw-Bestand jedes Landes in 2030 für das Szenario *Moderat* aufgezeigt. Diese weisen zwischen den europäischen Ländern eine große Bandbreite von unter 20% bis über 75% auf. Daneben variiert je Land die Verteilung zwischen BEV und PHEV. Im Szenario *Nische* reicht die Bandbreite in 2030 jedoch nur von 0% bis maximal ca. 14%, während im Szenario *Forciert* sogar ca. 47% bis 92% erreicht werden. Die länderspezifischen Unterschiede liegen ursächlich vor allem in den je Land unterschiedlichen Differenzen zwischen Kraftstoffpreis und Elektrizitätspreis. Allerdings können auch andere Einflüsse an diesem Unterschied identifiziert werden, z.B. wie im Fall von Griechenland die steuerliche Benachteiligung, die trotz vergleichsweise großer Differenz zwischen Kraftstoff- und Elektrizitätspreis, zu einer im Ländervergleich mittleren Marktpenetration von EVs führt. Daneben beeinflusst die zeitliche Entwicklung der Marktpenetration von Elektromobilität maßgeblich den Bestandsunterschied in 2030. So erreichen beispielsweise nur Länder, die in 2020 bereits ein PHEV-Potenzial von mindestens 35% der Neuzulassungen aufwiesen, in 2030 eine Gesamtpenetration von über 45%.

Vergleicht man die ermittelten EV-Marktpenetrationen mit den politisch anvisierten Zielen (vgl. Tab. 3.3, S. 58), kann festgehalten werden, dass im Szenario *Moderat* 8 bzw. 9 Länder[9] ihre gesetzten Ziele nicht erreichen. Diese politischen Ziele sind in Tabelle 8.3 für das Szenario *Moderat* dem jeweiligen Grad der Zielerreichung gegenübergestellt. Insgesamt kann festgehalten werden, dass die gesetzten EV-Ziele ohne ein Potenzial für PHEVs nur schwer erreicht werden. Dies ist auch der Hauptgrund, warum im Szenario *Nische* kein einziges Land seine gesetzten Ziele bezüglich Elektromobilität erreicht. Im Gegensatz dazu erreichen im Szenario *Forciert* fast alle Länder ihre Ziele. Die Ausnahme in diesem Szenario sind Luxemburg

---

[9]Das Vereinigte Königreich erreicht von seinen 4 gesetzten Zielen im Szenario *Moderat* nur die 1,2 Millionen BEVs in 2020 nicht (nur ca. 700.000).

und Ungarn, die anstatt der anvisierten Anteile von jeweils 10% EVs am Pkw-Bestand in 2020 bzw. 2015 nur ca. 6% bzw. 9,3% erreichen.

Tabelle 8.3.: Politische Ziele im Vergleich zu den berechneten EV-Marktpenetration im Szenario *Moderat* (eigene Berechnungen)

Land	Anvisiertes Ziel	Zielerreichung[1]
Belgien	10 t EVs/a in 2015	101%
Dänemark	50-200 t EVs in 2020	835-209%
Deutschland	1 Mio. EVs in 2020	47%
Frankreich	100 t BEVs in 2015	232%
	2 Mio. EVs in 2020	172%
	4 Mio. EVs in 2025	232%
Irland	230-350 t EVs in 2020	106-70%
	40% in 2030	135%
Italien	7% EVs in 2020	19%
	> 50% EVs in 2030	71%
Luxemburg	10% EVs an den Neuzulassungen in 2020	20%
Österreich	250 t EVs in 2020	1%
Portugal	180 t in 2020	137%
Schweden	600 t EVs in 2020	3%
Schweiz	145 t EVs in 2020	14%
Slowenien	23% in 2030	219%
Spanien	2,5 Mio. EVs in 2020	4%
Ungarn	10% EVs in 2015	0%
Vereinigtes Königreich	1,2 Mio. BEVs in 2020	57%
	350 t PHEVs in 2020	2971%
	3,3 Mio. BEVs in 2030	196%
	7,9 Mio. PHEVs in 2030	269%

[1] 100% entsprechen der exakten Zielerreichung.

8.2.4. Elektrizitätsnachfrage

Die Gesamtelektrizitätsnachfrage durch EVs ist vor allem abhängig von der Marktpenetration, der Jahresfahrleistung der EV-Nutzer und dem spezifischen Verbrauch der EVs in Abhängigkeit von ihrem Zulassungsjahr. Damit ergeben sich die EV-Elektrizitätsnachfragen je Land für das Szenario *Moderat* gemäß Tabelle 8.4[10]. In allen Ländern steigt die Elektrizitätsnachfrage durch EVs bis 2030 an. Der Anstieg der Elektrizitätsnachfrage ist allerdings geringer als derjenige der Marktpenetration, weil der kilometerspezifische Verbrauch der EVs bis 2030 in Abhängigkeit vom Zulassungsjahr sinkt[11].

Genauso wie bei den EV-Penetrationen fällt auch bei der Elektrizitätsnachfrage in 2015 die merklich höhere Nachfrage in den Niederlanden und dem Vereinigten Königreich auf. Die EV-Elektrizitätsnachfrage entspricht dort ca. 2% bzw. 3% der nationalen konventionellen Elektrizitätsnachfrage[12], während sie im europäischen Durchschnitt nur ca. 0,4% beträgt. Bis 2030 steigert sich dieser Durchschnitt auf ca. 8,6%. Den minimalen Anteil weist dann die Tschechische Republik mit ca. 1,7% (1,3 TWh) und den maximalen das Vereinigte Königreich mit ca. 20% (78,4 TWh) auf. Deutschland weist mit ca. 7,4% im europäischen Vergleich einen mittleren Wert auf. Im Szenario *Nische* reicht dieses Verhältnis der EV-Elektrizitätsnachfrage zur konventionellen Nachfrage in 2030 von 0% (Tschechische Republik, Spanien und Schweden) bis ca. 4,5% (Vereinigtes Königreich) und beträgt im Durchschnitt ca. 0,7%. Im Szenario *Forciert* weist dieses Verhältnis eine ähnliche Bandbreite wie im Szenario *Moderat* auf, wenn auch auf höherem Niveau. So reicht der Anteil von ca. 3,4% in der Tschechischen Republik bis auf ca. 22,7% in Dänemark und erreicht im europäischen Durchschnitt ca. 12,1%. Der Anteil im Vereinigten Königreich hingegen verändert sich zwischen dem Szenario *Moderat* und *Forciert* kaum.

In Abbildung 8.5 ist die regionale Verteilung der Elektrizitätsnachfrage durch Elektromobilität in Deutschland für alle drei Szenarien im Jahr 2030 dargestellt. Gut ersichtlich ist zum einen die im Vergleich wesentlich gerin-

---

[10]Die Elektrizitätsnachfragen der beiden anderen Szenarien sowie die Unterteilung auf BEV und PHEV sind im Anhang (s. Tabellen A.19 bis A.21) aufgeführt.

[11]Gemäß den Annahmen in Kapitel 5.3.4.

[12]Hiermit ist die Elektrizitätsnachfrage gemeint, die diejenige durch EVs nicht enthält.

Tabelle 8.4.: Iterativ ermittelte EV-Elektrizitätsnachfrage im Szenario *Moderat* in [TWh] (eigene Berechnungen)

Land	2010	2015	2020	2025	2030
Belgien	-	0,165	2,601	7,960	12,919
Dänemark	0,092	0,465	1,565	3,598	5,687
Deutschland	0,002	0,768	5,812	21,091	43,069
Finnland	-	0,495	1,529	2,997	3,891
Frankreich	-	1,965	14,585	37,020	57,246
Griechenland	-	0,030	0,868	3,031	5,433
Irland	-	0,010	0,896	2,967	4,793
Italien	-	0,299	3,957	19,752	42,776
Luxemburg	-	-	0,033	0,288	0,716
Niederlande	-	2,275	7,114	13,076	17,380
Norwegen	-	0,022	0,392	1,756	3,471
Österreich	-	-	0,012	0,785	2,374
Polen	-	-	2,545	11,503	19,886
Portugal	-	0,075	0,971	3,034	4,719
Schweden	-	-	0,146	1,623	3,924
Schweiz	-	-	0,187	1,863	4,480
Slowakische Republik	-	0,017	0,596	1,895	2,960
Slowenien	-	0,003	0,317	1,077	1,915
Spanien	-	-	0,994	6,667	17,672
Tschechische Republik	-	-	0,021	0,309	1,293
Ungarn	-	-	0,024	0,815	2,145
Vereinigtes Königreich	-	11,352	37,338	67,828	78,448

gere Marktdurchdringung im Szenario *Nische* und zum anderen die höheren Elektrizitätsnachfragen in den deutschen Ballungsräumen. Dies wird vor allem durch die größere Anzahl an Pkws verursacht, die aufgrund ihrer kürzeren Tageswege bereits vergleichsweise früh technisch für eine Substituierung durch ein BEV geeignet sind. Dort kumuliert sich bis 2030 entsprechend die Entwicklung der EV-Marktpenetration zu einer größeren Elektrizitätsnachfrage im Vergleich zu anderen Gebieten. Im Szenario *Forciert* ist die infolge der im Szenarienvergleich höchsten Marktpenetration von EVs auch die zunehmende Durchdringung auch ländlich geprägter Kreise erkenntlich.

8.2.5. Resultierende Lastkurven von EVs

In *PERSEUS-EMO* ist für das Laden der EV-Flotte eine obere Lastgrenze hinterlegt (vgl. Kap. 5.5.3). Ergänzend muss die EV-Flotte die täglich benötigte Fahrenergie laden. Darüber hinaus wird die resultierende Ladekurve innerhalb des Energiesystemmodells *PERSEUS-EMO* optimiert. Der Lösungsalgorithmus sucht also denjenigen Verlauf der Ladekurve, der im Wechselspiel mit dem Energiesystem zu den geringsten Gesamtsystemausgaben für die Bereitstellung der nachgefragten Energie führt.

In Abbildung 8.6 ist beispielhaft für einen Werktag im Sommer des Jahres 2030 im Vereinigten Königreich im Szenario *Moderat* die vom Modell ermittelte Lastkurve für die EV-Flotte dargestellt. Die Grafik zeigt außerdem im Vergleich dazu die exogen abgeleitete Obergrenze für die EV-Flottenladung. Für die anderen Länder und Typtage ergeben sich weitestgehend analoge Zusammenhänge, deren absolute Ausprägungen insbesondere vom Umfang der EV-Marktpenetration abhängen.

Zunächst läßt sich feststellen, dass die resultierende Ladekurve mehr Ähnlichkeit mit der Ladestrategie *Möglichst spät Laden* hat als mit *Sofort Vollladen* (vgl. Kap. 5.5.2, 123). Dies wirkt sich positiv auf die Batterielebensdauer aus. Es läßt sich also festhalten, dass die aus Sicht des Energiesystems optimale Ladekurve sich weitgehend mit der Ladekurve deckt, die vom Batteriemanagementsystem für den sicheren und möglichst langen Batteriebetrieb präferiert wird (Linßen et al., 2012). Auch fällt auf, dass die EV-Lastkurve zu den typischen Spitzenlastzeiten der konventionellen Last geringe Werte aufweist.

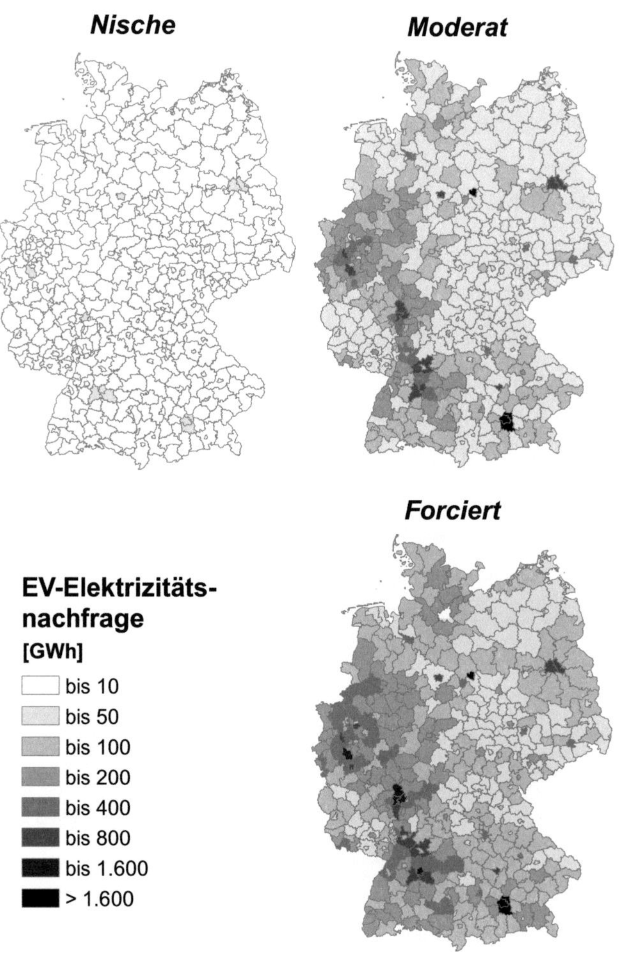

Abbildung 8.5.: Regionale Verteilung der Elektrizitätsnachfrage durch Elektromobilität in Deutschland in 2030 in [GWh] (eigene Berechnungen basierend auf Kihm et al. (2013); Kihm (2012))

Zum Vergleich der länderspezifischen Unterschiede in den resultierenden Ladekurven der EV-Flotte sind diese im obersten Diagramm von

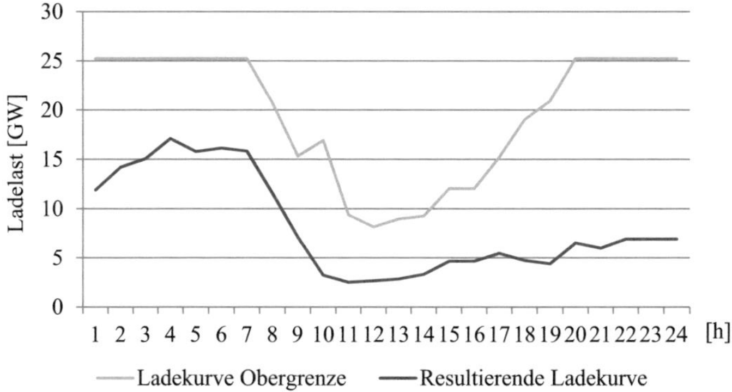

Abbildung 8.6.: Vergleich der resultierenden Ladekurve zur maximal verfügbaren Ladeleistung für EVs im Vereinigten Königreich für einen Werktag im Sommer 2030 im Szenario *Moderat* (eigene Berechnungen)

Abbildung 8.7 für die sechs Länder mit eigener Mobilitätsstudie für einen Winterwerktag in 2030 im Szenario *Moderat* dargestellt. An der unterschiedlichen Höhe der Lastkurven sind die länderweise variierenden EV-Marktpenetrationen und Ländergrößen gut erkennbar. Darüber hinaus ähneln sich die Kurven in ihrer zeitlichen Grundstruktur. Vor den ersten Wegen des Tages kommt es zu einer EV-Lastspitze, während über den Tag die Last sinkt und vornehmlich erst am späteren Abend einige Zeit nach dem abendlichen Heimkehren wieder ansteigt. Die übrigen Unterschiede zwischen den Ladekurven der Länder gehen insbesondere auf Unterschiede im Mobilitätsverhalten zurück. Eine Ausnahme hiervon bildet das nachmittägliche Lastplateau im Vereinigten Königreich, was eine Folge der vergleichsweise hohen EV-Marktpenetration dort ist (vgl. Kap. 8.2.4). Diese hohe EV-Marktpenetration erfordert die Nutzung weiterer Ladezeiträume zur Deckung der täglichen Energienachfrage, um die Obergenze der Ladekurve nicht zu verletzen.

Um die mit *PERSEUS-EMO* ermittelten EV-Lastkurven in den Kontext des Energiesystems einordnen zu können sind in Abbildung 8.7 die Lastkurven

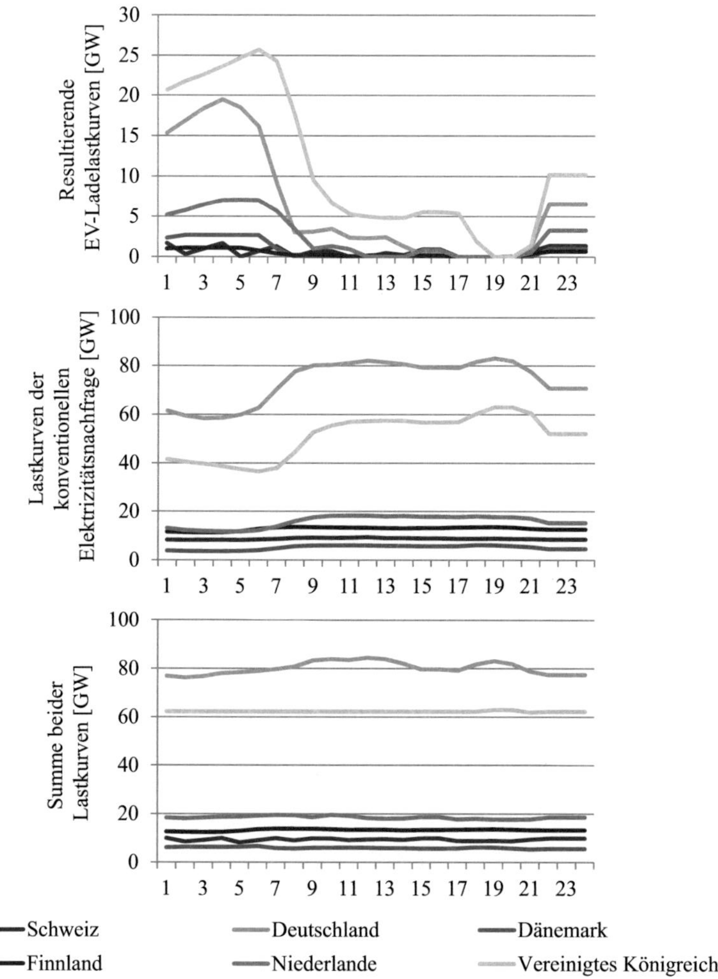

Abbildung 8.7.: Gegenüberstellung der länderspezifischen resultierenden EV-Ladekurve, der konventionellen Elektrizitätsnachfragelast und der kombinierten Last für einen Werktag im Winter 2030 im Szenario *Moderat* (eigene Berechnungen)

der konventionellen Elektrizitätsnachfragen und die Summenlastkurve über beide Elektrizitätsnachfragen zum Vergleich eingefügt. Weil die Lastkurven der konventionellen Elektrizitätsnachfragen eine ähnliche zeitliche Grundstruktur aufweisen, ist die Ähnlichkeit unter den resultierenden EV-Lastkurven gut erklärbar. Die absolute Höhe der Lastkurve ist von der Elektrizitätsnachfrage und der Ländergröße abhängig. Die hier dargestellte Lastkurve eines Werktags im Winter weist die typische Abendspitze und eine im Vergleich geringere Mittagsspitze auf (vgl. Kap. 7.7). Die Summenlastkurve verdeutlicht eindeutig, dass die verschiebbare EV-Last zur Vergleichmäßigung genutzt wird, um z.B. Kraftwerke mit geringeren Stromgestehungskosten besser einlasten zu können.

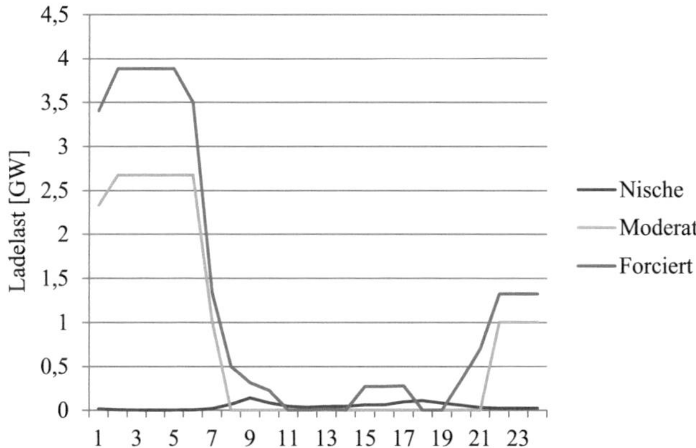

Abbildung 8.8.: Vergleich der szenarienspezifischen resultierenden EV-Ladekurve für Dänemark an einen Werktag im Winter 2030 (eigene Berechnungen)

Zwischen den Szenarien ergeben sich die beispielhaft an Dänemark für einen Werktag im Winter 2030 in Abbildung 8.8 dargestellten Unterschiede in den EV-Lastkurven. Für das Szenario Nische ist die exogen vorgegebene Ladestrategie *Sofort Volladen* ohne Option zur Lastverschiebung trotz ihrer geringen Höhe an den zwei Spitzen um 9 und 18 Uhr herum erkennbar. Diese beiden Lastspitzen werden in den beiden anderen Szenarien mit Option zur EV-Lastverschiebung vermieden. Der absolute Höhenunterschied zwischen den Szenarien *Moderat* und *Forciert* ergibt sich aus der höheren EV-Marktpenetration im Letzteren der beiden Szenarien. Hinzu kommt, dass im Szenario *Forciert* aufgrund des Umfangs der EV-Elektrizitätsnachfrage ein Laden tagsüber notwendig ist, um die abgeleiteten Lastgrenzen (vgl. Kap. 5.5) nicht zu verletzen.

8.3. Entwicklung des europäischen Elektrizitätssystems

In Folgenden werden die mit *PERSEUS-EMO* iterativ ermittelten Ergebnisse zur Entwicklung des europäischen Elektrizitätssystems dargelegt. Der Einfluss von Elektromobilität auf die Ergebnisse wird an den entsprechenden Stellen herausgearbeitet. Dabei wird zunächst auf den Kraftwerkspark und seine Elektrizitätserzeugung (s. Kap. 8.3.1) eingegangen, bevor die Grenzkosten der Elektrizitätserzeugung und der CO_2-Vermeidung (s. Kap. 8.3.2) dazu in den Zusammenhang gestellt werden. Ergänzt wird dies durch die Betrachtung des grenzüberschreitenden europäischen Elektrizitätsaustausches (s. Kap. 8.3.3) sowie der CO_2-Emissionen und des CO_2-Zertifikatehandels (s. Kap. 8.3.4).

8.3.1. Entwicklung des Kraftwerksparks und Struktur der Elektrizitätserzeugung

Die Entwicklung der Kraftwerkskapazitäten in Europa und Deutschland je Szenario ist in Abbildung 8.9 dargestellt. Insgesamt zeichnet sich die Entwicklung des europäischen Kraftwerksparks dadurch aus, dass die Kraftwerkskapazität von 2007 bis 2030 je nach Szenario um 41 bis 55% zunimmt (vgl. Abb. 8.9). Für Deutschland beläuft sich diese Zunahme sogar auf 54 bis 65%, was u.a. durch den Kernkraftausstieg begründet ist[13]. Damit übersteigt der Anstieg der Kraftwerkskapazität den Nachfrageanstieg nach Elektrizität (vgl. Tab. 7.7), was vor allem durch den Ausbau von erneuerbaren Energien mit vergleichweise geringen Volllaststunden bedingt wird. So steigt die Kapazität in Szenarien mit mehr erneuerbaren Energien stärker an.

Die Kapazitäten erneuerbarer Energien ohne Wasserkraft nehmen bis 2030 um das 5,8- bis 7,4-fache bezogen auf das Basisjahr zu. In Deutschland liegt der Anstieg mit dem 3,5- bis 3,8-fachen niedriger, was durch den bereits vergleichweise fortgeschrittenen Ausbau der erneuerbaren Energien in Deutschland, durch die national gesetzten Ausbauziele für erneuerbaren Energien und durch den geringeren Anstieg der Elektrizitätsnachfrage[14] erklärt werden kann. Die Wasserkraftkapazitäten nehmen nur leicht zu, weil ihr Potenzial bereits größtenteils genutzt wird. Sie unterscheiden sich zwischen den Szenarien vernachlässigbar.

Parallel zum Ausbau erneuerbarer Energien nimmt die Kapazität von Gaskraftwerken zu, die durch ihre flexible Betriebsweise gut zum Ausgleich volatiler Einspeisung aus erneuerbaren Energien geeignet sind und auf diese Weise die Versorgungssicherheit mit Elektrizität unterstützen. Je nach Szenario steigt die Kapazität von Gaskraftwerken in Europa von 2007 bis 2030 um 57 bis 72%. In Deutschland fällt der Anstieg der Gaskraftwerkskapazität mit einem Faktor von ca. 2,5 in derselben Zeit noch stärker aus. Während auf europäischer Ebene der Zubau von Gaskraftwerken zwischen den Szenarien variiert, verbleibt der Zubau von Gaskraftwerken in Deutschland fast szenarienunabhängig auf seinem hohem Niveau. In Europa kann

---

[13]Kernkraftwerke zeichnen sich durch vergleichweise hohe Verfügbarkeiten und Volllaststunden aus. Werden Kernkraftwerke durch andere Kraftwerksarten mit weniger Volllaststunden ersetzt, wird für eine gleichbleibende Elektrizitätserzeugung mehr Kraftwerkskapazität benötigt.

[14]Hierzu zählen sowohl die konventionelle Elektrizitätsnachfrage, als auch diejenige durch EVs. Durch die prozentual vom Bruttoelektrizitätsverbrauch abhängigen Ausbauziele für erneuerbaren Energien (vgl. Kap. 2.1.2) hängt deren absoluter Ausbau auch von der Entwicklung der Elektrizitätsnachfrage ab.

an dieser Stelle die Auswirkung der Lastverschiebung von EVs gut beobachtet werden. So weist das Szenario *Nische* ohne Lastverschiebung den höchsten Zubau an Gaskraftwerken auf.

Neben der Zunahme der erneuerbaren Energien und der Gaskraftwerke ist die Entwicklung des europäischen Kraftwerksparks noch durch weitere Umstrukturierungen geprägt. So geht europaweit die Kapazität von Kernkraftwerken zwischen 2007 und 2030 je nach Szenario um 17% (*Moderat*) bis 33% (*Nische*) zurück. Auch wenn europaweit die Kernkraftkapazitäten rückläufig sind, werden in einigen Ländern neue Kernkraftwerke gebaut oder wie im Fall von Polen ein Kernkrafteinstieg vollzogen. Daneben gibt es eine Reihe von Ländern, die bis 2030 aus der Kernenergie aussteigen. Hierzu zählen wie bereits in Kapitel 2.1.4 aufgeführt Belgien, Deutschland und Spanien. Zusätzlich wird in Schweden und Slowenien die Möglichkeit bestehende Kernkraftwerkskapazitäten zu ersetzen nicht genutzt. Bei diesen beiden Ländern lohnt sich die Nutzung von Kernenergie wirtschaftlich folglich nicht. Bei den Ländern, die aus der Kernenergie aussteigen, ergeben sich zwischen den Szenarien keine Unterschiede in der Entwicklung der Kapazitäten der Kernkraftwerke, so dass hier von einer robusten und von EVs unabhängigen Entwicklung ausgegangen werden kann.

Bei den Zubauten von Kernkraftwerken hingegen führen die unterschiedlichen Rahmenbedingungen der Szenarien zu variierenden Ergebnissen. So kommt es im Szenario *Moderat* im Vergleich zum Szenario *Nische*, die sich insbesondere durch die Höhe der EV-Elektrizitätsnachfrage und der Ladesteuerung unterscheiden, in Europa zu einem geringeren Rückgang von Kernkraftwerken von knapp 21 GW. Die höhere EV-Marktpenetration und die Möglichkeit zur Lastverlagerung von EVs erhöhen in diesem Fall die Nutzung der nuklearen Grundlastkraftwerke. Vergleicht man das Szenario *Moderat* mit dem Szenario *Forciert* (Differenz europaweit -17 GW Kernkraftwerke in 2030), wird klar das dieser Trend durch veränderte Rahmenbedingungen (in *Forciert* u.a. durch die angenommenen prozentual und dadurch auch absolut höheren EE-Ausbauziele (vgl. Kap. 8.1) stark beein-

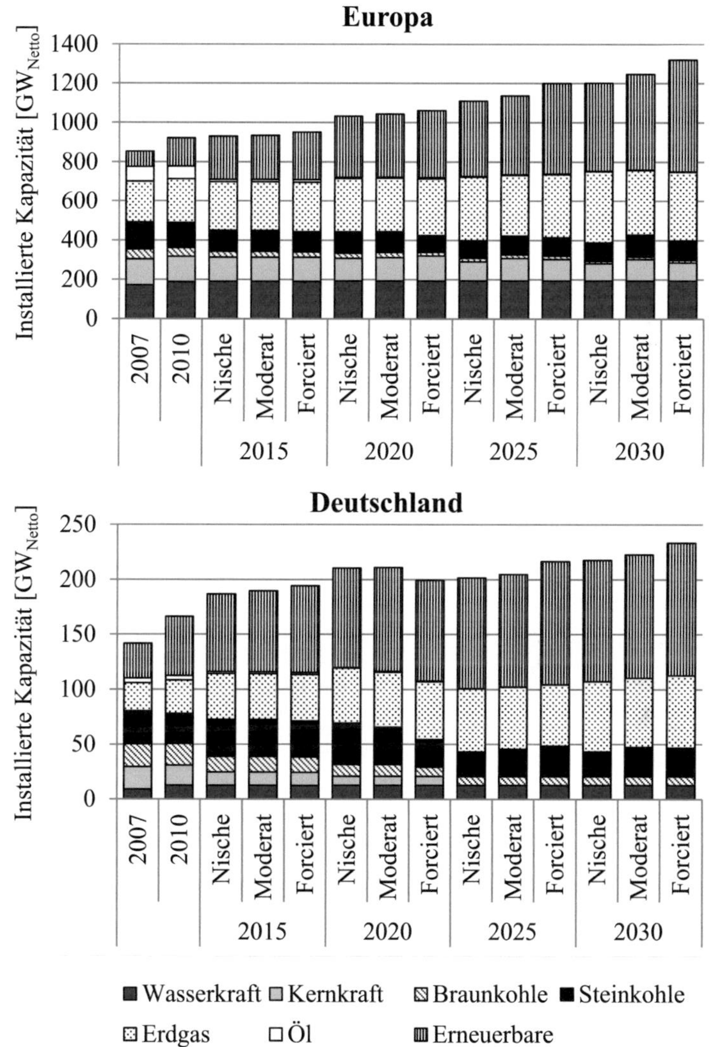

Abbildung 8.9.: Entwicklung der installierten Nettokraftwerkskapazität in Europa und Deutschland (eigene Berechnungen)

flusst werden kann. Es bleibt festzuhalten, dass eine zusätzliche flexible Elektrizitätsnachfrage, hier durch EVs, ohne weitere Rahmenbedingungen in einigen Ländern vorteilhaft für den Betrieb und Zubau von Kernkraftwerken ist.

Die Strukturänderung im europäischen Energiesystem führt nicht nur bei Kernkraftwerken zu einem Kapazitätsrückgang, sondern auch bei erdöl-, steinkohle- und braunkohlebefeuerten Kraftwerken. Der europaweite Kapazitätsrückgang bei Öl- und Braunkohlekraftwerken liegt bei 97% bzw. 75% (in Deutschland ca. -100% bzw. -62%) von 2007 bis 2030 und variiert zwischen den Szenarien kaum, so dass hierbei kein direkter Einfluss von EVs festgestellt werden kann. Anders sieht dies hingegen bei Steinkohlekraftwerken aus. Bei diesen Kraftwerken variiert der Kapazitätsrückgang in 2030 bezogen auf das Basisjahr von 19% bis 33% in Europa und von 10% bis 24% in Deutschland. Dabei weist das Szenario *Moderat* den geringsten Rückgang auf, während im Szenario *Nische* der stärkste Rückgang beobachtet werden kann. Dies liegt darin begründet, dass das Szenario *Nische* die geringste Elektrizitätsnachfrage unter den Szenarien aufweist. Beim Szenario *Forciert* liegt die gesamte Elektrizitätsnachfrage durch eine umfangreichere EV-Marktpenetration über der im Szenario *Moderat*, allerdings dominiert hier der Effekt der höheren EE-Ausbauziele (prozentual und absolut) und der dafür benötigten flexiblen Gasturbinen, weswegen hier der Rückgang der Steinkohlekapazitäten zwar nicht so ausgeprägt wie im Szenario *Nische* ist, aber dennoch stärker als im Szenario *Moderat* ausfällt. Insgesamt steht die Entwicklung der Kraftwerkskapazität in direktem Zusammenhang mit der je Kraftwerkstyp produzierten Elektrizitätsmenge, weil davon u.a. abhängt ob ein Kraftwerkszubau oder der Erhalt eines Bestandskraftwerks wirtschaftlich ist[15]. Der jeweils vorliegende Kraftwerkspark determiniert mit seinen technischen Eigenschaften (z.B. durchschnittliche Anlagenverfügbarkeit) die maximal mögliche Elektrizitätserzeugung

---

[15]Sollten Kapazitätsmärkte geschaffen werden, kann sich dieser Zusammenhang je nach Ausgestaltung solcher Märkte abschwächen (vgl. Genoese et al., 2012).

236

je Kraftwerkstyp. In den Modellergebnissen läßt sich feststellen, dass die zuvor beschriebenen Entwicklungstendenzen der Kraftwerkskapazitäten sich analog in der Entwicklung der Elektrizitätserzeugung wieder finden lassen. Deswegen stehen im Folgenden die Unterschiede zwischen den Szenarien und der Einfluss von EVs im Fokus der Beschreibung.

Bei allen Szenarien sowohl auf europäischer Ebene als auch in Deutschland ähneln sich die grundlegenden Trendentwicklungen der Volllaststunden der brennstoffspezifischen Kraftwerkstypen[16]. So steigen die Volllaststunden von Steinkohlekraftwerken und die Volllaststunden der erneuerbaren Energieanlagen durch den Ausbau von offshore Windanlagen. Hingegen nimmt die Auslastung von Braunkohlekraftwerken wie die von Gaskraftwerken ab. Letzteres ist dadurch begründet, dass Gaskraftwerke zunehmend zur Bereitstellung von Reservekapazität zum Ausgleich der volatilen Einspeisung erneuerbarer Energien genutzt werden. Dies ist im Szenario *Moderat* ausgeprägter als im Szenario *Nische*, weil durch die Lastverschiebung der EV-Elektrizitätsnachfrage Steinkohle- und ganz gering Braunkohlekraftwerke vergleichsweise besser eingelastet werden können. Bei Braunkohlekraftwerken ist der Rückgang der Volllastunden im Szenario *Forciert* auf ca. 3.500 h/a in 2030 am ausgeprägtesten, was durch das dort vorgegebene höhere CO_2-Reduktionsziel (d.h. durch daraus resultierenden höheren CO_2-Zertifikatspreisen) und den umfangreicheren Ausbau erneuerbarer Energien bedingt wird. Diese beiden exogen vorgegebenen Rahmenbedingungen führen auch dazu, dass im Szenario *Forciert* Gas- und Steinkohlekraftwerke die geringsten Volllaststunden im Szenarienvergleich aufweisen. Bei Kernkraftwerken bleibt die Auslastung über den betrachteten Zeitraum auf hohem Niveau relativ konstant.

In Abbildung 8.10 ist die Differenz der Elektrizitätserzeugung zwischen den Szenarien für Europa und Deutschland je Brennstoff in 2030 dargestellt. Positive Werte stehen hier für eine höhere Elektrizitätserzeugung

---

[16]In *PERSEUS-EMO* sind wesentlich mehr Kraftwerkstypen hinterlegt, die hier der Übersichtlichkeit halber nicht einzeln aufgeführt werden.

und negative für eine geringere im Vergleich zum Szenario *Nische*. Bei den Wasser- und Erdölkraftwerken ergeben sich zwischen den Szenarien keine merklichen Änderungen. Diese Entwicklung ist folglich unabhängig von der Entwicklung von Elektromobilität. Im Szenario *Moderat* wird in Europa die höhere Elektrizitätsnachfrage durch eine höhere EV-Marktpenetration als im Szenario *Nische* durch mehr Elektriztät aus Kern- und Steinkohlekraftwerken sowie aus erneuerbaren Energieanlagen gedeckt[17]. Letzteres ist durch den exogen vorgegebenen Anteil von erneuerbaren Energien an der Elektrizitätsnachfrage bedingt. Die höhere Auslastung der beiden erstgenannten Kraftwerkstypen ist eine Folge der Lastverschiebung der EV-Elektrizitätsnachfrage. Gleichzeitig führt dies zu einer geringeren Elektrizitätserzeugung in vergleichweise teureren Gaskraftwerken.

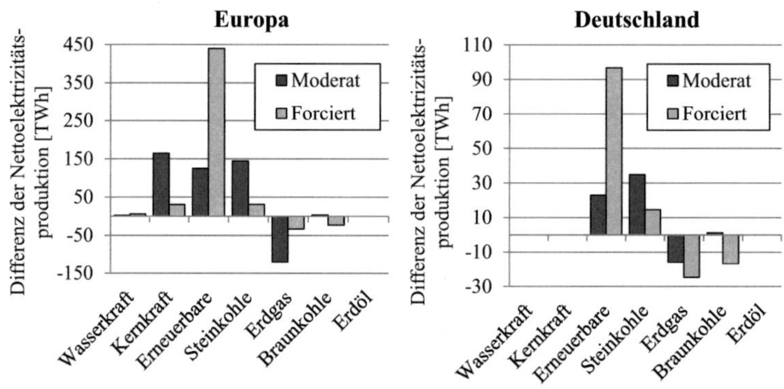

Abbildung 8.10.: Differenz der Nettoelektrizitätserzeugung im Vergleich zu Szenario *Nische* in Europa und Deutschland in 2030 (eigene Berechnungen)

Im Szenario *Forciert* hingegen dominiert der angenommene prozentual höhere Anteil von erneuerbaren Energien an der Elektrizitätsnachfrage. Dies

---

[17]Die Mehrproduktion in Braunkohlekraftwerken fällt auf europäischer Ebene kaum ins Gewicht, weil nur wenige Länder Braunkohlekraftwerke aufweisen.

führt dazu, dass im Vergleich zum Szenario *Moderat* weniger Elektrizität in Kern- und Steinkohlekraftwerken produziert wird, weil diese teilweise durch den Ausbau erneuerbarer Energien verdrängt werden. Die Elektrizitätserzeugung in Gaskraftwerken geht im Szenario Forciert nicht so stark zurück wie im Szenario Moderat (jeweils im Vergleich zum Szenario Nische), weil für den Ausgleich der Volatilität des höheren Anteils erneuerbarer Energien vermehrt Gaskraftwerke eingesetzt werden. Dennoch kann auch in diesem Szenario u.a. anhand des Rückgangs der Gaskraftwerksauslastung der Einfluss der EV-Lastverschiebung identifiziert werden. Zusätzlich kommt es infolge der stärkeren CO_2-Reduktionsanforderungen zu einer geringeren Nutzung von Braunkohlekraftwerken.

Für Deutschland ergibt sich ein ähnliches Bild (vgl. Abb. 8.10). Unterschiede ergeben sich hier vor allem durch den Atomausstieg und den größeren Anteil der Braunkohlekraftwerke am Kraftwerkspark. Im Szenario *Moderat* wird der Atomausstieg durch eine höhere Auslastung von Steinkohlekraftwerken und einen geringeren Rückgang der Gaskraftwerksauslastung im Vergleich zu Europa ausgeglichen. Zusätzlich fällt im Gegensatz zu Europa der Rückgang der Elektrizitätserzeugung in Gaskraftwerken im Szenario *Forciert* stärker aus als im Szenario *Moderat*. In diesem Fall werden durch den erhöhten Ausbau erneuerbarer Energien Gaskraftwerke aus der Elektrizitätserzeugung verdrängt. Der Rückgang bei den Braunkohlekraftwerken hingegen ist vornehmlich durch das EU-ETS bedingt. Die höhere Auslastung der Steinkohlekraftwerke wird durch die EV-Lastverschiebung möglich.

Regional differenziert ergibt sich für das Szenario *Moderat* die Elektrizitätserzeugung für Deutschland in Abbildung 8.11. Hier läßt sich erkennen, dass der Atomausstieg vor allem im Südwesten Deutschlands zu einem Rückgang der Elektrizitätserzeugung führt. Gleichzeitig wird der aufgrund des vorteilhaften Potenzials vermehrte Ausbau von Windenergie im Norden deutlich. Dies führt zu einem Netzausbaubedarf insbesondere in Nord-Süd-Richtung, der in *PERSEUS-EMO-NET* u.a. auf Basis detaillierter Studien zum Netzausbau (vgl. Kap. 7.4.2 und Kap. 2.1.2) exogen vorgegeben ist.

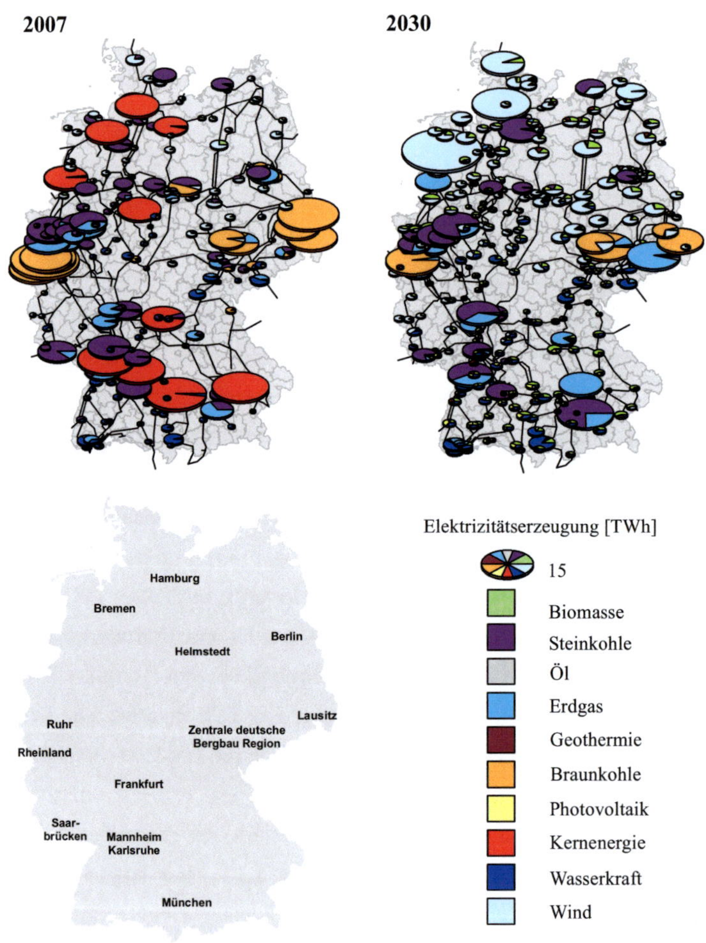

Abbildung 8.11.: Regionale Verteilung der Elektrizitätserzeugung in Deutschland im Szenario *Moderat* in [TWh] (eigene Berechnungen)

Auch wenn die Kapazität von Gaskraftwerken bis 2030 in Deutschland wächst, nimmt die Elektrizitätserzeugung aus Erdgas nicht im gleichen Maße zu, weil diese Kraftwerke insbesondere zum Ausgleich volatiler erneuerbarer Energien genutzt werden. Während die Elektrizitätserzeugung in Braunkohlekraftwerken bis 2030 insbesondere aufgrund der ansteigenden CO_2-Zertifikatspreise abnimmt, ermöglicht die Lastverschiebung von EVs eine bessere Auslastung von Steinkohlekraftwerken.

Im Szenarienvergleich ergibt sich für 2030 in Deutschland die regional verteilte Elektrizitätserzeugung in Abbildung 8.12. Der Hauptunterschied liegt im unterschiedlichen Ausbau erneuerbarer Energien, der im Szenario *Forciert* aufgrund der höheren Elektrizitätsnachfrage durch EVs und dem prozentualen Ausbauziel für Erneuerbare am ausgeprägtesten ist. Im Szenario *Moderat* wird im Vergleich zum Szenario *Nische* vor allem mehr offshore Windenergie in Norddeutschland zugebaut. Infolge werden im Vergleich zwischen diesen beiden Szenarien Gaskraftwerke etwas geringer ausgelastet, auch wenn sie für den Ausgleich volatiler erneuerbarer Energien vorgehalten werden. Die im Vergleich höhere Elektrizitätserzeugung in Steinkohlekraftwerken (vgl. Abb. 8.10), die durch die EV-Lastverschiebung ermöglicht wird, verteilt sich räumlich relativ homogen. Im Szenario *Forciert* wird in Deutschland vor allem offshore Windenergie und Geothermie bis 2030 vermehrt ausgebaut, während die Elektrizitätserzeugung in Braunkohlekraftwerken merklich zurückgeht.

Weil die drei Szenarien infolge der unterschiedlichen Elektrizitätsnachfrage durch EVs unterschiedliche absolute Ziele für den Ausbau erneuerbarer Energien enthalten, ist in Abbildung 8.13 die Zusammensetzung des Mixes erneuerbarer Energien für Europa und Deutschland in 2030 für alle Szenarien aufgeführt. Allen gemein ist der hohe Anteil an Windenergie, der in Europa von 74% bis 81% und in Deutschland von 60% bis 72% reicht. Die jeweiligen Unterschiede zwischen Europa und Deutschland ergeben sich aus den unterschiedlichen Potenzialen für die einzelnen erneuerbaren Energien. Deswegen ist der Anteil von offshore Windenergie in Deutschland höher als

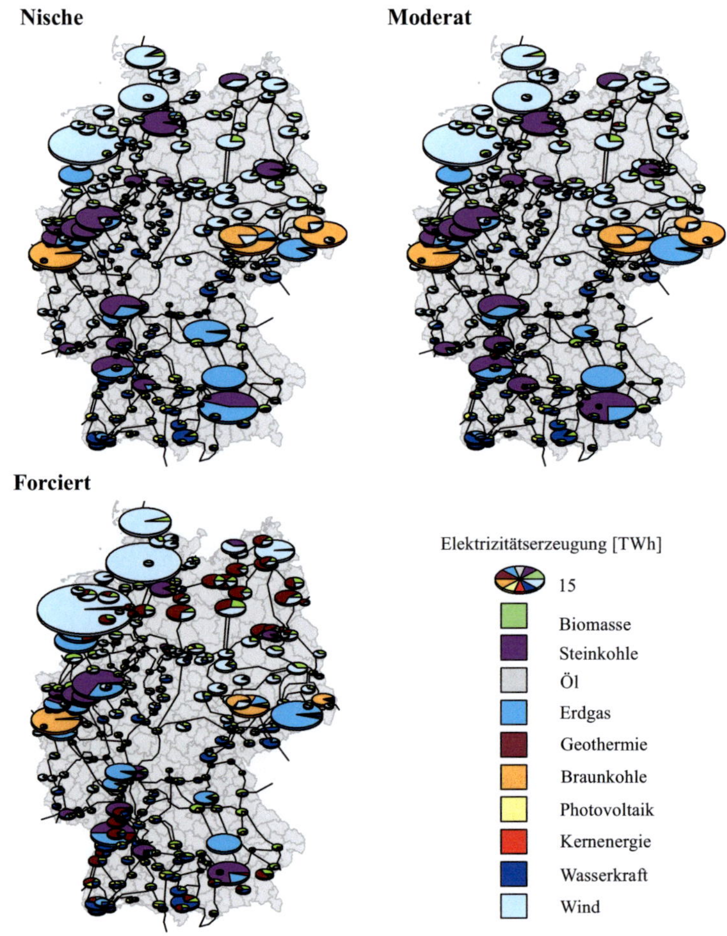

Abbildung 8.12.: Regionale Verteilung der Elektrizitätserzeugung in Deutschland in 2030 in [TWh] (eigene Berechnungen)

in der EU. Biomasse und Biogas zusammengenommen weisen einen über die Szenarien sowohl in Europa als auch in Deutschland relativ konstanten Anteil auf, während ein merklicher Zubau von Geothermie-Anlagen ausschließlich in Deutschland im Szenario *Forciert* auftritt. Der Anteil von PV

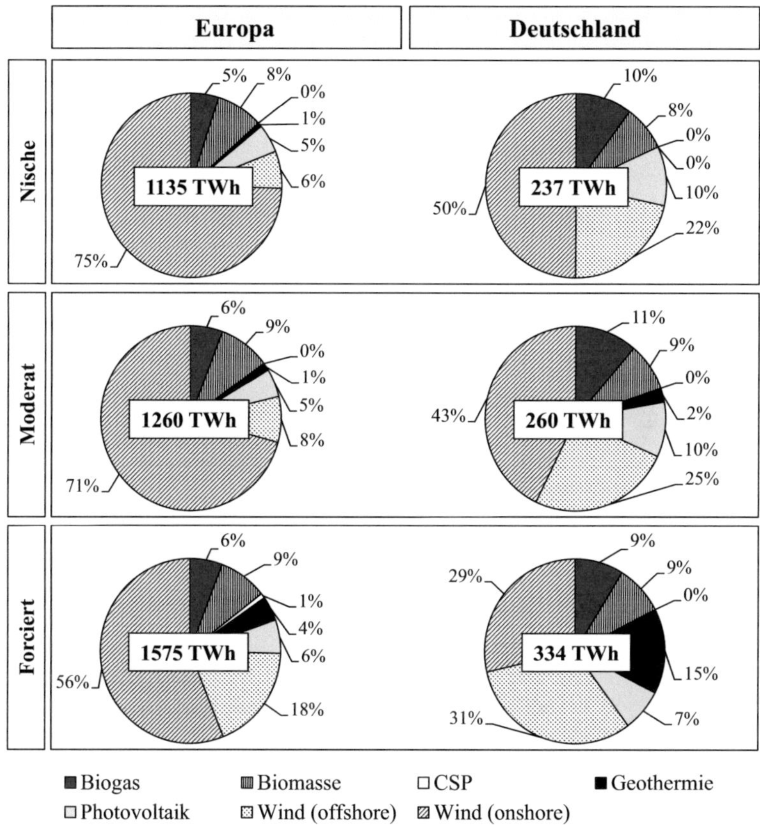

Abbildung 8.13.: Zusammensetzung der Elektrizitätserzeugung erneuerbarer Energien in 2030 (eigene Berechnungen)

wird in Deutschland kleiner, weil aufgrund des vergleichsweise geringen Potenzials für PV in Deutschland diese Technologie modellendogen nicht zugebaut wird. Auf europäischer Ebene hingegen wird in einigen Ländern mit wirtschaftlichen Potenzialen dafür PV zugebaut, so dass hier der PV-Anteil am Mix erneuerbarer Energien ungefähr konstant bleibt.

Wie bereits zuvor erwähnt sind im Modell die exogen vorgegebenen Ziele für den Ausbau erneuerbarer Energien ein Prozentsatz der Elektrizitäts-

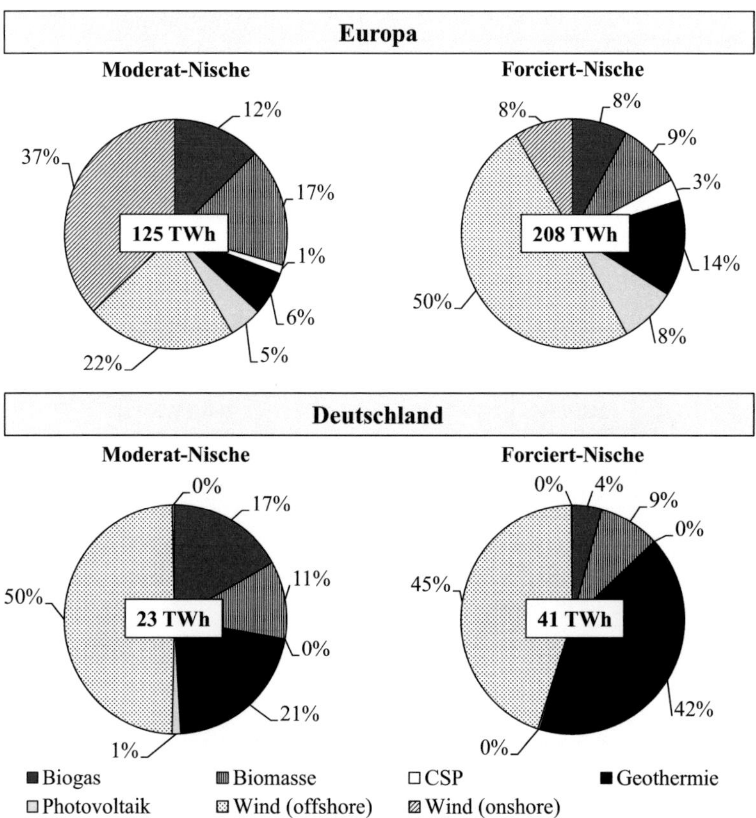

Abbildung 8.14.: Zusammensetzung der durch EVs zusätzlichen Elektrizitätserzeugung aus erneuerbarer Energien im Vergleich zum Szenario *Nische* in 2030 (eigene Berechnungen)

nachfrage. Steigt die Elektrizitätsnachfrage, wie in den hier vorgenommenen Modellrechnungen durch eine höhere EV-Marktpenetration bedingt, steigt auch das absolute Ausbauziel erneuerbarer Energien. In Abbildung 8.14 ist die Differenz der Elektrizitätserzeugung aus erneuerbaren Energien zwischen den Szenarien in 2030 und die Anteile der erneuerbarer Energieanlagen an dieser Differenz dargestellt. Diese zusätzlichen erneuerbarer Energien sind im Szenario *Moderat* ausschließlich durch eine höhere EV-Marktpenetration bedingt. Im Szenario *Forciert* kommt neben dem erhöhenden Effekt durch EVs das exogen gesetzte höhere Ausbauziel für erneuerbarer Energien hinzu. Dieses Delta erneuerbarer Energien zwischen den Szenarien wird durch Windkraft dominiert, wobei der Anteil von offshore Windenergie nur beim Vergleich zwischen dem Szenario *Moderat* und *Nische* für Europa nicht den größten Anteil ausmacht. CSP und PV weisen in allen vier Differenzbetrachtungen einen relativ geringen Anteil auf. Allerdings fällt im Szenarienvergleich zwischen *Forciert* und *Nische* für Deutschland der merkliche Anteil Geothermie auf, so dass in diesem Fall davon ausgegangen werden kann, dass das absolut höchste Ausbauziel erneuerbarer Energien im Szenario *Forciert* diesen Zubau in Deutschland verursacht. Ein Teil davon wird durch die vergleichweise höheren EV-Marktpenetrationen bedingt.

8.3.2. Entwicklung der Grenzkosten der Elektrizitätserzeugung und der CO_2-Vermeidung

Die Grenzkosten der Elektrizitätserzeugung werden je Land und für jede Zeitscheibe berechnet. Durch Zusammenfassung der gewichteten Zeitscheibenwerte wird der durchschnittliche Jahreswert der Grenzkosten der Elektrizitätserzeugung je Land berechnet. Beginnend mit dem Szenario *Nische* werden zunächst wesentliche Modellergebnisse dargelegt, um im Anschluss auf Unterschiede in den Szenarien einzugehen.

Insgesamt steigen im Szenario *Nische* die Grenzkosten der Elektrizitätserzeugung bis 2030 an (vgl. Tab. 8.5). Dieser Anstieg wird vor allem durch den Anstieg der Brennstoffpreise und die steigenden Reduktionsanforderungen im EU-ETS getrieben. Dabei erhöhen sich die Grenzkosten der Elektrizitätserzeugung bis 2030 um das 1,4-fachen in Irland, Italien und Griechenland bis um das 3,4-fachen in Schweden. Der prozentual geringere Anstieg in Italien und Griechenland wird dadurch beeinflusst, dass ihre Grenzkosten in 2007 bereits die höchsten Werte aufweisen. Auch kann beobachtet werden, dass ein Atomausstieg vergleichweise nicht zu einem höheren Anstieg der Grenzkosten in diesen Ländern führt.

Tabelle 8.5.: Entwicklung der Grenzkosten der Elektrizitätserzeugung im Szenario *Nische* in [€$_{2007}$/MWh] (eigene Berechnungen)

Land	2007	2010	2015	2020	2025	2030
Belgien	36,7	40,4	49,1	65,3	82,6	87,9
Dänemark	24,0	32,1	42,3	53,1	67,0	68,6
Deutschland	29,0	34,8	48,1	57,9	74,9	75,8
Finnland	24,3	32,2	42,9	59,2	71,2	71,6
Frankreich	24,1	28,5	27,4	27,8	58,9	69,8
Griechenland	61,0	53,9	66,5	73,5	85,4	88,4
Irland	51,3	49,0	61,7	65,4	72,1	72,6
Italien	61,5	50,0	65,4	73,6	87,3	88,7
Luxemburg	36,9	35,6	49,3	61,9	75,0	75,3
Niederlande	37,6	43,9	48,8	60,3	75,2	76,3
Norwegen	15,0	34,8	39,4	42,8	42,8	43,2
Österreich	37,3	37,5	50,9	62,6	73,0	73,7
Polen	23,8	32,3	43,5	57,5	69,3	70,4
Portugal	51,2	53,3	63,0	68,7	79,2	81,8
Schweden	22,6	30,6	42,0	55,7	75,0	75,9
Schweiz	33,7	38,7	55,1	63,1	72,5	71,7
Slowakische Republik	28,7	37,0	50,1	64,6	72,6	73,3
Slowenien	43,3	42,6	56,1	69,8	79,7	79,8
Spanien	46,0	46,9	60,9	72,9	91,3	92,2
Tschechische Republik	28,1	35,6	48,5	61,6	72,9	73,5
Ungarn	32,8	39,0	54,1	68,3	69,5	70,3
Vereinigtes Königreich	46,4	48,6	66,0	72,4	75,5	79,2

Im Szenario *Nische* weist Norwegen in 2007 mit ca. 15 €$_{2007}$/MWh die geringsten und Italien und Griechenland mit mehr als 60 €$_{2007}$/MWh die höchsten Grenzkosten der Elektrizitätserzeugung auf. Dies ist darauf zurück zu führen, dass die Elektrizitätserzeugung in Norwegen vor allem auf der im Vergleich sehr günstigen Wasserkraft beruht, während in Italien und Griechenland ein wesentlicher Elektrizitätsteil in teureren Gaskraftwerken erzeugt wird. Deutschland liegt mit ca. 29 €$_{2007}$/MWh in 2007 im europäischen Mittelfeld. Dieser Wert liegt unterhalb des durchschnittlichen Elektrizitätspreises für Deutschland an der EEX in 2007 von ca. 38 €/MWh (EEX, 2012). Die Ursache für diesen Unterschied liegt in dem hier genutzten optimierenden Modellansatz, der den Kraftwerkseinsatz so wählt, dass die relevanten Systemausgaben über den betrachteten Zeithorizont minimiert werden. Der reale Kraftwerkseinsatz weicht hiervon in gewissen Maße ab und zusammen mit stochastischen Einflüssen wie beispielsweise je Jahr unterschiedlichen Windverhältnissen, führt dies zu dieser Unterschätzung des deutschen Elektrizitätspreises in 2007. Vergleicht man jedoch den Anstieg der Elektrizitätspreise an der EEX (EEX, 2012) und denen in *PERSEUS-EMO* zwischen 2007 und 2010 so weichen diese nur gering voneinander ab.

Bis 2030 nehmen die Unterschiede zwischen den Ländern bei den Grenzkosten der Elektrizitätserzeugung ab. Während in 2007 zwischen den minimalen und maximalen Grenzkosten ein Faktor vier und der durchschnittliche Faktor zu Norwegen bei 2,41 lag, weisen die Grenzkosten in 2030 maximal einen Faktor von gut zwei und einen durchschnittlichen Faktor von 1,75 auf. Die größeren Unterschiede in 2007 rühren teils daher, dass die Zusammensetzungen der nationalen Kraftwerkparks noch von der Zeit vor der Liberalisierung und von ihrem unterschiedlichen Zugang zu Brennstoffen sowie Wasserkraftpotenzialen geprägt sind. Infolge weisen sie in 2007 heterogene Strukturen und damit ebenso heterogene Grenzkosten der Elektrizitätserzeugung auf. Durch die europaweite Optimierung der Entwicklung des Kraftwerksparks im Modell *PERSEUS-EMO* nimmt die nationale Ausrichtung der Kraftwerksparks ab, was sich in einheitlicheren Grenzkosten der Elektrizitätserzeugung widerspiegelt. Dies kann als Indikator für das Zusammenwachsen der europäischen Elektrizitätsmärkte interpretiert werden.

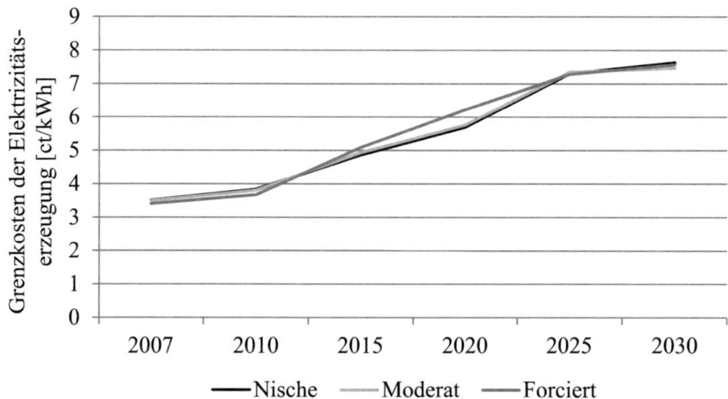

Abbildung 8.15.: Entwicklung der durchschnittlichen Grenzkosten der Elektrizitätserzeugung in Europa in [€₂₀₀₇/MWh] (eigene Berechnungen)

In Abbildung 8.15 sind die mit der länderspezifischen Elektrizitätserzeugung gewichteten durchschnittlichen Grenzkosten der Elektrizitätserzeugung für Europa in den drei Szenarien aufgezeigt. Die Grenzkosten steigen von ca. 35 €₂₀₀₇/MWh in 2007 auf gut das Doppelte von ca. 76 €₂₀₀₇/MWh in 2030. Dabei fällt auf, dass sich die Grenzkosten der drei Szenarien bis auf den Zeitraum der 3. Handelperiode des EU-ETS (2013-2020) im Szenario *Forciert* kaum unterscheiden. Und dies obwohl in den Szenarien *Moderat* und *Forciert* eine höhere Elektrizitätsnachfrage infolge von höheren EV-Marktpenetrationen bei gleichbleibenden CO_2-Emissionscaps und einem erhöhten Ausbau erneuerbarer Energien vorliegen. Der zu beobachtende Unterschied beim Szenario *Forciert* rührt aus der steileren CO_2-Reduktionsrate in diesem Zeitraum her. Dass in diesem Szenario nach 2020 die Grenzkosten die der anderen beiden Szenarien nicht weiter übersteigt, liegt ursächlich darin, dass der höhere Ausbau erneuerbarer Energien und die höhere CO_2-Reduktion durch einen geringeren Anstieg der Brennstoffpreise (vgl. Kap. 8.1) und eine bessere Auslastung der Kraftwerke durch die zusätzliche, flexible EV-Elektrizitätsnachfrage gedämpft werden. Analog ermöglicht die verschiebbare Last der EV-Elektrizitätsnachfrage im Szenario *Moderat* den Anstieg der Grenzkosten der Elektrizitätserzeugung auf das Niveau des Szenarios *Nische* zu beschränken. Insofern weist die Option zur Lastverschiebung bei EVs einen reduzierenden Effekt auf die Grenzkosten der Elektrizitätserzeugung auf.

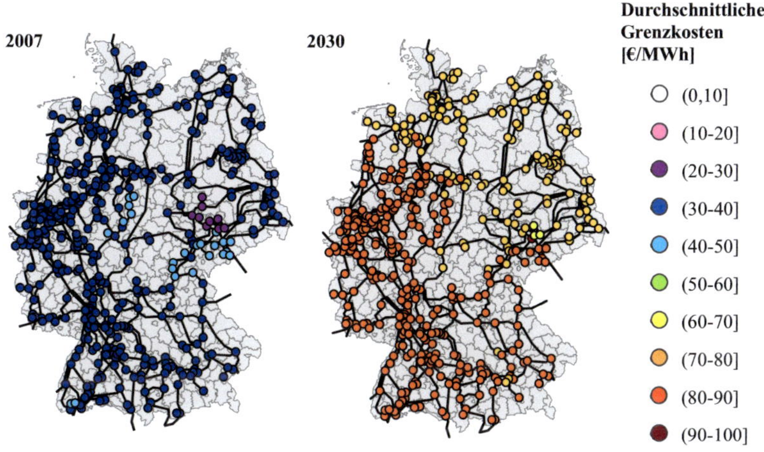

Abbildung 8.16.: Regionale Verteilung der durchschnittlichen Grenzkosten im deutschen Übertragungsnetz im Szenario *Moderat* in [€/MWh] (eigene Berechnungen)

Die regional differenzierten Grenzkosten im deutschen Übertragungsnetz weisen für das Szenario *Moderat* in 2007 nur geringe, lokal beschränkte Unterschiede auf (s. Abb. 8.16). Diese resultieren vor allem aus der Verbindung zwischen Nord- und Süddeutschland und den Leitungen zwischen Thüringen und Bayern, deren Ausbau im Rahmen vom Energieleitungsausbaugesetz aus 2009 bereits vorgesehen ist (vgl. Kap. 2.1.2). Die im Vergleich zu *PERSEUS-EMO-EU* durchschnittlich höheren Grenzkosten der Elektrizitätserzeugung folgen aus dem gemäß *PERSEUS-EMO-EU* fest vorgegebenem Elektrizitätsaustausch, so dass *PERSEUS-EMO-NET* an dieser Stelle einen Freiheitsgrad weniger aufweist. Bis 2030 ergeben sich in Deutschland zwei Bereiche der Grenzkosten, die insbesondere durch die regionale Verteilung der Elektrizitätsnachfrage und dem Ausbau erneuerbarer Energien bedingt werden. Vor allem die Lastzentren in Südwestdeutschland und der Ausbau der offshore Windenergie in Norddeutschland führen zu höheren Grenzkosten im Südwesten Deutschlands.

In den Szenarien *Nische* und *Moderat* ähneln sich die regional differenzierten durchschnittlichen Grenzkosten in 2030 (s. Abb. 8.17). Allerdings ist der höhere Ausbau von offshore Windenergie der Grund für die Abweichung der zwei Kostenbereiche an der Nordseeküste zwischen den beiden Szenarien. Trotz der höheren Elektrizitätsnachfrage im Szenario *Moderat* bleiben die Grenzkosten im Vergleich zum Szenario *Nische* relativ ähnlich. Dies ist u.a. eine Folge der Lastverschiebung von EVs und eines veränderten Elektrizitätsaustauschs (vgl. Kap. 8.3.3). Im Szenario *Forciert* hingegen weisen die Grenzkosten der Elektrizitätserzeugung eine heterogenere Verteilung auf, weil hier zum einen der Ausbau der erneuerbaren Energien und zum anderen die geringeren Brennstoffkosten den möglichen Effekt durch eine EV-Lastverschiebung überwiegen. Infolge weisen offshore-nahe Gebiete geringere Grenzkosten auf als Regionen im Südwesten Deutschlands. Diese heterogene Verteilung der Grenzkosten in Deutschland im Szenario *Forciert* geht im Vergleich zu den anderen beiden Szenarien mit mehr Engpasssituationen im Übertragungsnetz einher. So kommt es im Szenario *Forciert* in 2030 in knapp 250 Fällen zu Engpässen im Übertragungsnetz, während in den Szenarien *Nische* und *Moderat* ca. 80 und ca. 60 Fälle auftreten. Obwohl im Szenario *Moderat* erneuerbare Energien umfangreicher ausgebaut werden als im Szenario *Nische*, kommt es in diesem Szenario zu weniger Engpässen im Übertragungsnetz. Ein Grund hierfür ist in der Lastverschiebung von EVs zu sehen.

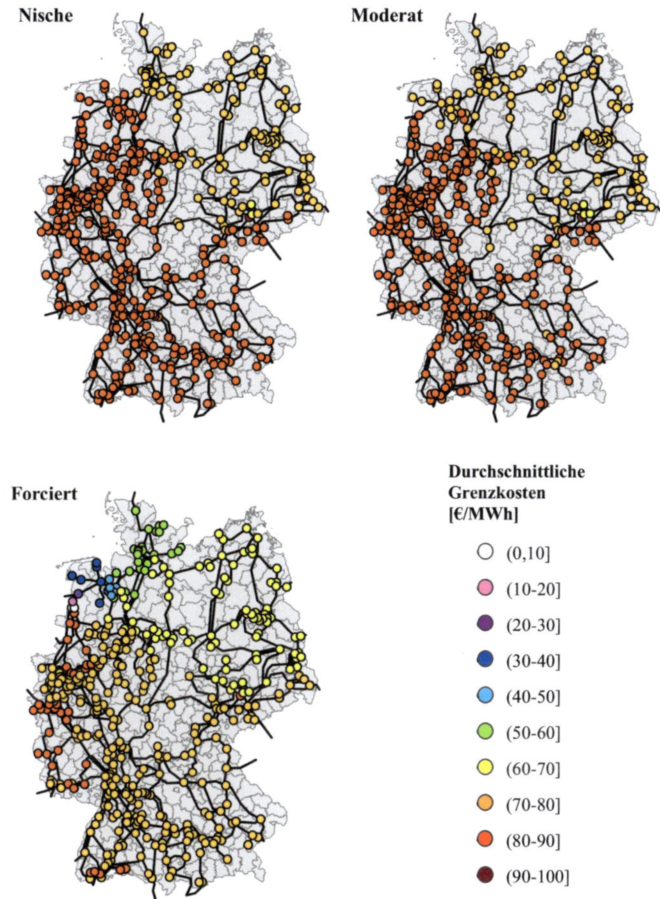

Abbildung 8.17.: Regionale Verteilung der durchschnittlichen Grenzkosten im deutschen Übertragungsnetz in 2030 in [€/MWh] (eigene Berechnungen)

Die Grenzvermeidungskosten der CO_2-Emissionen (s. Tab. 8.6) können als Indikator für zukünftige Emissionszertifikate im EU-ETS interpretiert werden. Der Handel mit Emissionszertifikaten unterliegt in den hier betrachteten Szenarien keinen Mengenbeschränkungen im Gegensatz zum physika-

Tabelle 8.6.: Entwicklung der Grenzvermeidungskosten für CO_2-Emissionen in [€/t CO_2] (eigene Berechnungen)

Handelsperiode Szenario	II. 2008-2012	III. 2013-2020	IV. 2021-2028	V. bis 2030
Nische	13,8	28,3	50,0	56,2
Moderat	13,7	29,0	49,4	54,3
Forciert	12,6	33,8	54,7	58,8

lisch begrenzten Elektrizitätsaustausch, so dass sich für die Zertifikate ein Gleichgewichtspreis in Europa bilden kann.

Durch den Anstieg der Elektrizitätsnachfrage bei gleichzeitiger Reduktion des CO_2-Emissionscaps steigen die Grenzvermeidungskosten an. Während die Grenzvermeidungskosten in der zweiten Handelsperiode in den drei Szenarien noch eng beieinander liegen, weichen sie in späteren Handelsperioden zunehmend voneinander ab. Die hier ermittelten Grenzvermeidungskosten der zweiten Handelsperiode entsprechen den realen CO_2-Zertifikatspreisen relativ gut (vgl. Abb. 2.4 in Kap. 2.1.3). Allerdings spiegeln die Modellergebnisse nicht explizit den Rückgang des Zertifikatspreises in 2012 wider (EEX, 2012), weil hier mit *PERSEUS-EMO* charakteristische Jahre die einen drei- bis fünfjährigen Zeitraum umfassen berechnet werden. In der dritten Handelsperiode weist das Szenario *Nische*, weil es die geringste Elektrizitätsnachfrage enthält, die niedrigsten Grenzvermeidungskosten auf. Dies ändert sich allerdings ab der vierten Handelsperiode, ab der die Grenzvermeidungskosten im Szenario *Moderat* geringer sind als im Szenario *Nische*. Dies ist dadurch bedingt, dass im Szenario *Moderat* durch die flexible EV-Last die weniger emissionsintensiven Kraftwerke in Europa (z.B. Kernkraftwerke) besser ausgelastet werden, was trotz höherer Elektrizitätsnachfrage bei den gleichen CO_2-Emissionscaps wie im Szenario *Nische* einen leicht senkenden Effekt auf die Grenzvermeidungskosten für CO_2-Emissionen hat.

Im Szenario *Forciert* hingegen beeinflussen primär die exogen vorgegebenen höheren CO_2-Reduktionsraten in der dritten Handelsperiode und der umfangreichere Ausbau erneuerbarer Energien die Grenzvermeidungskosten für CO_2-Emissionen. So zieht das Modell *PERSEUS-EMO* in diesem Szenario vereinzelt Vermeidungsmaßnahmen zeitlich vor, was zu einem leicht geringeren Zertifikatspreis in der zweiten Handelsperiode führt. Danach liegen die Grenzvermeidungskosten in jeder Handelsperiode über denen der anderen beiden Szenarien. Hier wird deutlich, dass die Verschärfung der CO_2-Reduktion bei gleichzeitig umfangreicherer Elektrizitätsnachfrage durch EVs zu wesentlich höheren Grenzvermeidungskosten führt, weil für die Zielerreichung teurere Vermeidungsoptionen genutzt werden müssen. In diesem Szenario reicht die kostensenkende Eigenschaft der EV-Lastverschiebung nicht aus, um den Kostennachteil bei den Grenzvermeidungskosten auszugleichen.

8.3.3. Entwicklung des interregionalen Elektrizitätsaustausches

Die Elektrizitätsnachfrage durch Elektromobilität eines Landes kann aufgrund des interregionalen Elektrizitätsaustausches den Kraftwerkseinsatz in benachbarten Ländern beeinflussen. Dabei hängt der Elektrizitätsaustausch zwischen den europäischen Ländern von einer Reihe von ökonomischen und technischen Faktoren ab, von denen Elektromobilität nur einen darstellt. Zu einem Austausch kommt es immer dann, wenn die Differenz der Grenzkosten der Elektrizitätserzeugung zwischen zwei Ländern größer als die Transportkosten inklusive der Netzverluste ist. Dies kann zwischen den betrachteten Zeitscheiben variieren. Auf der technischen Seite wird der Austausch durch die Kapazität der Kuppelleitung begrenzt.
Infolge der zuvor beschriebenen Veränderungen der nationalen Kraftwerkparks in Europa und damit auch ihrer Ausgabenstruktur kommt es zu einer Reihe von Anpassungen bei den Austauschsalden. Um unter diesen Ver-

Tabelle 8.7.: Entwicklung der Nettoelektrizitätserzeugung und der Elektrizitätsaustauschsalden im Szenario *Nische* in [TWh/a] (eigene Berechnungen)

Land	Nettoelektrizitäts-erzeugung			Elektrizitäts-austauschsaldo		
	2010	2020	2030	2010	2020	2030
Belgien	78,4	73,1	63,6	11,4	28,3	45,3
Dänemark	33,4	43,7	44,4	0,7	-3,6	-3,0
Deutschland	566,1	599,4	596,6	-5,4	-7,5	37,9
Finnland	84,6	89,0	104,7	2,6	10,1	-5,8
Frankreich	617,5	693,4	675,6	-121,4	-130,3	-71,0
Griechenland	60,5	76,0	85,7	-0,9	-3,1	-0,3
Irland	26,8	33,7	38,5	1,2	0,7	2,2
Italien	264,6	328,3	387,5	61,9	62,3	50,4
Luxemburg	1,7	2,8	7,4	6,0	6,4	1,3
Niederlande	73,9	113,8	140,5	37,6	13,4	-2,9
Norwegen	130,6	170,6	180,0	-6,7	-18,0	-25,1
Österreich	67,2	73,7	79,3	1,5	1,4	-0,4
Polen	140,3	160,2	191,6	-3,3	0,1	-6,5
Portugal	48,2	58,9	73,5	7,3	2,4	-0,1
Schweden	156,4	152,4	136,9	-13,4	2,4	25,6
Schweiz	70,9	63,7	115,3	-3,2	0,5	-43,2
Slowakische Republik	23,3	35,1	42,8	3,2	1,0	-1,5
Slowenien	14,7	18,6	20,4	-1,4	-2,0	-1,8
Spanien	284,5	332,0	387,4	3,8	8,5	10,3
Tschechische Republik	78,0	85,6	97,1	-14,2	-7,0	-19,3
Ungarn	31,5	38,7	51,5	7,7	7,2	-1,1
Vereinigtes Königreich	344,3	390,6	452,8	15,0	15,8	-0,7

änderungen vor allem diejenigen zu identifizieren, die auf den Einfluss von EVs zurückzuführen sind, ist als Vergleichsbasis in Tabelle 8.7 zunächst für das Szenario *Nische* je Land die Entwicklung der elektrischen Austauschsalden der Nettoelektrizitätserzeugung gegenübergestellt. Von den 22 betrachteten Ländern kehrt die Hälfte das Vorzeichen ihres Austauschsaldos um. Während im Jahr 2010 neun Länder Elektrizität primär exportierten, überwiegt der Elektrizitätsexport in 2030 bei 15 Ländern. Deutschland entwickelt sich gemäß der Modellrechnungen schon im Szenario *Nische* von einem Elektrizitätsexporteur zu einem Importeur. Die europaweit ausgetauschte Elektrizitätsmenge, die sich aus den Elektrizitätsimporten und -exporten in jeder Zeitscheibe je Land zusammensetzt, sinkt von 2010 bis 2030 um gut 5%. Der politisch gewünschte Anstieg des grenzüberschreitenden Elektrizitätshandels (vgl. Kap. 2.1.1) läßt sich damit in der ausgetauschten Elektrizitätsmenge nicht identifizieren.

Bei einem Vergleich der Entwicklung der Elektrizitätsaustauschsalden in den drei Szenarien (s. Abb. 8.18) fällt auf, dass unabhängig von den Szenarien insgesamt 11 Länder die Richtung ihres Austauschsaldos nicht verändern. Des Weiteren wechselt die Austauschrichtung bei 7 Ländern (Deutschland, Schweden, Dänemark, Finnland, Niederlande, Portugal und die Slowakische Republik) in allen Szenarien einheitlich. Während Deutschland und Schweden sich u.a. aufgrund ihres Atomausstiegs von Elektrizitätsexporteuren bis 2030 hin zu Importeuren entwickeln, wandeln sich die anderen 5 Länder zu Elektrizitätsexporteuren.

Nur in Österreich, Griechenland, dem Vereinigten Königreich und Ungarn entwickelt sich das Austauschsaldo nicht einheitlich in den Szenarien. In Österreich und Griechenland führt eine höhere inländische Elektrizitätsnachfrage dazu, dass bei diesen beiden Länder der Elektrizitätsimport den Export in 2030 überwiegt. Dies ist dadurch begründet, dass Österreich diesen Nachfrageanstieg vor allem mit vergleichsweise teuren Gaskraftwerken und einem erhöhten Elektrizitätsimport ausgleicht. In Griechenland hingegen verdrängt der prozentual von der Elektrizitätsnachfrage abhängige Ausbau der erneuerbaren Energien einen Teil des fossil befeuerten Kraftwerkparks, so dass Griechenland zur Deckung seiner Last bzw. Lastkurve in zunehmendem Maße auf Elektrizitätsimporte angewiesen ist.

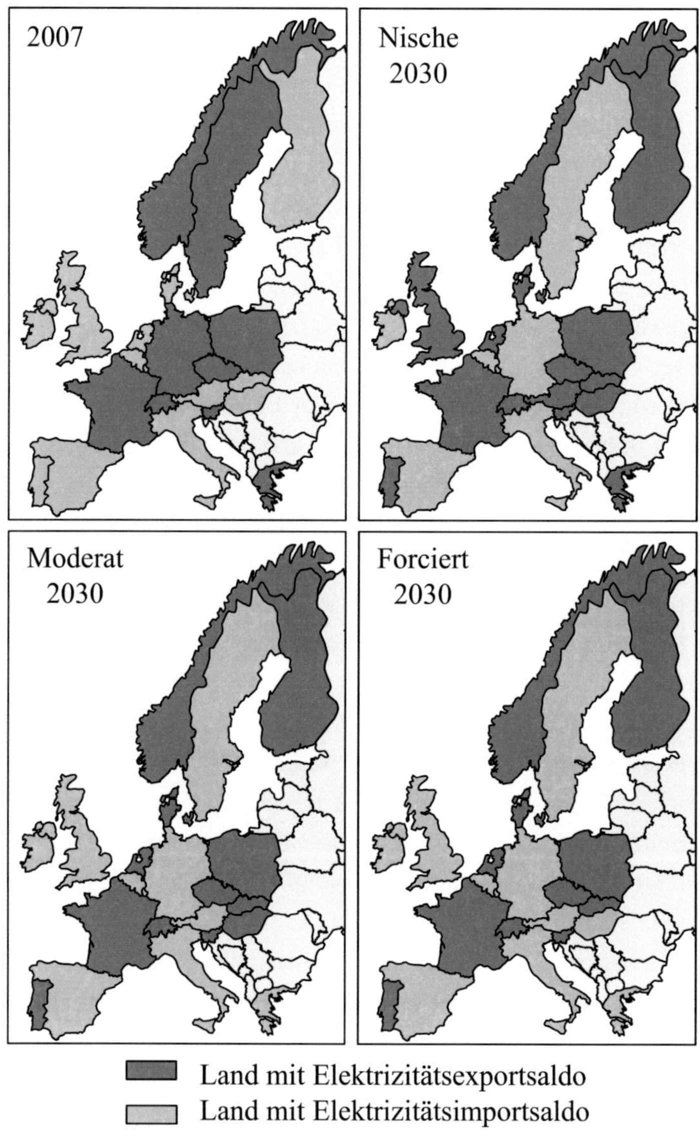

Abbildung 8.18.: Entwicklung der Elektrizitätsaustauschsalden in Europa

Fast alle Länder mit Kernkraftwerken, zu denen auch das Vereinigte Königreich und Ungarn zählen, gehören in 2030 unabhängig von den Szenarien zu den Elektrizitätsexporteuren. Eine Ausnahme bildet hier das Vereinigte Königreich, das in den Szenarien *Moderat* und *Forciert* in 2030 Elektrizitätsimporteur bleibt. Allerdings nimmt der Elektrizitätsimport in diesem Land in allen drei Szenarien zwischen 11 bis 15 TWh von 2010 bis 2030 ab, erreicht aber in den Szenarien mit den höheren Elektrizitätsnachfragen infolge von mehr EVs (*Moderat* und *Forciert*) nicht den Vorzeichenwechsel des Elektrizitätsaustausches. Analog verhält es sich mit Ungarn, in dem bei allen drei Szenarien der Elektrizitätsimport abnimmt, der Vorzeichenwechsel des Austauschsaldos wird aber infolge der höheren Elektrizitätsnachfrage und des exogen geforderten höheren Ausbaus erneuerbarer Energien im Szenario *Forciert* nicht erreicht.

Insgesamt sinkt wie oben bereits erwähnt die über das Jahr je Zeitscheiben ausgetauschte Elektrizitätsmenge in allen drei Szenarien. Allerdings ist der Rückgang im Szenario *Nische* mit ca. 5% größer als im Szenario *Forciert* mit ca. 4% und als im Szenario *Moderat* mit 0,5%. Dies ist darauf zurückzuführen, dass die höhere Elektrizitätsnachfrage infolge von höheren EV-Marktpenetrationen im Szenario *Moderat* zu mehr europäischem Elektrizitätsaustausch führt. Dieser Effekt wird im Szenario *Forciert* durch die höheren Ausbauziele für erneuerbare Energien überlagert, so dass hier ein geringerer Unterschied zum Szenario *Nische* beobachtet werden kann.

Die Entwicklung der Elektrizitätsaustauschsalden für Deutschland ist in Abbildung 8.19 dargestellt. In allen 3 Szenarien wird Deutschland wie erwähnt in 2030 zu einem Elektrizitätsimporteur. Die Vorzeichen des Elektrizitätsaustauschs je Land entwickelt sich in allen Szenarien bis 2030 identisch. Insgesamt dreht sich der Austausch mit fünf Nachbarländern um (Schweiz, Österreich, Tschechische Republik, Polen und Schweden), während die Austauschrichtung mit vier Ländern zwischen 2007 und 2030 unverändert bleibt (Dänemark, Niederlande, Luxemburg und Frankreich).

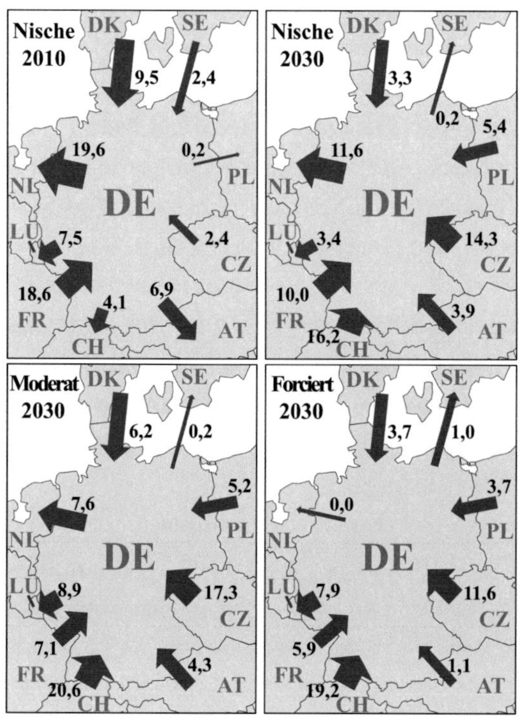

Abbildung 8.19.: Entwicklung der Elektrizitätsaustauschsalden von Deutschland

Mit steigender Elektrizitätsnachfrage durch EVs nimmt der Elektrizitätsimport aus Frankreich und der Elektrizitätsexport in die Niederlande ab. Bei Frankreich ist dies dadurch begründet, dass die dort innländisch produzierte Elektrizität[18] zunächst für die Deckung des infolge von mehr EVs erhöhten eigenen Bedarf genutzt wird und deswegen weniger zum Export zur Verfügung steht. Der Rückgang der Elektrizitätsexporte in die Niederlande rührt aus dem Ausbau der Kernenergie in den Niederlande ab 2025 her. Dadurch

---

[18]Frankreich exportiert durch seinen hohen Anteil an Kernkraftwerken, die relativ günstige Elektrizität produzieren, umfangreich in seine Nachbarländer in 2007. Bis 2030 nimmt die Kapazität der Kernkraftwerke in Frankreich ab, weil alte Anlagen stillgelegt und keine neuen zugebaut werden, obwohl dies zulässig wäre.

sinkt der niederländische Bedarf an Elektrizitätsimporten. Durch den stärkeren Ausbau der Kernkraft in den Niederlande im Szenario *Moderat* sinkt der Export in die Niederlande stärker als im Vergleich zum Szenario *Nische*. Beim Szenario *Forciert* werden keine Kernkraftwerke in den Niederlande zugebaut, weil der exogen vorgegebene höhere Ausbau erneuerbarer Energien und der zu deren Ausgleich nötige Gaskraftwerkszubau sowie die Option zur Lastverschiebung der EV-Elektrizitätsnachfrage andere Kraftwerkszubauten teilweise verdrängen. Dies führt bei den Niederlanden wie bei allen anderen europäischen Ländern zu einem allgemeinen Rückgang des Elektrizitätsaustauschs.

Der Elektrizitätsaustausch mit der Schweiz kehrt in allen drei Szenarien seine Richtung um und Deutschland importiert in 2030 aus der Schweiz eine Elektrizitätsmenge in der Größenordnung wie der Import aus Frankreich in 2010. Die Unterschiede zwischen den drei Szenarien basieren auf einem sehr ähnlichen schweizerischen Kraftwerkspark in 2030 mit jeweils unterschiedlicher Auslastung. Bei erhöhter Elektrizitätsnachfrage infolge größerer EV-Marktpenetrationen nimmt die im Vergleich zu Deutschland durch einen hohen Anteil an Wasserkraft günstigere Elektrizitätserzeugung in der Schweiz zu. Im Szenario *Forciert* verringert sich dieser Trend durch den höheren Ausbau erneuerbarer Energien.

Sowohl bei Polen als auch bei der Tschechischen Republik führt der Zubau von Kernkraftwerken zu einem Elektrizitätsexport nach Deutschland in allen drei Szenarien in 2030. In den Szenarien mit mehr EVs und der Möglichkeit deren Last zu verschieben fällt der Kernkraftwerksausbau in diesen beiden Ländern höher aus, so dass festgehalten werden kann, dass deutsche EVs mit Option zur Lastverschiebung den Zubau von Kernkraftwerken in Polen und der Tschechischen Republik begünstigen. Durch zusätzliche Restriktionen wie z.B. im Szenario *Forciert* der zusätzliche Ausbau erneuerbarer Energien kann dieser Einfluss reduziert werden.

8.3.4. Entwicklung der CO_2-Emissionen und des CO_2-Zertifikatehandels

In Kapitel 3.2.3 wurde beispielhaft dargelegt, dass EVs zu einer Emissionsverschiebung vom Verkehrssektor in den Energiesektor führen können. Gleichzeitig hängen von den spezifischen CO_2-Emissionen der Elektrizitätserzeugung die kilometerspezifischen Emissionen von EVs ab. Weil diese Eigenschaft von EVs in der aktuellen politischen Diskussion von grundlegender Bedeutung ist (vgl. Kap. 3.3), wird hier der Einfluss von EVs auf die jeweiligen Emissionen beschrieben. Dabei ist zu beachten, dass in den Szenarien die Summe aus den CO_2-Emissionscaps des EU-ETS und den Emissionszertifikaten aus CDM- und JI-Projekten eine konstante Obergrenze darstellt, die unabhängig von der durch EVs gesteigerten Elektrizitätsnachfrage ist. Diese Zertifikatsmengen wurden gemäß den heutigen Plänen zur CO_2-Reduktion (vgl. Kap. 7.8) angenommen[19]. Die durch EVs erhöhte Elektrizitätsnachfrage kann deswegen in den am EU-ETS beteiligten Ländern nicht zu mehr CO_2-Emissionen führen. Eine Sonderrollen spielen hier die Schweiz und Norwegen, die erst in späteren Handelsperioden des EU-ETS eingebunden sind (vgl. Kap. 2.1.3).

In Tabelle 8.8 sind beispielhaft für zwei Stützjahre die länderspezifischen CO_2-Emissionen und die jeweiligen Handelssalden mit CO_2-Zertifikaten für das Szenario *Nische* aufgeführt. In den meisten Ländern gehen die CO_2-Emissionen infolge der Reduktion der europaweit verfügbaren CO_2-Zertifikate zurück. In Ländern in denen die Vermeidungskosten für CO_2-Emissionen vergleichweise höher liegen oder z.B. die politischen Rahmenbedingungen den Bau emissionsarmer Kraftwerke erschweren, kann es bis 2030 zu einem Emissionsanstieg kommen. Zu diesen Ländern mit Emissionsanstieg von 2020 bis 2030 zahlen Belgien, Frankreich, Luxemburg, Italien, Portugal, die Schweiz und Slowenien. Auch ist zu beobachten, dass

---

[19]Hierbei sind mögliche Nachverhandlungen der CO_2-Emissionscaps bei einer verstärkten EV-Marktpenetration bewußt unberücksichtigt, weil dies auf Basis des heutigen Kenntnisstandes nicht belastbar quantifizierbar ist.

sich ein Teil der Länder von einem Zertifikatskäufer hin zu einem Zertifikatsverkäufer oder umgekehrt entwickelt. So wird Belgien infolge seines Atomausstiegs zu einem Zertifikatskäufer ebenso wie Frankreich, das seine Kernkraftwerkskapazitäten in späteren Jahres des Betrachtungshorizonts bis 2030 reduziert. Einzig Polen wird vom Zertifikatskäufer zum -verkäufer, was durch den Ausbau der Kernkraft in Polen bedingt ist.

Vergleicht man die Differenzen in den CO_2-Emissionen zwischen den Szenarien fällt zunächst auf, dass vor allem Belgien und Deutschland im Szenario *Moderat* im Vergleich zum Szenario *Nische* mehr CO_2 emittieren, während im Szenario *Forciert* die Emissionsreduktionen überwiegen (vgl. Abb. 8.20[20]).

Ein Teil der Unterschiede bezüglich der CO_2-Emissionen zwischen den Szenarien rührt aus Veränderungen der Elektrizitätsaustauschsalden her. So verringert z.B. die Tschechische Republik ihren Elektrizitätsexport im Szenario *Moderat* im Vergleich zum Szenario *Nische* und erreicht so den prozentual höchsten CO_2-Emissionsrückgang auf ca. 82% der CO_2-Emissionen im Szenario *Nische* in 2030. Eine andere Ursache für einen Emissionsrückgang besteht in der Nutzung von Kraftwerken mit CCS, wie dies in Italien der Fall ist. Während die Unterschiede zwischen dem Szenario *Nische* und *Moderat* meist den höchsten Wert im Jahr 2030 annehmen, in dem auch der Unterschied der Elektrizitätsnachfrage durch EVs am größten ist, weist die Differenz zum Szenario *Forciert* vermehrt höhere Abweichung bereits in 2020 auf. Dies wird dadurch verursacht, dass in diesem Szenario die CO_2-Reduktionsrate in der dritten Handelsperiode des EU-ETS steiler verläuft.

Bezieht man die CO_2-Emissionen der Szenarien *Moderat* und *Forciert* auf diejenigen im Szenario *Nische*, um die prozentual stärksten Veränderungen identifizieren zu können, fällt auf, dass diese Differenzen eine Bandbreite von 82% bis 137% im Szenario *Moderat* bzw. von 58% bis 111% im Szenario *Forciert* aufweisen. So nehmen z.B. in Belgien infolge des Atomausstiegs in 2025 die CO_2-Emissionen um 7% bzw. 19% im Szenario *Moderat* bzw. *Forciert* zu. Für Slowenien hingegen ist der Rückgang in Höhe von

Tabelle 8.8.: Entwicklung der CO_2-Emissionen und CO_2-Zertifikats-handelssalden je Land im Szenario *Nische* in [Mio. t CO_2] (eigene Berechnungen)

	CO_2-Emissionen		CO_2-Zertifikats-handelssalden[1]	
Land	2020	2030	2020	2030
Belgien	16,11	22,22	-1,66	7,96
Dänemark	24,92	17,67	8,85	4,30
Deutschland	288,34	208,58	91,88	51,71
Finnland	28,38	17,03	15,58	6,74
Frankreich	33,66	52,00	-11,35	15,96
Griechenland	29,04	18,12	-10,87	-13,45
Irland	7,32	5,04	-6,32	-5,99
Italien	143,71	153,43	58,95	87,53
Luxemburg	0,19	0,25	-0,69	-0,46
Niederlande	46,95	38,43	4,86	4,34
Norwegen	2,41	2,42	-0,82	-0,22
Österreich	12,57	11,03	1,60	2,15
Polen	131,24	64,76	7,65	-34,12
Portugal	18,3	19,64	0,71	5,49
Schweden	14,57	13,26	9,10	8,78
Schweiz	2,80	3,09	0,87	1,51
Slowakische Republik	4,23	3,31	-2,98	-2,55
Slowenien	4,13	4,42	-2,73	-1,05
Spanien	99,10	67,68	31,1	13,73
Tschechische Republik	40,98	23,21	-18,12	-23,94
Ungarn	5,89	5,39	-6,88	-4,71
Vereinigtes Königreich	85,18	60,07	-18,70	-23,67

[1] Positiver Wert = Kauf von CO_2-Zertifikaten, negativer Wert = Verkauf von CO_2-Zertifikaten

8% im Szenario *Forciert* durch die Verdrängung von Elektrizitätserzeugung aus Steinkohle durch den exogen geforderten höheren Ausbau erneuerba-

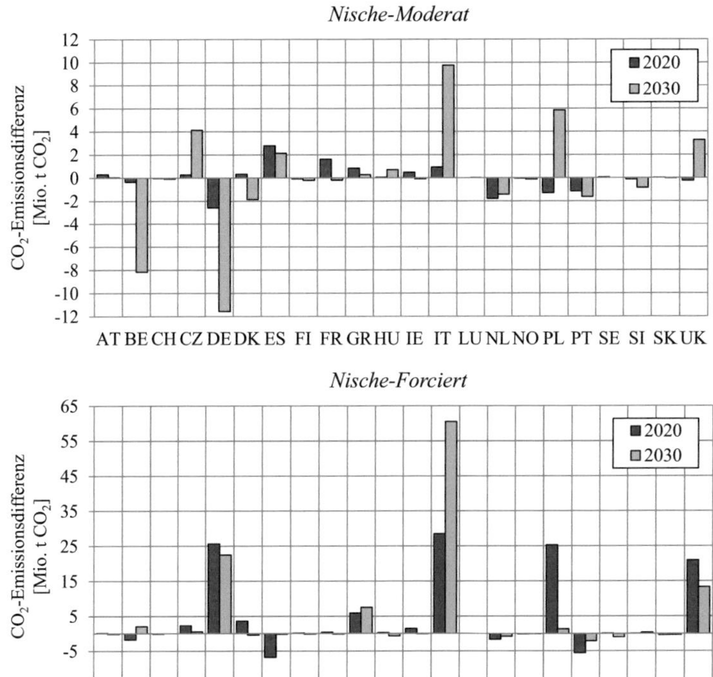

Abbildung 8.20.: Entwicklung der CO$_2$-Emissionsdifferenz zwischen den Szenarien je Land in [Mio. t CO$_2$] (eigene Berechnungen)

rer Energien begründet. Dieser Effekt im Szenario *Forciert* ist in mehreren Ländern zu beobachten (z.B auch in Griechenland mit einem Rückgang auf 58% der CO$_2$-Emissionen im Szenario *Nische*).

Neben der Entwicklung der absoluten CO$_2$-Emissionen eignen sich ergänzend die spezifischen Emissionen zur Charakterisierung des Kraftwerksparks eines Landes, deren Entwicklung in Abbildung 8.21 dargestellt ist. In allen Szenarien reduzieren sich bei fast allen Ländern die spezifischen Kraftwerksemissionen. Nur in Frankreich und Schweden erhöhen sich die spezifischen CO$_2$-Emissionen leicht in allen drei Szenarien. In Frankreich

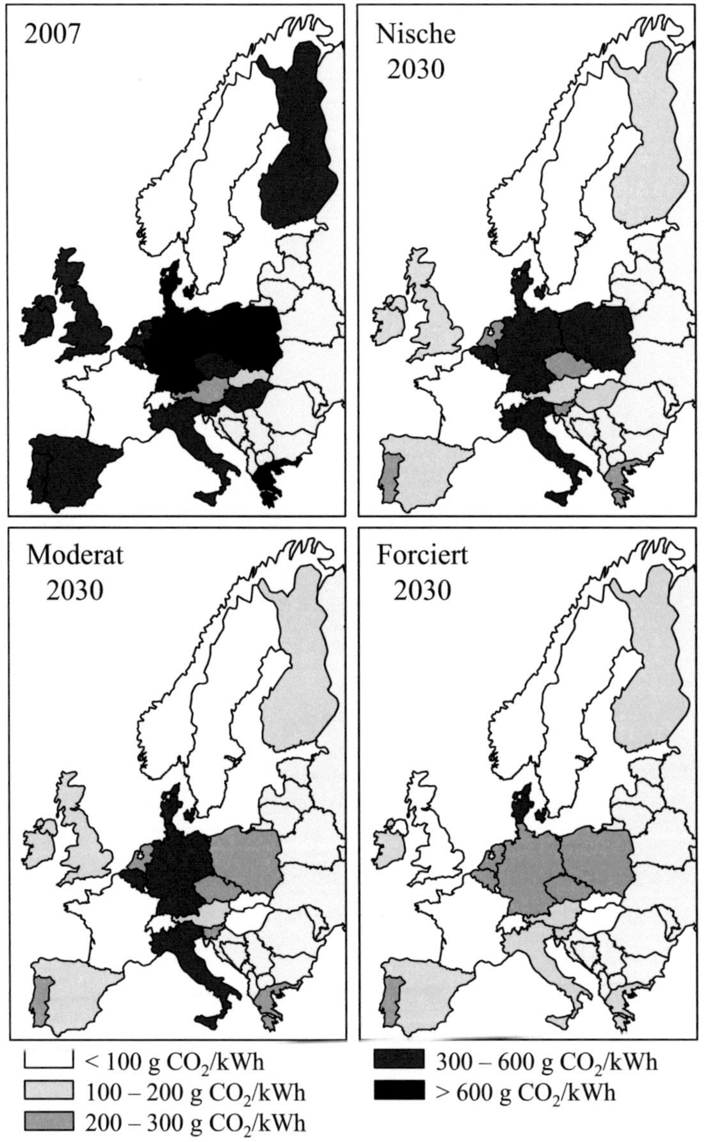

Abbildung 8.21.: Entwicklung der spezifischen CO$_2$-Emissionen der Kraftwerksparks je Land in [g CO$_2$/kWh] (eigene Berechnungen)

liegt dies ursächlich am leichten Rückgang der Kernkraftnutzung, während die Ursache für den leichten Anstieg der spezifischen CO_2-Emissionen in Schweden in einem Zubau von Gaskraftwerken liegt, der bei dem in 2007 vor allem durch Wasserkraft und Kernkraft geprägten schwedischen Kraftwerkspark zu einem Anstieg der spezifischen Emissionen führt. Der leichte Anstieg wird folglich auch durch den Kernkraftausstieg verursacht. Die Ursache für den Anstieg der spezifischen CO_2-Emissionen in Belgien in den Szenarien *Nische* und *Moderat* ist ebenso Folge des dort stattfindenden Kernkraftausstiegs. In Belgien werden Mehremissionen infolge des Atomausstiegs im Szenario *Forciert* allerdings durch die höheren CO_2-Reduktionsziele unterbunden.

Im europäischen Vergleich weist Deutschland in 2030 in allen Szenarien den oder einen der emissionsintensivsten Kraftwerksparks auf, auch wenn die spezifischen Emissionen um ca. 265 bis 335 g CO_2/kWh zwischen 2007 und 2030 reduziert werden. In 2007 weist der polnische Kraftwerkspark mit über 1000 g CO_2/kWh die bei weitem höchsten spezifischen CO_2-Emissionen auf, während der europäische Durchschnitt bei ca. 390 g CO_2/kWh liegt. Diese durchschnittlichen spezifischen CO_2-Emissionen in Europa werden bis 2030 auf ca. 219 g CO_2/kWh im Szenario *Nische* (*Moderat*: 189 g CO_2/kWh, *Forciert*: 160 g CO_2/kWh) verringert. An diesen Ergebnissen wird deutlich, dass eine zunehmende Elektrizitätsnachfrage bei unverändertem CO_2-Emissionscap zu einer Verringerung der spezifischen CO_2-Emissionen des Kraftwerksparks führt.

Nutzt man die spezifischen CO_2-Emissionen der jeweiligen Kraftwerksparks (d.h. die Durchschnittsemissionen) sowie die EV-Verbrauchswerte gemäß Tabelle 5.7 für die Berechnung der kilometerspezifischen CO_2-Emissionen von BEVs, ergeben sich die Werte gemäß Tabelle 8.9. Zieht man die spezifischen CO_2-Emissionen aus Kapitel 3.2.3 von 174 g CO_2/km für einen Diesel-Pkw und von 170 g CO_2/km für einen Benzin-Pkw als Vergleich heran, kann festgestellt werden, dass nur in 2020 in den Szenarien *Nische* und *Moderat* in Polen die spezifischen CO_2-Emissionen eines BEVs die von konventionell angetriebenen Pkws übersteigen. Auch wenn der Zielwert von 130 g CO_2/km gemäß Europäische Kommission (2009e) genutzt wird, verändert dies den Emissionsvergleich zwischen einem BEV und einem konventionell angetriebenen Pkw kaum. Nur in Dänemark ergeben sich in 2020 im Szenario *Nische* ebenfalls 130 g CO_2/km. Somit können EVs und vor allem BEVs als Möglichkeit zur Senkung der CO_2-Emissionen des Verkehrs angesehen werden.

8.4. Zusammenfassung

In diesem Kapitel wurden die betrachteten Szenarienausprägungen für das Energiesystem vorgestellt und die iterativ ermittelten Ergebnisse für Elektromobilität und für die Entwicklung des europäischen Energiesystems dargestellt und erläutert. Es wurde gezeigt, dass die gewählten Szenarien eine große Bandbreite der Entwicklung von Elektromobilität im Energiesystem abdecken. Insgesamt weist Dänemark durch seine Förderpolitik vergleichsweise früh ein Potenzial für EVs auf, während das Vereinigte Königreich bis 2030 ein sehr ausgeprägtes Potenzial und eine vergleichsweise hohe EV-Marktpenetration in den Modellergebnissen entwickelt. Die sich mit diesen EV-Marktpenetrationen ergebenden modellendogen ermittelten EV-Ladekurven ähneln der Ladestrategie *Möglichst Spät Laden*, was sich ergänzend positiv auf die Batterielebensdauer auswirkt. Die resultierenden EV-Lastkurven weisen über alle Länder eine ähnliche zeitliche Grundstruktur auf und in Szenarien mit Option zur Lastverschiebung vergleichmäßigen sie die Gesamtlastkurve.

Das europäische Elektrizitätssystem weist in allen Szenarien einen Zuwachs der Kraftwerkskapazitäten auf, was vor allem durch den Ausbau erneuerbarer Energien bedingt ist. Die Unterschiede in den Kraftwerksparks je Szenario wurden dargelegt und es wurde gezeigt, dass die Möglichkeit zur EV-Lastverschiebung einen begünstigenden Effekt für Grundlastkraftwerke (Kern- und Steinkohlekraftwerke) haben kann. Für den durch EV zu-

Tabelle 8.9.: Entwicklung der kilometerspezifischen CO_2-Emissionen für BEVs je Land in [g CO_2/km] (eigene Berechnungen)

Land	Nische		Moderat		Forciert	
	2020	2030	2020	2030	2020	2030
Belgien	50	75	48	79	48	45
Dänemark	130	86	117	76	97	60
Deutschland	109	76	103	67	89	49
Finnland	72	35	68	31	64	28
Frankreich	11	17	10	14	9	13
Griechenland	87	46	78	41	58	22
Irland	49	28	43	23	32	21
Italien	99	86	93	64	65	35
Luxemburg	16	7	15	13	13	11
Niederlande	94	59	88	50	80	42
Norwegen	3	3	3	3	3	2
Österreich	39	30	36	27	34	24
Polen	186	73	177	54	131	52
Portugal	71	58	70	53	80	47
Schweden	22	21	21	19	19	18
Schweiz	10	6	9	5	7	4
Slowakische Republik	27	17	26	14	24	13
Slowenien	51	47	48	47	38	32
Spanien	68	38	63	32	62	28
Tschechische Republik109	52	105	40	98	41	
Ungarn	35	23	32	17	25	19
Vereinigtes Königreich	50	29	43	22	30	16

sätzlich induzierte Ausbau erneuerbarer Energien werden vor allem Windenergieanlagen genutzt. Trotz der unterschiedlichen Entwicklungen in den drei Szenarien steigen die durchschnittlichen europäischen Grenzkosten der Elektrizitätserzeugung ähnlich an, während die Bandbreite der Grenzkosten in allen Szenarien bis 2030 abnimmt. Neben den Grenzkosten für die Elektrizitätserzeugung steigen auch die CO_2-Grenzvermeidungskosten bis 2030 an. Hierbei weisen die Szenarien allerdings unterschiedliche Entwicklungen auf. Im Szenario *Moderat* liegt im Vergleich zum Szenario *Nische* trotz höherer Elektrizitätsnachfrage bei konstanten CO_2-Emissionscaps durch die EV-Lastverlagerung ein kostensenkender Effekt bei den CO_2-Grenzvermeidungskosten vor. Deren Entwicklung wird im Szenario *Forciert* allerdings durch die steilere CO_2-Reduktionsrate der dritten Handelsperiode dominiert. Der europäische Elektrizitätsaustausch hingegen wird vornehmlich durch den Ausbau erneuerbarer Energien und die Höhe der Elektrizitätsnachfrage bestimmt. Je höher der Ausbau erneuerbarer Energien ist, desto geringer sind die grenzüberschreitenden Elektrizitätsflüsse und je höher die Elektrizitätsnachfrage z.B. durch EVs ist, desto umfassender wird Elektrizität in Europa ausgetauscht. Bei den hier betrachteten Szenarien nimmt die ausgetauschte Elektrizitätsmenge bis 2030 in allen Szenarien ab. Infolge der europaweiten CO_2-Reduktion sinken die spezifischen CO_2-Emissionen der Kraftwerkparks. Dies jedoch unterschiedlich, so dass Deutschland in 2030 weiterhin einen der emissionsintensivsten Kraftwerksparks in Europa aufweist. Legt man diese CO_2-Emissionen des Kraftwerksmix der Berechnung der kilometerspezifischen Emissionen von EVs zugrunde, zeigt sich, dass EVs ab 2020 (fast) in jedem Land geringere CO_2-Emissionen aufweisen als ein vergleichbarer konventionell angetriebener Pkw.

9. Schlussfolgerungen und Ausblick

In diesem Kapitel werden die wesentlichen Schlussfolgerungen aus der modellgestützten Analyse gezogen. Daran schließt sich ein Ausblick über weitere Anwendungsgebiete für den hier entwickelten Modellansatz sowie Anknüpfungspunkte für methodische Weiterentwicklungen an.

Die aus den Analysen dieser Arbeit ableitbaren Schlussfolgerungen betreffen zum einen die Modellergebnisse und zum anderen die angewandte Methode.

9.1. Das entwickelte Modellkonzept zur Analyse der langfristigen Auswirkungen von Elektromobilität auf das Energiesystem

In dieser Arbeit wird eine Methode zur Analyse der langfristigen Auswirkungen von Elektromobilität auf das deutsche Energiesystem im europäischen Energieverbund entwickelt. Diese Methode umfasst das aus zwei gekoppelten Energiesystemmodellen bestehende Modell *PERSEUS-EMO* und eine iterativ integrierte Ableitung der länderspezifischen Lastverschiebepotenziale und der Elektrizitätsnachfragen von Elektrofahrzeugen. Die endogene Modellierung der Wechselwirkungen zwischen der Marktpenetration von Elektrofahrzeugen und dem Energiesystem stellt eine wesentliche Verbesserung für die Analyse der langfristigen Auswirkungen von Elektromobilität auf das Energiesystem dar.

Das in dieser Arbeit entwickelte Modell *PERSEUS-EMO* setzt sich aus den iterativ gekoppelten Energie- und Stoffflussmodellen *PERSEUS-EMO-EU* und *PERSEUS-EMO-NET* zusammen. Darin bildet *PERSEUS-EMO-EU* das europäische Energiesystem inklusive des europäischen Emissionszertifikatehandels detailliert ab, während *PERSEUS-EMO-NET* das deutsche Energiesystem regional differenziert analysiert und dabei Netzrestriktionen berücksichtigt. Auf diese Weise können die Entwicklung des europäischen Energiebinnenmarktes und der Ausbau dezentraler Elektrizitätserzeugung in Deutschland integriert analysiert werden. Die beiden Modelle eignen sich vor allem, um die Kraftwerksausbauplanung zu unterstützen, können aber auch für die langfristige Einsatzplanung genutzt werden. Weil es sich bei *PERSEUS-EMO* um ein bottom-up-Modell handelt, können aufgrund der detaillierten Abbildung von Technologieoptionen im Energiesystem langfristige Systementwicklungsstrategien abgeleitet werden. Es ist dabei möglich, alternative Rahmenbedingungen mittels vielfältiger technischer, ökonomischer und ökologischer Restriktionen zu analysieren. Methodisch liegt *PERSEUS-EMO* eine mehrperiodige lineare Optimierung zugrunde, mit der die entscheidungsrelevanten Systemausgaben minimiert werden.

Das mit *PERSEUS-EMO* iterativ gekoppelte, für diese Arbeit entwickelte Modell zur Ermittlung der länderspezifischen Lastverschiebepotenziale und der Elektrizitätsnachfragen von Elektrofahrzeugen basiert auf europäischen Mobilitätsstudien. Anhand dieser Studien wird für jedes der 22 betrachteten Länder die Marktpenetration von Elektrofahrzeugen sowie die daraus resultierende Elektrizitätsnachfrage abgeleitet. Zusätzlich werden die Grenzen des Lastverschiebepotenzials dieser Nachfrage bestimmt und in *PERSEUS-EMO* modelltechnisch integriert.

Mit diesem Modellkonzept wird erstmals in dieser Tiefe integriert betrachtet, wie sich langfristig das Energiesystem und Elektromobilität europaweit entwickeln. Die Besonderheit des Ansatzes liegt vornehmlich in der iterativen Rückkopplung des Elektrizitätspreises auf die Berechnung der Elektromobilitätsentwicklung sowie des deutschen Elektrizitätsaustausches und des CO_2-Zertifikatspreises auf die Netzengpässe im deutschen Übertragungsnetz. Mit diesem Ansatz ist es darüberhinaus möglich regional differenzierte EV-Marktpenetrationen zu berücksichtigen und Elektromobilität modellendogen als flexible Last zu betrachten. Auf diese Weise können gegenseitigen Wechselwirkungen endogen berücksichtigt werden.

Die Marktpenetration von Elektrofahrzeugen wird anhand eines länderspezifischen techno-ökonomischen Vergleichs von einem BEV bzw. PHEV mit einem konventionell angetriebenen Pkw abgeleitet. Wie sich die EV-Marktpenetration je Land entwickelt, wird anhand der Anzahl von Nutzern hergeleitet, für die ein Elektrofahrzeug die wirtschaftlichere Mobilitätsform darstellt. Dies ermöglicht es zu analysieren, wie unterschiedliche nationale Rahmenbedingungen die Entwicklung von Elektromobilität beeinflussen. Anhand der ermittelten EV-Entwicklung wird deren Elektrizitätsnachfrage und das Potenzial zur Lastverschiebung bestimmt. Hierbei wird sowohl das Mobilitätsverhalten der Fahrzeugnutzer als auch die verfügbare Ladeinfrastruktur berücksichtigt.

Die Elektrizitätsnachfrage und das Lastverschiebepotenzial von EVs stellen Eingangsgrößen für das Energiesystemmodell *PERSEUS-EMO* dar, während die mit *PERSEUS-EMO* berechnete Entwicklung der länderspezifischen Grenzkosten der Elektrizitätserzeugung als Eingangsgröße für das Elektromobilitätsmodell genutzt wird. Auf diese Weise kann detailliert analysiert werden, wie die Entwicklung von Elektromobilität und des Energiesystems miteinander interagieren. Mit Hilfe des Lastverschiebepotenzials wird in *PERSEUS-EMO* modellendogen die aus Systemsicht optimale Ladekurve von EVs berechnet. Diese endogene Ermittlung der EV-Ladekurve erlaubt es die langfristige Auswirkung der Lastverschiebung von EVs auf das Energiesystem zu analysieren. Parallel ermöglicht die Kopplung von *PERSEUS-EMO-EU* und *PERSEUS-EMO-NET*, dass der Elektrizitätsaustausch u.a. von Deutschland und der CO_2-Zertifikatspreis endogen ermittelt werden. Gleichzeitig kann für Deutschland der dezentrale Ausbau von konventionellen Kraftwerken und erneuerbaren Energieanlagen sowie die regional unterschiedlichen EV-Penetrationen und Energienachfragen unter Einhaltung von Netzrestriktionen berücksichtigt werden. Mittels einer Szenarioanalyse kann der Einfluss analysiert werden, den verschiedene Rahmenbedingungen auf die langfristigen Auswirkungen haben, die Elektromobilität auf das europäische und deutsche Energiesystem zeigt.

Das Elektromobilitätsmodell und die Energiesystemmodelle bauen auf einer aufwendig erhobenen Datenbasis auf. So wurde die Entwicklung der Elektromobilität anhand von sechs Mobilitätsstudien mit ingesamt über 250.000 Personendatensätzen ermittelt. In den Energiesystemmodellen sind der europäische Kraftwerkspark mit ca. 2.800 Kraftwerkstypen und zusätzlich 1.600 Kosten-Potenziale erneuerbarer Energien abgebildet sowie der regional differenzierte deutsche Kraftwerkspark mit ca. 6.500 Kraftwerkstypen. Darüber hinaus enthält die Datenbasis auch Informationen zu den europäischen Kuppelleitungen sowie zum deutschen Übertragungsnetz, zur Nachfragestruktur und ihrer Entwicklung als auch zu energiewirtschaftlichen und -politischen Rahmenbedingungen wie z.B. Verfügbarkeit und Kosten von Emissionszertifikaten aus CDM- und JI-Projekten.

Die Methode des hier genutzten Modellkonzeptes basiert auf bestimmten idealisierenden Annahmen zur Marktstruktur und zum Akteursverhalten, die seinen Einsatz begrenzen. So impliziert beispielsweise die in der Zielfunktion hinterlegte Ausgabenminimierung einen perfekten Markt und vernachlässigt strategisches Verhalten von Akteuren. Für den hier betrachteten langfristigen Zeithorizont ist aber strategisches Verhalten aufgrund seines meist zeitlich befristet Einflusses auf die Energiemärkte von geringerer Bedeutung. Um bestehende oder zukünftige Marktimperfektion zu analysieren, ist der Modellansatz deswegen nicht geeignet. Daneben stellt die Annahme perfekter Vorraussicht eine Vereinfachung dar, weil demnach Kraftwerkszubauten ohne Verzug getätigt würden. Insgesamt orientiert sich der Modellansatz insbesondere an systemtechnischen Zusammenhängen und adressiert soziale und andere nicht-technischen Barrieren nicht direkt. Für eine ausführlichere Diskussion der Grenzen des Modellkonzeptes sei auf Kapitel 6.3 verwiesen.

9.2. Schlussfolgerungen aus den Modellrechnungen

Unter bestimmten Rahmenbedingungen können Elektrofahrzeuge aus wirtschaftlichen Gründen einen wesentlichen Anteil der Pkw-Flotte in Europa ausmachen. In den hier betrachteten Szenarien reicht der Anteil von EVs am europäischen Pkw-Bestand von 3% bis 70% in 2030. Dabei haben PHEVs aufgrund ihres im Vergleich zu BEVs geringeren Anschaffungspreises in zukünftigen Jahren einen höheren Anteil am EV-Bestand und machen trotz ihrer geringeren elektrischen Reichweite meist den größeren Anteil an der Elektrizitätsnachfrage aus (1/3 bis 3/4 der EV-Elektrizitätsnachfrage).

Der Einfluss auf die Struktur des Energiesystems (Kraftwerkskapazitäten und Übertragungsnetze) ist nicht sehr ausgeprägt und die zeitliche Entwicklung der EV-Marktpenetration läßt aktuell noch ausreichend Zeit, die Rahmenbedingungen für Elektromobilität und ihre Integration in das Energiesystem aktiv zu gestalten. Hierzu gehört insbesondere das zeitverzögerte Laden, welches insbesondere zur Integration erneuerbarer Energieträger sowie zu einer besseren Auslastung der Grundlastkraftwerke beitragen kann. Durch die iterative Kopplung der Modellierung von Elektromobilität mit dem Energiesystemmodell *PERSEUS-EMO* konnte der starke Einfluss des Elektrizitätspreises auf das ökonomische Potenzial von EVs festgestellt werden. Dies bestätigt das gewählte iterative Vorgehen im hier entwickelten Modellansatz. In diesem Zusammenhang wird auch der Einfluss der heutigen und zukünftigen Struktur der jeweiligen Kraftwerkparks deutlich, die den nationalen Elektrizitätspreis determinieren. Hierin liegt ein wesentlicher Grund für die unterschiedliche Entwicklung von Elektromobilität in den europäischen Ländern.

Die politisch gesetzten Ziele für EVs spiegeln sich nur teilweise in den ergriffenen Fördermaßnahmen wider. Ob diese Ziele erreicht werden, hängt grundlegend davon ab, wie sich die Rahmenbedingungen und insbesondere der Batteriefortschritt entwickeln. Dass selbst unter Annahme optimisti-

fluss von Elektromobilität auf den Gesamtemissionsmix analysiert werden. Solche Analysen können wiederum im Rahmen einer umfassenden Nachhaltigkeitsbetrachtung genutzt werden.

Vor dem Hintergrund des politischen Ziels einen einheitlichen europäischen Energiebinnenmarkt zu schaffen, können Kuppelleitungen und ihre Kapazitäten in einem Maß ausgebaut werden, das über das heute absehbare hinausgeht. Auch könnte ein europaweites Overlay-Grid zur weitergehenden Integration von erneuerbaren Energien entstehen (Pforte, 2010). Hierunter würden auch die Netzausbaumaßnahmen fallen, die im Rahmen von Projekten wie Desertec nötig würden (Dii GmbH, 2012). Je nachdem, wie diese neuen Rahmenbedingungen ausgestaltet werden, könnte die Ausweitung der Systemgrenzen um weitere Länder in Europa oder Nordafrika sinnvoll sein, um die durch den zusätzlichen Netzausbau mögliche Konkurrenz zwischen den nationalen Kraftwerksparks in die Analyse einbeziehen zu können.

In diesem Zusammenhang stellt die weitergehende Berücksichtigung von Netzrestriktionen mittels einer AC-Lastflussberechnung eine interessante Option dar. Weil eine AC-Lastflussberechnung nichtlinear ist (Spring, 2003), wäre allerdings eine Integration in die linearen Energiesystemmodelle nicht sinnvoll. Vielmehr bietet sich eine Kopplung mit einem Netzmodell an. Weil hiermit keine höhere zeitliche Auflösung im Energiesystemmodell nötig wird, muss dafür der hier entwickelte Modellansatz nicht grundlegend angepasst werden. Allerdings stellt hierbei die Ausgestaltung des Informationsaustausches zwischen den beiden Modellen ein große Herausforderung dar.

Eine weitere Option zur Integration von erneuerbaren Energien wird darin gesehen überschüssige Elektrizität aus erneuerbaren Energien zu speichern (z.B. Druckluftspeicher, elektrochemische Speicher, Speicherung im Erdgasnetz in Form von synthetischem Erdgas oder Wasserstoff). Insbesondere die Umwandlung in Wasserstoff oder synthetisches Erdgas weist ein großes Speicherpotenzial auf. Dabei wird entweder der Wasserstoff direkt in das

Erdgasnetz eingespeist oder dieser vorher in synthetisches Erdgas unter Nutzung von CO_2 transformiert. Damit wird das Erdgasnetz als Speicher und zum Transport für erneuerbare Energien genutzt. Nachteil dieses Vorgehens ist der aktuell noch schlechte Wirkungsgrad der gesamten Prozesskette. Auch beim Betrieb der Elektrolyse mit volatilem Elektrizitätsangebot existieren noch eine Reihe offener technischer Fragen (DENA, 2012c). Eine solche Technologieentwicklung kann grundlegend beeinflussen, wie sich das Energiesystem entwickelt und Elektromobilität darauf auswirkt. Folglich wäre die Integration dieser Prozesskette in das Energiesystemmodell zu erwägen. Dabei ist zu beachten, dass für eine entsprechende Analyse sowohl eine hohe zeitliche und räumliche Disaggregation erforderlich ist. Beides ist mit dem aktuellen Modellansatz aufgrund der benötigten Rechenzeiten ohne weitergehende Anpassungen nicht umsetzbar. Hierzu bedürfte es einer methodischen Umgestaltung.

Ähnlich gelagert ist die Integration der Abbildung der stochastischen Einspeisung von erneuerbaren Energien. Dies könnte es erlauben weitere Wechselwirkungen im Energiesystem integriert zu betrachten (vgl. Rosen, 2007). Allerdings verlängern derartige Verfahren die benötigte Rechenzeit, die zusammen mit dem hier entwickelten Modellansatz inakzeptabel lang würden. Deswegen wäre hierfür ebenfalls eine Anpassung des Lösungsalgorithmus oder der verwendeten Methode nötig. Eine solche methodische Umgestaltung könnte eine Dekomposition des linearen Optimierproblems sein. Damit könnten die kleineren Teilprobleme parallelisiert und verteilt berechnet werden. Allerdings müssten hierzu die für die Energiesystemmodellierung angewandten Methoden zur Dekomposition weiter entwickelt werden, weil der Vorteil durch die eingesparte Lösungszeit der kleineren Teilprobleme ansonsten durch die Zeit für die Zusammenführung der Teilergebnisse aufgehoben werden könnte (vgl. Molt, 2001; Böhringer & Rutherford, 2006).

A. Detaillierte Datenbasis

Tabelle A.3.: Entwicklung der Endpreise der Batterien für EVs je Land im Szenario *Moderat* inklusive MwSt. in [$€_{2007}$] (eigene Berechnungen, gerundet)

Land	2010		2015		2020		2025		2030	
	BEV	PHEV	BEV	PHEV	BEV	PHEV	BEV	PHEV	BEV	PHEV
Belgien	34.685	12.155	15.785	5.531	11.120	3.897	8.751	3.066	7.275	2.549
Dänemark	26.350	9.234	11.992	4.202	8.448	2.960	6.648	2.329	5.526	1.936
Deutschland	35.543	12.242	16.176	5.571	11.395	3.925	8.967	3.088	7.455	2.567
Finnland	32.164	11.271	14.638	5.129	10.312	3.613	8.115	2.843	6.746	2.364
Frankreich	37.370	13.096	17.007	5.960	11.981	4.198	9.428	3.304	7.838	2.746
Griechenland	32.420	11.361	14.754	5.170	10.394	3.642	8.179	2.866	6.799	2.383
Irland	32.012	11.218	14.568	5.105	10.263	3.596	8.076	2.830	6.714	2.353
Italien	32.201	11.285	14.655	5.135	10.324	3.618	8.124	2.847	6.754	2.366
Luxemburg	33.096	11.598	15.062	5.278	10.610	3.718	8.350	2.926	6.941	2.432
Niederlande	32.829	11.504	14.940	5.235	10.525	3.688	8.283	2.902	6.885	2.413
Norwegen	46.015	16.125	20.941	7.338	14.753	5.170	11.610	4.068	9.651	3.382
Österreich	36.112	12.655	16.434	5.759	11.578	4.057	9.111	3.193	7.574	2.654
Polen	30.330	10.629	13.803	4.837	9.724	3.407	7.652	2.681	6.361	2.229
Portugal	38.120	13.359	17.348	6.079	12.221	4.283	9.618	3.370	7.995	2.802
Schweden	37.881	13.275	17.240	6.041	12.145	4.256	9.557	3.349	7.945	2.784
Schweiz	51.781	18.146	23.565	8.258	16.601	5.817	13.064	4.578	10.860	3.806
Slovakische Republik	26.447	9.268	12.036	4.218	8.479	2.971	6.672	2.338	5.547	1.944
Slowenien	32.544	11.405	14.811	5.190	10.434	3.656	8.211	2.877	6.826	2.392
Spanien	35.141	12.315	15.993	5.604	11.266	3.948	8.866	3.107	7.370	2.583
Tcheschische Republik	32.269	11.308	14.686	5.146	10.346	3.625	8.141	2.853	6.768	2.371
Ungarn	34.612	12.129	15.752	5.520	11.097	3.888	8.732	3.060	7.259	2.544
Vereinigtes Königreich	34.669	12.149	15.778	5.529	11.115	3.895	8.747	3.065	7.271	2.548

Tabelle A.4.: Entwicklung der Endpreise der Batterien für EVs je Land im Szenario *Forciert* inklusive MwSt. in [$€_{2007}$] (eigene Berechnungen, gerundet)

| | 2010 | | 2015 | | 2020 | | 2025 | | 2030 | |
Land	BEV	PHEV	BEV	PHEV	BEV	PHEV	BEV	PHEV	BEV	PHEV
Belgien	34.685	12.155	12.326	4.319	8.485	2.973	6.538	2.291	5.307	1.859
Dänemark	26.350	9.234	9.364	3.281	6.446	2.259	4.967	1.740	4.031	1.412
Deutschland	35.543	12.242	12.631	4.350	8.695	2.995	6.700	2.307	5.438	1.873
Finnland	32.164	11.271	11.430	4.005	7.868	2.757	6.063	2.124	4.921	1.724
Frankreich	37.370	13.096	13.280	4.653	9.142	3.203	7.044	2.468	5.718	2.003
Griechenland	32.420	11.361	11.521	4.037	7.931	2.779	6.111	2.141	4.960	1.738
Irland	32.012	11.218	11.376	3.986	7.831	2.744	6.034	2.114	4.898	1.716
Italien	32.201	11.285	11.443	4.010	7.878	2.760	6.070	2.127	4.927	1.726
Luxemburg	33.096	11.598	11.761	4.121	8.096	2.837	6.238	2.186	5.064	1.774
Niederlande	32.829	11.504	11.666	4.088	8.031	2.814	6.188	2.168	5.023	1.760
Norwegen	46.015	16.125	16.352	5.730	11.257	3.945	8.674	3.039	7.041	2.467
Österreich	36.112	12.655	12.833	4.497	8.834	3.096	6.807	2.385	5.525	1.936
Polen	30.330	10.629	10.778	3.777	7.420	2.600	5.717	2.003	4.641	1.626
Portugal	38.120	13.359	13.546	4.747	9.326	3.268	7.186	2.518	5.833	2.044
Schweden	37.881	13.275	13.461	4.717	9.267	3.247	7.140	2.502	5.796	2.031
Schweiz	51.781	18.146	18.401	6.448	12.668	4.439	9.761	3.420	7.923	2.776
Slovakische Republik	26.447	9.268	9.398	3.293	6.470	2.267	4.985	1.747	4.046	1.418
Slowenien	32.544	11.405	11.565	4.053	7.961	2.790	6.134	2.149	4.979	1.745
Spanien	35.141	12.315	12.488	4.376	8.597	3.012	6.624	2.321	5.377	1.884
Tcheschische Republik	32.269	11.308	11.467	4.018	7.894	2.766	6.083	2.131	4.937	1.730
Ungarn	34.612	12.129	12.300	4.310	8.467	2.967	6.524	2.286	5.296	1.856
Vereinigtes Königreich	34.669	12.149	12.320	4.317	8.481	2.972	6.535	2.290	5.304	1.859

Tabelle A.5.: Szenarienunabhängige Differenz in den kilometerabhängigen Wartungspreisen in [ct$_{2007}$/km] (eigene Berechnungen basierend auf (Heinrichs & Trommer, 2011; VW DK, 2011; VW DE, 2011; VW FI, 2011; VW GR, 2011; VW NO, 2011; VW AT, 2011; VW PL, 2011; VW SE, 2011; VW SK, 2011; VW SI, 2011; VW CZ, 2011; VW HU, 2011; VW BE, 2011; VW FR, 2011; VW IE, 2011; VW IT, 2011; VW NL, 2011; VW PT, 2011; VW CH, 2011; VW ES, 2011; VW UK, 2011))

Land	BEV	PHEV
Belgien	-1,07	-0,81
Dänemark	-0,82	-0,62
Deutschland	-1,1	-0,7
Finnland	-1,00	-0,75
Frankreich	-1,16	-0,88
Griechenland	-1,00	-0,76
Irland	-0,99	-0,75
Italien	-1,00	-0,75
Luxemburg	-1,02	-0,78
Niederlande	-1,02	-0,77
Norwegen	-1,42	-1,08
Österreich	-1,12	-0,85
Polen	-0,94	-0,71
Portugal	-1,18	-0,89
Schweden	-1,17	-0,89
Schweiz	-1,60	-1,21
Slowakische Republik	-0,82	-0,62
Slowenien	-1,01	-0,76
Spanien	-1,09	-0,82
Tschechische Republik	-1,00	-0,76
Ungarn	-1,07	-0,81
Vereinigtes Königreich	-1,07	-0,81

Tabelle A.6.: Entwicklung der länderspezifischen Kraftstoffpreise in [€$_{2007}$/l] (eigene Berechnungen basierend auf (Heinrichs & Trommer, 2011))

Land	Moderat/ Nische					Forciert				
	2010	2015	2020	2025	2030	2010	2015	2020	2025	2030
Belgien	1,40	2,17	2,43	3,17	3,34	1,40	2,46	3,03	4,30	4,88
Dänemark	1,44	2,23	2,50	3,26	3,43	1,44	2,53	3,12	4,43	5,02
Deutschland	1,55	2,16	2,41	3,15	3,31	1,55	2,44	3,01	4,28	4,85
Finnland	1,43	2,21	2,47	3,22	3,40	1,43	2,51	3,09	4,38	4,97
Frankreich	1,34	2,08	2,33	3,04	3,20	1,34	2,36	2,91	4,13	4,68
Griechenland	1,43	2,21	2,48	3,23	3,41	1,43	2,51	3,10	4,39	4,98
Irland	1,30	2,01	2,25	2,94	3,09	1,30	2,28	2,81	3,99	4,52
Italien	1,36	2,11	2,37	3,08	3,25	1,36	2,39	2,95	4,19	4,75
Luxemburg	1,16	1,79	2,01	2,62	2,76	1,16	2,03	2,51	3,56	4,03
Niederlande	1,50	2,31	2,59	3,38	3,56	1,50	2,62	3,24	4,59	5,20
Norwegen	1,68	2,33	2,61	3,40	3,59	1,68	2,65	3,26	4,63	5,24
Österreich	1,19	1,84	2,06	2,69	2,83	1,19	2,09	2,57	3,65	4,14
Polen	1,14	1,76	1,97	2,56	2,70	1,14	1,99	2,46	3,49	3,95
Portugal	1,37	2,12	2,38	3,10	3,27	1,37	2,41	2,97	4,22	4,78
Schweden	1,34	2,08	2,33	3,03	3,20	1,34	2,36	2,91	4,13	4,67
Schweiz	1,22	1,89	2,12	2,76	2,91	1,22	2,15	2,65	3,75	4,25
SlowakischeRepublik	1,25	1,93	2,16	2,82	2,97	1,25	2,19	2,70	3,83	4,34
Slowenien	1,20	1,86	2,08	2,71	2,86	1,20	2,11	2,60	3,69	4,18
Spanien	1,16	1,80	2,02	2,63	2,77	1,16	2,04	2,52	3,57	4,05
Tschechische Republik	1,26	1,94	2,18	2,84	2,99	1,26	2,20	2,72	3,86	4,37
Ungarn	1,22	1,90	2,12	2,77	2,91	1,22	2,15	2,65	3,76	4,26
Vereinigtes Königreich	1,36	2,11	2,36	3,08	3,24	1,36	2,39	2,95	4,18	4,74

Tabelle A.7.: CO_2-Emissionsrechte für die Elektrizitätserzeugung im Szenario *Forciert* in [kt CO_2/a] (eigene Berechnungen basierend auf (NAP-I, 2004; NAP-II, 2006; UNFCCC, 2012))

Land	2005-2007	2008-2012	2020	2030
Belgien	22.588	20.188	15.595	12.082
Dänemark	21.246	16.157	12.099	9.288
Deutschland	308.923	227.522	171.979	132.390
Finnland	19.282	14.465	11.248	8.731
Frankreich	66.448	51.552	39.460	30.490
Griechenland	56.298	47.958	34.751	26.407
Irland	13.555	14.998	12.025	9.415
Italien	115.353	108.450	73.098	54.227
Luxemburg	28	23	17	13
Niederlande	48.701	45.966	37.140	29.142
Norwegen	-	3.777	2.862	2.276
Österreich	12.318	11.978	9.681	7.597
Polen	163.186	142.046	108.311	83.595
Portugal	24.965	19.730	15.466	12.033
Schweden	7.752	5.700	4.856	3.864
Schweiz	-	-	1.711	1.356
Slowakische Republik	8.495	7.782	6.377	5.023
Slowenien	8.403	7.976	6.003	4.615
Spanien	104.910	80.642	59.314	45.282
Tschechische Republik	74.711	68.695	51.711	39.758
Ungarn	19.671	15.342	11.117	8.448
Vereinigtes Königreich	124.541	115.719	91.422	71.287
Summe	1.248.627	1.028.302	776.243	597.318

Tabelle A.8.: Iterativ ermittelte länderweise Differenz der Antriebskosten zwischen einem konventionell angetriebenen Fahrzeug und einem EV in [ct_{2007}/km] (eigene Berechnungen)

Land	Nische					Moderat					Forciert				
	2010	2015	2020	2025	2030	2010	2015	2020	2025	2030	2010	2015	2020	2025	2030
AT	3,47	5,38	4,84	5,89	5,62	3,47	5,30	4,86	6,08	6,22	3,47	6,39	6,91	11,51	12,88
BE	4,73	7,82	6,95	7,74	7,14	4,73	7,76	6,86	7,74	7,45	4,73	9,04	9,43	14,00	15,60
CH	5,43	7,65	7,71	9,64	9,43	5,43	7,62	7,80	9,81	9,75	5,43	8,92	10,47	15,31	16,61
CZ	3,26	3,33	5,79	4,95	7,56	3,26	3,20	5,68	5,26	8,09	3,26	2,56	6,28	8,48	13,60
DE	4,42	4,94	4,29	4,41	4,08	4,42	4,82	4,23	4,81	5,10	4,42	5,74	6,35	11,10	12,82
DK	3,64	6,10	5,13	5,31	4,60	3,64	6,01	5,13	6,01	5,40	3,64	7,11	7,55	11,92	13,58
ES	2,97	4,95	4,41	5,12	4,84	2,97	4,99	4,59	5,63	5,61	2,97	6,17	6,87	10,92	12,23
FI	6,01	9,00	7,90	9,58	9,28	6,01	8,89	7,90	10,01	9,83	6,01	10,20	10,94	16,20	17,76
FR	5,58	9,60	10,00	9,40	7,85	5,58	9,65	10,11	9,01	8,60	5,58	11,26	13,33	15,49	16,14
GR	6,59	10,17	10,24	12,64	12,13	6,59	10,13	10,44	12,78	11,90	6,59	11,66	13,70	18,32	18,40
HU	4,41	6,55	5,65	8,15	7,86	4,41	6,50	5,87	8,56	8,44	4,41	7,43	8,90	13,81	15,10
IE	3,62	6,02	6,31	8,43	8,10	3,62	6,11	6,62	9,10	8,47	3,62	7,94	9,92	14,83	15,42
IT	3,90	6,24	5,80	7,64	7,25	3,90	6,37	5,88	8,19	8,15	3,90	7,95	8,73	14,41	15,92
LU	3,59	5,32	4,89	5,58	5,29	3,59	5,21	4,81	5,68	5,84	3,59	6,15	6,88	10,88	12,24
NL	6,30	10,14	9,95	11,72	11,33	6,30	10,15	9,94	12,14	12,07	6,30	11,74	13,07	18,59	20,37
NO	5,74	8,15	8,30	11,43	11,10	5,74	8,10	8,43	11,68	11,50	5,74	9,78	12,07	18,10	20,24
PL	4,36	6,61	5,76	6,93	6,67	4,36	6,53	5,75	7,32	7,21	4,36	7,34	7,56	12,17	13,38
PT	4,80	7,93	8,13	10,02	9,57	4,80	7,97	8,25	10,39	9,87	4,80	9,45	11,13	16,44	18,02
SE	4,25	6,50	5,10	5,16	4,51	4,25	6,41	5,10	5,80	5,03	4,25	7,46	7,87	12,11	13,20
SI	4,31	6,59	6,14	7,69	7,43	4,31	6,60	6,28	8,15	8,04	4,31	7,69	8,57	13,30	14,62
SK	4,59	6,90	6,27	7,87	7,64	4,59	6,79	6,19	8,21	8,17	4,59	7,84	8,51	13,60	14,94
UK	5,97	8,91	8,92	11,55	11,03	5,97	8,92	9,23	11,99	11,71	5,97	10,44	12,68	17,92	19,27

Tabelle A.9.: Iterativ ermittelte minimal profitable Jahresfahrleistung für EVs im Szenario *Nische* in [km/a] (eigene Berechnungen)

Land	2010		2015		2020		2025		2030	
	BEV	PHEV	BEV	PHEV	BEV	PHEV	BEV	PHEV	BEV	PHEV
Belgien	101.137	-	58.897	-	45.753	-	33.710	-	29.629	-
Dänemark	39.757	-	55.651	-	44.639	-	34.701	-	31.685	-
Deutschland	147.078	-	88.229	-	69.131	-	54.606	-	47.458	-
Finnland	117.846	-	52.194	-	40.868	-	27.676	-	23.258	-
Frankreich	109.814	-	52.482	-	35.450	-	30.332	-	29.110	-
Griechenland	131.053	-	58.808	-	42.657	-	29.268	-	25.840	-
Irland	138.135	-	68.264	-	45.698	-	28.578	-	24.141	-
Italien	147.328	-	65.139	-	47.928	-	30.231	-	25.589	-
Luxemburg	138.366	-	77.588	-	57.801	-	41.748	-	35.511	-
Niederlande	92.285	-	44.443	-	31.674	-	22.091	-	18.659	10.846
Norwegen	72.606	-	69.386	-	46.870	-	28.251	-	23.300	-
Österreich	169.742	-	78.570	-	58.265	-	39.177	-	32.408	-
Polen	131.842	-	60.708	-	47.871	-	33.028	-	27.972	-
Portugal	122.813	-	61.565	-	41.671	-	27.817	-	23.472	-
Schweden	159.146	-	73.882	-	63.036	-	50.454	-	45.832	-
Schweiz	167.438	-	82.926	-	57.212	-	38.117	-	31.574	-
Slowakische Republik	112.554	-	51.758	-	39.480	-	26.082	-	21.939	-
Slowenien	139.791	-	63.568	-	46.864	-	30.970	-	25.944	-
Spanien	156.997	-	85.903	-	65.501	-	46.616	-	39.593	-
Tchechische Republik	174.389	-	112.622	-	50.315	-	46.507	-	26.452	-
Ungarn	144.515	-	67.963	-	53.673	-	31.605	-	26.605	-
Vereingtes Königreich	92.551	-	51.149	-	35.393	-	22.488	-	19.011	10.363

Tabelle A.10.: Iterativ ermittelte minimal profitable Jahresfahrleistung für EVs im Szenario *Moderat* in [km/a] (eigene Berechnungen)

Land	2010 BEV	2010 PHEV	2015 BEV	2015 PHEV	2020 BEV	2020 PHEV	2025 BEV	2025 PHEV	2030 BEV	2030 PHEV
Belgien	90.497	-	37.900	-	29.668	15.024	18.962	10.808	15.247	10.009
Dänemark	29.234	-	35.310	-	27.809	15.318	15.507	10.541	13.095	10.569
Deutschland	135.616	-	57.255	-	44.543	-	31.410	17.452	24.774	13.932
Finnland	109.679	-	34.976	13.425	27.165	11.516	14.538	7.395	11.603	6.746
Frankreich	99.951	-	33.377	-	21.069	10.256	17.128	9.872	14.011	9.245
Griechenland	123.460	-	43.095	-	31.164	15.472	20.434	10.966	18.676	10.968
Irland	125.783	-	42.743	-	27.850	14.200	13.226	8.189	11.168	7.913
Italien	135.634	-	40.179	-	29.595	-	13.692	9.287	10.351	8.305
Luxemburg	125.610	-	49.924	-	37.103	-	25.137	13.660	17.707	11.484
Niederlande	84.300	-	28.365	11.674	18.053	9.000	10.154	6.112	8.157	5.515
Norwegen	61.173	-	43.334	-	28.533	-	12.651	9.312	9.497	8.433
Österreich	155.750	-	48.865	-	35.117	-	19.570	15.161	12.843	12.938
Polen	121.658	-	39.210	-	30.786	15.865	17.108	9.862	13.478	8.912
Portugal	111.470	-	38.536	-	25.831	13.434	12.849	8.586	10.381	8.105
Schweden	146.717	-	47.477	-	40.137	-	28.212	15.914	27.033	16.423
Schweiz	154.339	-	52.566	-	35.779	-	21.544	11.278	15.998	9.846
Slowakische Republik	103.860	-	33.561	-	25.605	12.199	12.511	7.419	9.933	6.666
Slowenien	128.897	-	40.147	-	29.038	14.460	14.852	8.730	11.473	7.818
Spanien	141.605	-	53.823	-	39.925	-	26.102	16.117	19.371	14.155
Tchechische Republik	160.918	-	74.093	-	32.804	-	27.489	15.784	12.667	8.404
Ungarn	133.278	-	43.446	-	33.099	-	15.817	9.225	12.347	8.297
Vereingtes Königreich	83.792	-	32.145	12.794	19.506	8.750	9.675	5.356	7.691	4.813

Tabelle A.11.: Iterativ ermittelte minimal profitable Jahresfahrleistung für EVs im Szenario *Forciert* in [km/a] (eigene Berechnungen)

Land	2010		2015		2020		2025		2030	
	BEV	PHEV	BEV	PHEV	BEV	PHEV	BEV	PHEV	BEV	PHEV
Belgien	79.856	-	14.594	10.026	9.056	7.575	4.621	4.435	3.389	3.621
Dänemark	18.710	-	11.914	9.672	6.729	7.178	2.997	3.956	1.988	3.163
Deutschland	124.154	-	24.815	15.048	13.448	10.271	5.637	4.966	3.924	3.852
Finnland	101.512	-	15.572	8.179	9.380	6.037	4.759	3.552	3.504	2.951
Frankreich	90.088	-	12.402	8.620	6.837	5.752	4.500	4.318	3.527	3.771
Griechenland	115.866	-	25.858	13.403	15.979	9.613	9.926	6.541	8.706	6.125
Irland	113.431	-	14.694	10.560	7.364	6.632	3.675	3.863	2.834	3.382
Italien	123.940	-	13.392	10.615	7.304	7.592	3.133	3.999	2.162	3.295
Luxemburg	112.854	-	20.047	13.391	10.747	9.151	4.935	4.955	3.464	3.967
Niederlande	76.315	-	10.271	7.221	6.106	5.146	3.292	3.159	2.466	2.628
Norwegen	49.740	-	14.720	12.417	6.703	7.851	3.015	4.549	1.944	3.703
Österreich	141.759	-	16.326	15.089	7.730	10.828	2.812	5.618	1.589	4.561
Polen	111.473	-	15.894	10.845	9.906	8.268	4.649	4.461	3.454	3.692
Portugal	100.128	-	13.630	10.574	6.995	7.046	3.400	4.150	2.395	3.446
Schweden	134.289	-	19.334	12.705	11.268	9.254	5.388	5.153	3.954	4.261
Schweiz	141.239	-	21.637	13.722	10.827	8.769	5.323	5.070	3.836	4.168
Slowakische Republik	95.165	-	12.641	8.775	7.605	6.385	3.626	3.479	2.706	2.886
Slowenien	118.002	-	15.044	10.436	8.249	7.219	3.855	3.991	2.747	3.272
Spanien	126.214	-	20.800	15.207	10.953	10.592	4.911	5.763	3.403	4.674
Tchechische Republik	147.447	-	68.675	-	12.847	10.642	7.095	6.813	3.612	3.862
Ungarn	122.041	-	17.413	11.896	8.983	7.698	4.296	4.286	3.151	3.550
Vereingtes Königreich	75.034	-	11.007	7.312	5.587	4.550	2.865	2.719	2.068	2.245

Tabelle A.12.: Iterativ ermittelter Anteil von EVs an den länderspezifischen Neuzulassungen im Szenario *Nische* in [%] (eigene Berechnungen)

Land	BEV					PHEV				
	2010	2015	2020	2025	2030	2010	2015	2020	2025	2030
Belgien	-	-	-	0,007	0,024	-	-	-	-	-
Dänemark	0,046	-	-	0,017	0,030	-	-	-	-	-
Deutschland	-	0,003	0,015	0,029	0,039	-	0,001	0,027	0,296	0,445
Finnland	-	-	-	0,058	0,098	-	-	-	-	-
Frankreich	-	-	0,003	0,020	0,054	-	-	-	-	-
Griechenland	-	-	-	0,033	0,041	-	-	-	-	-
Irland	-	-	-	0,031	0,041	-	-	-	-	-
Italien	-	-	-	0,015	0,041	-	-	-	-	-
Luxemburg	-	-	-	-	0,002	-	-	-	-	-
Niederlande	-	-	0,039	0,120	0,080	-	-	-	-	0,361
Norwegen	-	-	-	0,055	0,098	-	-	-	-	-
Österreich	-	-	-	-	0,006	-	-	-	-	-
Polen	-	-	-	0,006	0,034	-	-	-	-	-
Portugal	-	-	-	0,036	0,067	-	-	-	-	-
Schweden	-	-	-	-	-	-	-	-	-	-
Schweiz	-	-	-	-	0,014	-	-	-	-	-
Slowakische Republik	-	-	-	0,036	0,070	-	-	-	-	-
Slowenien	-	-	-	0,031	0,041	-	-	-	-	-
Spanien	-	-	-	-	-	-	-	-	-	-
Tchechische Republik	-	-	-	-	0,036	-	-	-	-	-
Ungarn	-	-	-	0,009	0,036	-	-	-	-	-
Vereingtes Königreich	-	-	0,006	0,085	0,076	-	-	-	-	0,489

Tabelle A.13.: Iterativ ermittelter Anteil von EVs an den länderspezifischen Neuzulassungen im Szenario *Moderat* in [%] (eigene Berechnungen)

Land	BEV					PHEV				
	2010	2015	2020	2025	2030	2010	2015	2020	2025	2030
Belgien	-	0,012	0,024	0,102	0,178	-	-	0,391	0,498	0,430
Dänemark	0,046	0,034	0,048	0,117	0,141	-	-	0,302	0,354	0,330
Deutschland	-	0,003	0,015	0,029	0,039	-	0,001	0,027	0,296	0,445
Finnland	-	0,018	0,053	0,165	0,191	-	0,394	0,431	0,512	0,508
Frankreich	-	0,038	0,076	0,126	0,177	-	-	0,418	0,489	0,440
Griechenland	-	0,004	0,019	0,057	0,095	-	-	0,247	0,424	0,386
Irland	-	0,002	0,029	0,190	0,259	-	-	0,419	0,508	0,534
Italien	-	0,004	0,059	0,155	0,200	-	-	-	0,469	0,446
Luxemburg	-	-	0,023	0,043	0,100	-	-	-	0,340	0,362
Niederlande	-	0,048	0,120	0,223	0,265	-	0,379	0,423	0,410	0,409
Norwegen	-	0,005	0,093	0,180	0,244	-	-	-	0,436	0,389
Österreich	-	-	0,002	0,084	0,184	-	-	-	0,137	0,176
Polen	-	-	0,004	0,100	0,171	-	-	0,217	0,501	0,474
Portugal	-	0,014	0,036	0,168	0,194	-	-	0,349	0,473	0,453
Schweden	-	-	0,016	0,050	0,057	-	-	-	0,293	0,279
Schweiz	-	-	0,024	0,058	0,102	-	-	-	0,405	0,518
Slowakische Republik	-	0,007	0,023	0,175	0,290	-	-	0,341	0,523	0,431
Slowenien	-	0,002	0,029	0,190	0,259	-	-	0,391	0,460	0,475
Spanien	-	-	0,022	0,034	0,091	-	-	-	0,223	0,278
Tchechische Republik	-	-	0,008	0,017	0,178	-	-	-	0,204	0,471
Ungarn	-	-	0,007	0,110	0,177	-	-	-	0,491	0,474
Vereingtes Königreich	-	0,018	0,064	0,261	0,343	-	0,486	0,632	0,602	0,569

Tabelle A.14.: Iterativ ermittelter Anteil von EVs an den länderspezifischen Neuzulassungen im Szenario *Forciert* in [%] (eigene Berechnungen)

Land	BEV					PHEV				
	2010	2015	2020	2025	2030	2010	2015	2020	2025	2030
Belgien	-	0,164	0,308	0,404	0,416	-	0,402	0,485	0,509	0,509
Dänemark	0,046	0,133	0,231	0,331	0,364	-	0,331	0,379	0,477	0,495
Deutschland	-	0,003	0,015	0,029	0,039	-	0,001	0,027	0,296	0,445
Finnland	-	0,123	0,253	0,321	0,325	-	0,467	0,449	0,505	0,537
Frankreich	-	0,166	0,281	0,336	0,343	-	0,420	0,441	0,469	0,483
Griechenland	-	0,035	0,119	0,256	0,273	-	0,327	0,502	0,466	0,454
Irland	-	0,158	0,349	0,404	0,439	-	0,402	0,452	0,520	0,514
Italien	-	0,148	0,29	0,363	0,369	-	0,304	0,406	0,470	0,484
Luxemburg	-	0,053	0,201	0,343	0,362	-	0,309	0,423	0,459	0,470
Niederlande	-	0,196	0,302	0,381	0,43	-	0,351	0,392	0,422	0,423
Norwegen	-	0,159	0,3	0,353	0,394	-	0,266	0,391	0,474	0,494
Österreich	-	0,112	0,505	0,472	0,458	-	0,119	0,237	0,407	0,425
Polen	-	0,114	0,338	0,418	0,441	-	0,368	0,359	0,432	0,421
Portugal	-	0,143	0,314	0,377	0,379	-	0,309	0,404	0,454	0,473
Schweden	-	0,113	0,204	0,296	0,346	-	0,309	0,413	0,429	0,474
Schweiz	-	0,055	0,205	0,315	0,359	-	0,305	0,436	0,450	0,466
Slowakische Republik	-	0,189	0,37	0,439	0,431	-	0,502	0,409	0,424	0,447
Slowenien	-	0,158	0,349	0,404	0,439	-	0,330	0,416	0,493	0,496
Spanien	-	0,062	0,208	0,363	0,38	-	0,190	0,274	0,435	0,450
Tchechische Republik	-	-	0,19	0,374	0,417	-	-	0,293	0,399	0,443
Ungarn	-	0,105	0,34	0,421	0,452	-	0,359	0,402	0,428	0,411
Vereingtes Königreich	-	0,233	0,376	0,416	0,418	-	0,506	0,536	0,544	0,552

Tabelle A.15.: Pkw-Neuzulassungen in 2007 (ACEA, 2011b; Eurostat, 2012c)

Land	Pkw-Neuzulassungen
Belgien	529.606
Dänemark	252.183
Deutschland	3.148.163
Finnland	126.022
Frankreich	2.064.543
Griechenland	279.745
Irland	180.754
Italien	2.493.106
Luxemburg	51.332
Niederlande	505.643
Norwegen	162.970
Österreich	298.182
Polen	1.128.684
Portugal	201.816
Schweden	321.705
Schweiz	284.688
Slowakische Republik	146.292
Slowenien	67.791
Spanien	1.633.806
Tschechische Republik	129.443
Ungarn	162.998
Vereinigtes Königreich	2.404.007

Tabelle A.16.: Iterativ ermittelte EV-Marktpenetrationen für das Szenario *Nische* in [1.000 EVs]

Land	BEV					PHEV				
	2010	2015	2020	2025	2030	2010	2015	2020	2025	2030
Belgien	-	-	-	10,50	56,05	-	-	-	-	-
Dänemark	11,56	34,69	34,69	36,10	44,52	-	-	-	-	-
Deutschland	0,63	24,31	57,72	83,08	97,43	-	23,59	58,92	85,99	101,59
Finnland	-	-	-	21,97	73,57	-	-	-	-	-
Frankreich	-	-	18,10	153,53	567,79	-	-	-	-	-
Griechenland	-	-	-	27,72	80,47	-	-	-	-	-
Irland	-	-	-	16,97	50,33	-	-	-	-	-
Italien	-	-	-	113,15	494,68	-	-	-	-	-
Luxemburg	-	-	-	-	0,25	-	-	-	-	-
Niederlande	-	-	59,78	282,24	524,75	-	-	-	-	547,00
Norwegen	-	-	-	26,82	92,49	-	-	-	-	-
Österreich	-	-	-	-	5,73	-	-	-	-	-
Polen	-	-	-	18,95	147,82	-	-	-	-	-
Portugal	-	-	-	21,95	76,89	-	-	-	-	-
Schweden	-	-	-	-	-	-	-	-	-	-
Schweiz	-	-	-	0,04	12,19	-	-	-	-	-
Slowakische Republik	-	-	-	15,65	56,90	-	-	-	-	-
Slowenien	-	-	-	6,37	18,88	-	-	-	-	-
Spanien	-	-	-	-	-	-	-	-	-	-
Tchechische Republik	-	-	-	-	13,85	-	-	-	-	-
Ungarn	-	-	-	4,28	24,57	-	-	-	-	-
Vereingtes Königreich	-	-	42,84	681,38	1.638,60	-	-	-	-	3.526,20

Tabelle A.17.: Iterativ ermittelte EV-Marktpenetrationen für das Szenario *Forciert* in [1.000 EVs]

Land	BEV					PHEV				
	2010	2015	2020	2025	2030	2010	2015	2020	2025	2030
Belgien	-	260	923	1.891	2.719	-	638	1.833	3.155	3.865
Dänemark	11	135	377	732	1.050	-	250	703	1.255	1.620
Deutschland	0,65	23	57	325	862	-	329	1.456	9.772	21.207
Finnland	-	46	173	357	515	-	176	463	768	922
Frankreich	-	1.027	3.450	6.691	9.176	-	2.603	7.072	11.797	14.119
Griechenland	-	29	148	430	773	-	274	878	1.551	1.918
Irland	-	85	331	677	976	-	217	608	1.053	1.302
Italien	-	1.108	4.018	8.178	11.640	-	2.274	6.828	12.366	16.055
Luxemburg	-	8	44	117	200	-	47	144	258	330
Niederlande	-	297	953	1.837	2.577	-	533	1.482	2.518	3.054
Norwegen	-	77	275	546	776	-	130	407	766	1.032
Österreich	-	100	618	1.341	1.932	-	106	388	893	1.410
Polen	-	386	1.787	3.965	6.016	-	1.247	3.296	5.570	6.724
Portugal	-	86	334	689	984	-	187	556	994	1.276
Schweden	-	108	378	795	1.210	-	298	895	1.574	2.009
Schweiz	-	47	253	639	1.078	-	260	807	1.439	1.833
Slowakische Republik	-	83	300	601	836	-	220	546	852	952
Slowenien	-	32	124	253	366	-	67	196	353	453
Spanien	-	306	1.528	3.988	6.729	-	931	2.895	5.924	8.621
Tchechische Republik	-	-	73	267	526	-	-	113	344	619
Ungarn	-	51	252	569	876	-	175	488	829	994
Vereingtes Königreich	-	1.677	5.506	10.309	13.643	-	3.648	9.949	16.451	19.401

Tabelle A.18.: Durchschnittliche Jahresfahrleistung von BEV des ökonomischen Potenzials in [km]

| | Nische | | | | | Moderat | | | | | Forciert | | | |
Land	2010	2015	2020	2025	2030	2010	2015	2020	2025	2030	2010	2015	2020	2025	2030
AT	-	-	-	-	35.110	-	-	37.117	23.664	19.069	-	22.024	13.446	12.569	12.985
BE	-	-	-	-	33.338	-	40.690	37.872	26.134	22.441	-	22.180	18.764	16.095	16.028
CH	-	-	-	-	34.463	-	-	43.489	31.699	26.266	-	30.231	20.988	16.569	15.354
CZ	-	-	-	-	-	-	35.274	30.823	19.593	-	-	19.565	15.053	13.672	
DK	33.510	-	-	36.758	35.181	33.510	40.282	38.060	29.063	27.490	33.510	25.711	24.309	18.556	17.477
ES	-	-	-	-	-	-	-	43.971	37.984	28.679	-	30.671	21.031	15.415	15.359
FI	-	-	-	31.538	28.945	-	38.343	35.821	24.701	23.881	-	27.527	21.931	18.482	18.206
FR	-	-	37.011	34.882	31.814	-	38.470	31.821	28.165	25.076	-	24.393	20.301	18.364	18.151
GR	-	-	31.212	30.320	-	45.133	39.560	32.278	28.554	-	35.495	26.189	18.778	18.893	
HU	-	-	-	34.274	30.845	-	-	35.547	21.994	19.427	-	22.830	15.265	13.664	13.651
IE	-	-	-	32.353	30.933	-	44.605	36.447	21.589	19.479	-	22.091	17.332	16.123	15.007
IT	-	-	-	34.255	30.311	-	44.571	36.593	22.415	20.810	-	21.691	17.180	15.727	14.751
LU	-	-	-	-	37.388	-	-	43.694	36.660	26.762	-	30.652	21.041	16.133	15.445
NL	-	-	35.462	29.460	27.246	-	37.093	31.729	26.372	25.742	-	26.740	26.256	22.668	21.054
NO	-	-	-	31.749	28.945	-	44.973	35.960	24.236	20.865	-	24.599	19.500	17.466	15.659
PL	-	-	-	35.414	30.996	-	-	33.922	23.013	19.430	-	22.411	15.585	13.725	13.537
PT	-	-	-	30.962	26.934	-	40.010	35.761	23.029	20.998	-	20.653	16.475	15.076	14.946
SE	-	-	-	-	-	-	-	47.808	37.325	37.855	-	28.275	25.027	19.693	17.941
SI	-	-	-	34.882	31.247	-	44.459	36.094	25.197	23.755	-	27.426	21.627	18.109	16.912
SK	-	-	30.845	27.718	-	35.547	29.896	19.054	15.721	-	19.180	14.845	13.422	13.394	
UK	-	36.801	27.194	23.548	-	35.752	28.913	19.031	16.869	-	19.264	16.375	15.446	15.117	

Tabelle A.19.: Iterativ ermittelte EV-Elektrizitätsnachfragen im Szenario *Nische* in [GWh]

Land	BEV					PHEV				
	2010	2015	2020	2025	2030	2010	2015	2020	2025	2030
Belgien	-	-	-	-	215	-	-	-	-	-
Dänemark	92	236	193	212	313	-	-	-	-	-
Deutschland	2	154	346	465	520	-	-	-	-	-
Finnland	-	-	-	147	432	-	-	-	-	-
Frankreich	-	-	150	1.131	3.688	-	-	-	-	-
Griechenland	-	-	-	185	477	-	-	-	-	-
Irland	-	-	-	117	307	-	-	-	-	-
Italien	-	-	-	829	3.128	-	-	-	-	-
Luxemburg	-	-	-	-	1,45	-	-	-	-	-
Niederlande	-	-	463	1.833	2.861	-	-	-	-	1.426
Norwegen	-	-	-	180	545	-	-	-	-	-
Österreich	-	-	-	-	30	-	-	-	-	-
Polen	-	-	-	143	968	-	-	-	-	-
Portugal	-	-	-	146	434	-	-	-	-	-
Schweden	-	-	-	-	-	-	-	-	-	-
Schweiz	-	-	-	-	87	-	-	-	-	-
Slowakische Republik	-	-	-	102	324	-	-	-	-	-
Slowenien	-	-	-	46	120	-	-	-	-	-
Spanien	-	-	-	-	-	-	-	-	-	-
Tchechische Republik	-	-	-	-	-	-	-	-	-	-
Ungarn	-	-	-	31	158	-	-	-	-	-
Vereingtes Königreich	-	-	119	4.100	8.147	-	-	-	-	9.196

Tabelle A.20.: Iterativ ermittelte EV-Elektrizitätsnachfragen im Szenario *Moderat* in [GWh]

| | BEV | | | | | PHEV | | | | |
Land	2010	2015	2020	2025	2030	2010	2015	2020	2025	2030
Belgien	-	164	534	1.530	2.879	-	-	2.066	6.429	10.039
Dänemark	92	465	805	1.313	1.718	-	-	759	2.284	3.968
Deutschland	2,33	768	5.812	21.091	43.069	-	-	-	-	-
Finnland	-	56	230	604	970	-	437	1.298	2.391	2.920
Frankreich	-	1.964	5.971	11.144	15.847	-	-	8.613	25.875	41.398
Griechenland	-	29	177	541	1.044	-	-	690	2.488	4.388
Irland	-	9	140	692	1.342	-	-	755	2.274	3.450
Italien	-	299	3.956	10.887	17.691	-	-	-	8.865	25.085
Luxemburg	-	-	32	95	188	-	-	-	192	527
Niederlande	-	585	2.061	4.214	6.136	-	1.689	5.052	8.861	11.244
Norwegen	-	22	392	973	1.511	-	-	-	782	1.960
Österreich	-	-	11	416	1.161	-	-	-	367	1.212
Polen	-	-	106	1.864	4.607	-	-	2.438	9.638	15.279
Portugal	-	75	268	830	1.380	-	-	702	2.203	3.338
Schweden	-	-	145	585	1.087	-	-	-	1.036	2.836
Schweiz	-	-	186	593	1.111	-	-	-	1.269	3.368
Slowakische Republik	-	16	97	443	911	-	-	498	1.451	2.049
Slowenien	-	3	52	280	578	-	-	264	796	1.336
Spanien	-	-	993	2.660	5.440	-	-	-	4.006	12.231
Tchechische Republik	-	-	21	70	371	-	-	-	238	921
Ungarn	-	-	24	303	709	-	-	-	511	1.435
Vereingtes Königreich	-	1.049	4.386	13.057	22.268	-	10.302	32.951	54.770	56.179

Tabelle A.21.: Iterativ ermittelte EV-Elektrizitätsnachfragen im Szenario *Forciert* in [GWh]

Land	BEV					PHEV				
	2010	2015	2020	2025	2030	2010	2015	2020	2025	2030
Belgien	-	1.263	3.623	5.959	7.115	-	2.062	5.979	8.913	9.366
Dänemark	92	815	1.840	2.828	3.236	-	810	2.780	5.003	5.676
Deutschland	2	1.107	4.628	30.342	60.242	-	-	-	-	-
Finnland	-	276	816	1.329	1.563	-	570	1.589	2.326	2.420
Frankreich	-	5.441	14.754	23.269	26.806	-	8.425	24.689	36.493	38.260
Griechenland	-	224	865	1.798	2.529	-	889	2.986	4.517	4.770
Irland	-	414	1.252	2.061	2.455	-	704	2.024	3.020	3.194
Italien	-	5.183	14.912	24.455	28.774	-	7.324	22.851	35.502	39.426
Luxemburg	-	530	215	414	549	-	154	496	758	822
Niederlande	-	1.709	4.788	7.759	9.189	-	1.725	5.842	10.198	11.238
Norwegen	-	411	1.162	1.842	2.127	-	420	1.561	2.612	2.962
Österreich	-	484	2.033	3.349	3.959	-	343	1.408	2.607	3.328
Polen	-	1.881	6.430	10.946	13.493	-	3.766	9.651	13.829	14.350
Portugal	-	386	1.185	1.971	2.362	-	606	1.880	2.905	3.177
Schweden	-	668	1.925	3.210	3.899	-	964	3.398	5.329	5.854
Schweiz	-	310	1.223	2.271	2.979	-	844	2.752	4.233	4.610
Slowakische Republik	-	350	982	1.563	1.801	-	625	1.422	1.926	1.940
Slowenien	-	190	582	932	1.078	-	217	740	1.142	1.256
Spanien	-	2.020	7.432	13.848	18.091	-	3.015	11.133	19.669	23.494
Tchechische Republik	-	-	290	824	1.291	-	-	275	850	1.327
Ungarn	-	252	903	1.557	1.958	-	533	1.424	2.042	2.098
Vereingtes Königreich	-	7.077	18.813	29.112	32.763	-	11.087	29.788	42.640	44.436

Tabelle A.22.: Anteil der erneuerbaren Energien am Bruttoendenergieverbrauch Elektrizität in [%] (Europäische Kommission, 2010)

Land	alle			Forciert		Nische/Moderat	
	2010	2015	2020	2025	2030	2025	2030
Belgien	5,8	9,4	13,0	16,6	20,2	14,8	16,6
Dänemark	34,3	45,7	51,9	60,7	69,5	56,3	60,7
Deutschland	17,4	26,8	38,6	49,2	59,8	43,9	49,2
Finnland	26,0	27,0	33,0	36,5	40,0	34,8	36,5
Frankreich	15,5	20,5	27,0	32,8	38,5	29,9	32,8
Griechenland	13,3	27,6	39,8	53,0	66,3	46,4	53,0
Irland	20,4	32,4	42,5	53,6	64,6	48,0	53,6
Italien	18,7	22,4	26,4	30,2	34,1	28,3	30,2
Luxemburg	4,0	8,9	11,8	15,7	19,6	13,8	15,7
Niederlande	8,6	21,0	37,0	51,2	65,4	44,1	51,2
Österreich	69,3	71,2	70,6	71,3	71,9	70,9	71,3
Polen	5,2	7,8	10,4	13,0	15,6	11,7	13,0
Portugal	41,4	50,5	55,3	62,3	69,2	58,8	62,3
Schweden	54,9	58,9	62,9	66,9	70,9	64,9	66,9
Slowakische Republik	19,1	23,0	24,0	26,5	28,9	25,2	26,5
Slowenien	32,4	35,4	39,3	42,8	46,2	41,0	42,85
Spanien	28,8	33,8	40,0	45,6	51,2	42,8	45,6
Tschechische Republik	7,4	12,9	14,3	17,8	21,2	16,0	17,8
Ungarn	6,5	9,4	12,3	15,2	18,1	13,7	15,2
Vereinigtes Königreich	9,0	16,0	31,0	42,0	53,0	36,5	42,0

Der in den „Nationale Aktionspläne Erneuerbare Energien" angegebene Bruttostromverbrauch ist ort definiert als die nationale Bruttostromproduktion einschließlich der Eigenerzeugung zuzüglich Importe und abzüglich Exporte.

Abbildungsverzeichnis

Tabellenverzeichnis

Literaturverzeichnis

Abt, D. (1998). *Die Erklärung der Technikgenese des Elektroautomobils.* Dissertation, Universität Frankfurt (Main), Frankfurt am Main [u.a.].

ACEA. (2011a). *European Automobile Manufacturers Association - Tax Guide 2010.*

ACEA. (2011b). *Historical series 1990-2010: New Passenger Car Registrations by Country.* Zugriff am 20. September 2012 auf http://www.acea.be/index.php/news/news_detail/new_vehicle_registrations_by_country/

ACEA. (2012). *Overview of purchase and tax incentives for electric vehicles in the EU.*

ACEA. (2013). *Overview of purchase and tax incentives for electric vehicles in the EU.*

AEA. (2010). *IVTM 2009: Analisis de AEA Sobre la Fiscalidad del Automovil en el Ambito Local.* Zugriff am 20. September 2012 auf http://www.libertaddigital.com/fotos/noticias/IVTM_2009.pdf

AGEB. (2012). *Energieverbrauch in Deutschland im Jahr 2011.*

Agencia Entrate. (2011). *Calcolo del bollo in base alla potenza del veicolo (kw o cv).* Zugriff am 22. September 2012 auf http://www1.agenziaentrate.gov.it/servizi/bollo/calcolo/kw_cv_out.htm

Amprion, Tennet, 50 Hertz, Transnet BW. (2013). *EEG-Umlage.* Zugriff am 15. Mai 2013 auf http://www.eeg-kwk.net/de/772.htm

Amt für Straßenverkehr und Schifffahrt. (2011). *Personenwagen (Tarife 2011).* Zugriff am 18. September 2012 auf

http://www.fr.ch/ocn/de/pub/dienstleistungen/tarife/
steuern/personenwagen.htm

Anderman, M. (2010). *Feedback on ARB's Zero Emission Vehicle Staff Technical Report of 11/25/2009 including attachment A: Status of EV Technology Commercialization, Advanced Automotive Batteries.*

Auto En Vorvoer. (2011). *BPM en CO_2-heffingen 2010-2013.* Zugriff am 15. September 2012 auf http://auto-en-vervoer.infonu.nl/ auto/30543-bpm-enco2-heffingen-2010-2013.html

Ballisoy, N. & Schiffer, H.-W. (2001). *Braunkohle in Europa.* RWE Rheinbraun Aktiengesellschaft.

Baum, H., Dobberstein, J. & Schuler, B. (2011). *Nutzen-Kosten-Analyse der Elektromobilität, Kölner Diskussionsbeiträge zur Verkehrswissenschaft.*

BBC. (2011). *Plan to boost electric car sales.* Zugriff am 20. Mai 2012 auf http://news.bbc.co.uk/2/hi/business/8001254.stm

BBSR. (2011). *Siedlungsstrukturelle Kreistypen.*

BDI, VDN, ARE, VKU & VIK. (2001). *Verbändevereinbarung über Kriterien zur Bestimmung von Netznutzungsentgelten für elektrische Energie und über Prinzipien der Netznutzung.*

BDI, VIK, VDEW, VDN, ARE & VKU. (1998). *Verbändevereinbarung I.*

BDI, VIK, VDEW, VDN, ARE & VKU. (1999). *Verbändevereinbarung II.*

Beurskens, L. & Hekkenberg, M. (2011). *Renewable Energy Projections as Published in the National Renewable Energy Action Plans of the European Member States.*

BFS & ARE. (2007). *Mobilität in der Schweiz - Ergebnisse des Mikrozensus 2005 zum Verkehrsverhalten.*

BGR. (2003). *Reserven, Ressourcen und Verfügbarkeit von Energierohstoffen 2002.*

BGR. (2009). *Energierohstoffe 2009.*

Böhringer, C. & Rutherford, T. F. (2006). *Combining Top-Down and*

Bottom-up in Energy Policy Analysis: A Decomposition Approach. ZEW Zentrum für Europäische Wirtschaftsforschung GmbH, Discussion Paper No. 06-007.

Biere, D., Dallinger, D. & Wietschel, M. (2009). Ökonomische Analyse der Erstnutzer von Elektrofahrzeugen. *ZfE Zeitschrift für Energiewirtschaft, 02/2009,* 173-181.

Blank, T. (2007). *Elektrostraßenfahrzeuge - Elektrizitätswirtschaftliche Einbindung von Elektrostraßenfahrzeugen.* FfE Forschungsstelle für Energiewirtschaft e.V., Autraggeber: eon | Energie.

BMF Österreich. (2011a). *Informationen zur Steuerbefreiung von Elektrofahrzeugen.* Zugriff am 27. Juli 2012 auf `https://www.bmf.gv` `.at/Steuern/Brgerinformation/AutoundSteuern`

BMF Österreich. (2011b). *Steuerbefreiung von Elektrofahrzeugen von der Normverbrauchsabgabe.* Zugriff am 27. Juli 2012 auf `https://www.bmf.gv.at/Steuern/Brgerinformation/` `AutoundSteuern/NormverbrauchsabgabeNOVA/_start.htm`

BMU. (2006). *Nationaler Allokationsplan 2008-2012 für die Bunderepublik Deutschland.*

BMU. (2011). *Erneuerbare Energien in Zahlen - Nationale und internationale Entwicklung.*

BMU. (2012a). *Entwicklung der spezifischen Kohlendioxid-Emissionen des deutschen Strommix 1990-2010 und erste Schätzungen 2011.* Zugriff am 26. Juli 2012 auf `http://www.umweltbundesamt.de/` `energie/archiv/co2-strommix.pdf`

BMU. (2012b). *Erneuerbare Energien in Zahlen - Nationale und internationale Entwicklung.*

BMU. (2013). *Entwicklung der spezifischen Kohlendioxid-Emissionen des deutschen Strommix 1990-2011 und erste Schätzungen 2012.*

BMVBS. (2010). *Mobilität in Deutschland 2008.* Zugriff am 29. August 2012 auf `http://www.mobilitaet-in-deutschland.de/` `02_MiD2008/index.htm`

BMWi. (2011). *Eckpunkte zur EnWG-Novelle 2011.* Zugriff am 27. Juli 2012 auf `http://www.bmwi.de/BMWi/Redaktion/PDF/E/eckpunkte-enwg-novelle,property=pdf,bereich=bmwi,sprache=de,rwb=true.pdf`

BMWi & BMU. (2010). *Energiekonzept für eine umweltschonende, zuverlässige und bezahlbare Energieversorgung.* Zugriff am 26. Juli 2012 auf `http://www.bmu.de/files/pdfs/allgemein/application/pdf/energiekonzept_bundesregierung.pdf`

Bongartz, R., Hennings, W., Linssen, J. & Pesch, T. (2011). *Lastfolgefähigkeit von Kernkraftwerken.* Jülich.

Boston Consulting Group . (2010). *Batteries for Electric Cars – Challenges, Opportunities, and the Outlook to 2020.*

Bärwaldt, G. & Haupt, H. (2009). *Elektromobilität - Aufnahmefähigkeit eines Niederspannungsnetzes.* TU Carolo-Wilhelmina zu Braunschweig.

Bundesjustizministerium. (1998). *Gesetz über die Elektrizitäts- und Gasversorgung (Energiewirtschaftsgesetz – EnWG).* (BGBl I S. 730)

Bundesjustizministerium. (2009). *Gesetz zum Ausbau von Energieleitungen (Energieleitungsausbaugesetz - EnLAG).*

Bundesnetzagentur. (2008). *Monitoringbericht 2008.*

Bundesnetzagentur. (2012). *Monitoringbericht 2011.*

Bundesregierung. (1990). Gesetz über die Einspeisung von Strom aus erneuerbaren Energien in das öffentliche Netz (Stromeinspeisegesetz). *Bundesgesetzblatt Teil I, Nr. 67,* 2633-2634.

Bundesregierung. (2009). *Nationaler Entwicklungsplan Elektromobilität der Bundesregierung.* Berlin. Zugriff am 20. August 2009 auf `http://www.bmwi.de/BMWi/Redaktion/PDF/M-O/nationaler-entwicklungsplan-elektromobilitaet-der-bundesregierung,property=pdf,bereich=bmwi,sprache=de,rwb=true.pdf`

Bundesregierung. (2011a). *Beschlüsse des Bundeskabinetts zur Energie-*

wende vom 6. Juni 2011. Zugriff am 26. Juli 2012 auf `http://www.bmu.de/energiewende/downloads/doc/47467.php`

Bundesregierung. (2011b). *Kernkraftwerke kommen auf den Prüfstand.* Zugriff am 29. August 2012 auf `http://www.bundesregierung.de/Content/DE/Artikel/2011/03/2011-03-15-bund-laender-kkw-pruefungen.html`

BVU & Intraplan Consult. (2007). *Prognose der deutschlandweiten Verkehrsverflechtungen 2025.*

Cames, M., Anger, N., Böhringer, C., Harthan, R.-O. & Schneider, L. (2007). *Langfristige Perspektiven von CDM und JI.* Umweltbundesamt.

Capros, P., Mantzos, L., Tasios, N., Vita, A. De & Kouvaritakis, N. (2010). *EU energy trends to 2030 — Update 2009.* European Commission. Directorate-General for Energy.

CONCAVE, EUCAR & JRC. (2008). *Well-to-Wheels analysis of future automotive fuels and powertrains in the European context. Version 3 incl. App 1 & 2.* A joint Study by European Council for Automotive R&D, European Commission Derectorate-General Joint Research Center and CONCAVE. Zugriff am 29. Juni 2009 auf `http://ies.jrc.ec.europa.eu/WTW.html`

Convery, F.-J. & Redmond, L. (2007). Market and Price Developments in the European Union Emissions Trading Scheme. *Review of Environmental Economics and Policy, 1,* 88-111.

cplex 12. (2013). Zugriff am 18. Februar 2013 auf `http://www.gams.com/dd/docs/solvers/cplex.pdf`

Cremer, C. (2005). *Integrating regional aspects in modelling of electricity generation - the example of CO_2 capture and storage.* Dissertation, ETH Zürich.

DENA. (2012a). *Ausbau - und Innovationsbedarf der Stromverteilnetze in Deutschland bis 2030.*

DENA. (2012b). *Integration der erneuerbaren Energien in den deutsch-europäischen Strommarkt.*

DENA. (2012c). *Strategieplattform Power to Gas: Eckpunkte einer Roadmap Power to Gas.*

Denstadli, J. M., Engebretsen, O., Hjorthol, R. & Vagane, L. (2006). *RVU 2005 - Den nasjonale reisevaneundersokelsen 2005 - nokkelrapport* (Bericht). Transportokonomisk institutt - Norwegen. (TOI rapport 844/2006)

Deutsches Institut für Wirtschaftsforschung (DIW). (2009). *Verkehr in Zahlen 2008/2009.* Bundesministerium für Verkehr, Bau und Stadtentwicklung (BMVBS) and DVV Media Group.

DFT. (2010). *National Travel Survey.* Zugriff am 06. Oktober 2011 auf http://www.dft.gov.uk/statistics/series/national-travel-survey/

DGAIEC. (2011). *Direcção-Geral das Alfândegas e dos Impostos Espesiais sobre o Consumo.* Zugriff am 27. Juli 2012 auf http://www.e-financas.gov.pt/de/jsp-dgaiec/main.jsp

Dii GmbH. (2012). *Dersert power 2050 - Perspectives on a Sustainable Power System for EUMENA.*

DIN EN 61851-1. (2012). *Deutsches Institut für Normung e.V. und VDE Verband der Elektrotechnik Elektronik Informationstechnik e.V.: DIN EN 61851-1 (VDE 0122-1) Elektrische Ausrüstung von Elektro-Straßenfahrzeugen - Konduktive Ladesysteme für Elektrofahrzeuge - Teil 1: Allgemeine Anforderungen.*

DIN VDE 0298-4. (2003). *Deutsches Institut für Normung e.V. und VDE Verband der Elektrotechnik Elektronik Informationstechnik e.V.: DIN VDE 0298-4: Verwendung von Kabeln und isolierten Leitungen für Starkstromanlagen, Teil 4: EmpfohleneWerte für die Strombelastbarkeit von Kabeln und Leitungen für feste Verlegung in und an Gebäuden und von flexible Leitungen.*

DTU. (2009). *Danmark Tekniske Universitet: Transportvaneundersøgelsen 2009 - Access Database Files.*

Eckstein, P. P. (2010). *Statistik für Wirtschaftswissenschaftler* (2., akt. u. erw. Aufl.). Springer Verlag.

EEG. (2000). *Gesetz für den Vorrang Erneuerbarer Energien, BGBl I 2000, 305.*

EEG. (2011). *Gesetz zur Neuregelung des Rechtsrahmens für die Förderung der Stromerzeugung aus erneuerbaren Energien, 4. August 2011 im Bundesgesetzblatt Teil I, Nr. 42, Seite 1634.*

EEG. (2012). *Gesetz zur Änderung des Rechtsrahmens für Strom aus solarer Strahlungsenergie und weiteren Änderungen im Recht der erneuerbaren Energien (sog. PV-Novelle), 23. August 2012 im Bundesgesetzblatt (BGBl. 2012, Teil I, Nr. 38, Seite 1754) .*

Eßer-Frey, A. (2012). *Analyzing the regional long-term development of the German power system using a nodal pricing approach.* Dissertation, Karlsruher Institut für Technologie (KIT). Verfügbar unter `http:// digbib.ubka.uni-karlsruhe.de/volltexte/1000028367`

EEX. (2012). *Marktdaten 2005 bis 2012.* Zugriff am 27. Juli 2012 auf `www.eex.de`

Egbue, O. & Long, S. (2012). Barriers to wide spread adoption of electric vehicles: Ananalysis of consumer attitudes and perceptions. *Energy Policy, 48,* 717–729.

Engel, T. (2008). *CO_2-Reduktionspotential der Elektromobilität.* Deutsche Gesellschaft für Sonnenenergie e.V. (DGS).

ENTD. (2009). *Institut national de la statistique et des études économiques: Enquête Nationale Transports et Déplacements (ENTD) 2007/2008.*

ENTSO-E. (2007-2011). *Country Packages: HOURLY LOAD VALUES FOR A SPECIFIC COUNTRY.* Zugriff am 26. Juli 2012 auf `https://www.entsoe.eu/resources/data-portal/ country-packages/`

ENTSO-E. (2009). *Indicative values for Net Transfer Capacities (BNTC) in Europe, Version 2nd November 2009.*

ENTSO-E. (2011). *System Adequacy Retrospect.*

ENTSO-E. (2012). *ENTSO-E Report: System Adequacy Forecast 2010 – 2025.* Zugriff am 26. Juli 2012 auf `https://www.entsoe.eu/resources/publications/system-development/`

EnWG. (2005). *Zweites Gesetz zur Neuregelung des Energiewirtschaftsrechts vom 7. Juli 2005.* BGDl., 2005, Nr. 42, S.1970-2018.

EnWG. (2011). *Gesetz zur Neuregelung energiewirtschaftsrechtlicher Vorschriften vom 26. Juli 2011.* Bundesgesetzblatt Teil I Nr. 41, 1554-1594.

Enzensberger, N. (2003). *Entwicklung und Anwendung eines Strom- und Zertifikatmarktmodells für den europäischen Energiesektor.* Dissertation, Universität Karlsruhe (TH), VDI-Verlag, Fortschritt-Berichte VDI : Reihe 16, Technik und Wirtschaft ; 159.

ETSO. (2000). *Net Transfer Capacities (NTC) and Available Transfer Capacities (ATC) in the Internal Market of Electricity in Europe (IEM) - Information for User.*

ETSO. (2003). *ETSO approves a new cross-border trade system (CBT) for 2003, which reduces the fee from 1 to 0.5€/MWh,.* CBT press release, December 20th 2003.

EURATOM. (2010). *Supplay Agency - Annual Report 2009.* European Commission. Directorate-General for Energy.

Europäische Kommission. (1996, Dezember). *Richtlinie 96/92/EG des Europäischen Parlaments und des Rates betreffend gemeinsame Vorschriften für den Elektrizitätsbinnenmarkt.* (Amtsblatt Nr. L027 vom 30.01.1997 S. 0020)

Europäische Kommission. (2001). *Richtlinie 2001/77/EG des Europäischen Parlaments und des Rates vom 27. September 2001 zur Förderung der Stromerzeugung aus erneuerbaren Energiequellen im Elektrizitätsbinnenmarkt.*

Europäische Kommission. (2003a). *Directive 2003/87/EC of the European Parliament and of the Council establishing a scheme for greenhouse gas emission allowance trading within the Community and amending Council Directive 96/61/EC.*

Europäische Kommission. (2003b). *Richtlinie 2003/54/EG des Europäischen Parlaments und des Rates vom 26. Juni 2003 über gemeinsame Vorschriften für den Elektrizitätsbinnenmarkt und zur Aufhebung der Richtlinie 96/92/EG.*

Europäische Kommission. (2009a). *Directive 2009/72/EC of the European Parliament and of the Council of 13 July 2009 concerning common rules for the internal market in electricity and repealing Directive 2003/54/EC.*

Europäische Kommission. (2009b). *Regulation (EC) No 714/2009 of the European Parliament and of the Council of 13 July 2009 on conditions for access to the network for cross-border exchanges in electricity and repealing Regulation (EC) No 1228/2003.*

Europäische Kommission. (2009c). *Richtlinie 2009/28/EG des Europäischen Parlaments und des Rates vom 23. April 2009 zur Förderung der Nutzung von Energie aus erneuerbaren Quellen und zur Änderung und anschließenden Aufhebung der Richtlinien 2001/77/EG und 2003/30/EG.*

Europäische Kommission. (2009d). *Richtlinie 2009/29/EG des Europäischen Parlaments und des Rates zur Änderung der Richtlinie 2003/87/EG zwecks Verbesserung und Ausweitung des Gemeinschaftssystems für den Handel mit Treibhausgasemissionszertifikaten.*

Europäische Kommission. (2009e). *Verordnung (EG) Nr. 443/2009 des Europäischen Parlaments und des Rates vom 23. April 2009 zur Festsetzung von Emissionsnormen für neue Personenkraftwagen im Rahmen des Gesamtkonzepts der Gemeinschaft zur Verringerung der CO2-Emissionen von Personenkraftwagen und leichten Nutzfahrzeugen.*

Europäische Kommission. (2010). *National renewable energy action plans.* Zugriff am 25. Juni 2012 auf `http://ec.europa.eu/energy/renewables/action_plan_en.htm`

Europäische Kommission. (2011). *Renewable energy: the promotion of electricity from renewable energy sources.* Zugriff am 15. September 2012 auf `http://europa.eu/legislation_summaries/energy/renewable_energy/l27035_en.htm#amendingacts`

Europäische Kommission. (2012). *Emissions Trading System (EU ETS).* Zugriff am 12. Dezember 2012 auf `http://ec.europa.eu/clima/policies/ets/index_en.htm`

Europäische Kommission. (2013). *European Union Transaction Log: Community Independent Transaction Log (CITL).* Zugriff am 22. Februar 2013 auf `http://ec.europa.eu/environment/ets/welcome.do?languageCode=en`

Eurostat. (2012a). *Elektrizität - Haushaltabnehmer - halbjährliche Preise - ab 2007 (nrg-pc-204).*

Eurostat. (2012b). *Elektrizitätserzeugung aus erneuerbaren Energiequellen - jährliche Daten (nrg-ind-333a).*

Eurostat. (2012c). *Erstzulassungen von Personenkraftwagen nach Art der Antriebsenergie und Hubraum (road-eqr-carm).*

Eurostat. (2012d). *Personenkraftwagen, nach Antriebsenergie des Motors (road-eqs-carmot).*

Eurostat. (2012e). *Versorgung, Umwandlung, Verbrauch - alle Produkte - jährliche Daten (nrg-100a).*

Eurostat. (2012f). *Versorgung, Umwandlung, Verbrauch - Elektrizität - jährliche Daten (nrg-105a).*

Eurostat. (2012g). *Versorgung, Umwandlung, Verbrauch - erneuerbare Energien und Abfälle (Summe, Solarwärme, Biomasse, geothermische Energie, Abfälle) - jährliche Daten (nrg-1071a).*

EWI & Prognos. (2005). *Die Entwicklung der Energiemärkte bis zum Jahr 2030: energiewirtschaftliche Referenzpro-*

gnose. München: Oldenbourg. Zugriff am 18. März 2010 auf `http://www.bmwi.de/BMWi/Redaktion/PDF/Publikationen/Dokumentationen/ewi-prognos_E2_80_93studie-entwicklung-der-energiemaerkte-545,property=pdf,bereich=bmwi,sprache=de,rwb=true.pdf`

Feess, E. (2007). *Umweltökonomie und Umweltpolitik* (3. Aufl.). Franz Vahlen Verlag.

Fichtner, W. (1998). *Entwicklung und Einsatz eines Energie- und Stoffflußmodells zur strategischen Entscheidungsunterstützung bei Energieversorgungsunternehmen.* Dissertation, Universität Karlsruhe (TH).

FINNRA. (2006). *Finnish Road Administration - Henkilöliikennetutkismus 2004/2005.* Zugriff am 27. Juli 2012 auf `http://www.hlt.fi/english/HLT04_05_Database_desription.pdf`

Flachsland, C., Edenhofer, O., Jakob, M. & Steckel, J. (2008). *Developing the International Carbon Market. Linking Options for the EU ETS.*

Follmer, R. (Hrsg.). (2002). *Mobilität in Deutschland 2002.* infas - Institut für angewandte Sozialwissenschaft / Bundesministerium für Verkehr, Bau und Stadtentwicklung.

Göbelt, M. (2001). *Entwicklung eines Modells für die Investitions- und Produktionsprogrammplanung von Energieversorgungsunternehmen im liberalisierten Markt.* Dissertation, Universität Karlsruhe (TH).

Göbelt, M., Dreher, M., Fichtner, W., Wietschel, M. & Rentz, O. (2000). *PERSEUS-EVU - Systembeschreibung (Version 4), Institut für Industriebetriebslehre und Industrielle Produktion (IIP) Universität Karlsruhe (TH).*

Genoese, M. (2010). *Energiewirtschaftliche Analysen des deutschen Strommarkts mit agentanbasierter Simulation.* Dissertation, Karlsruher Institut für Technologie, Nomos Verlag, Baden-Baden.

Genoese, M., Genoese, F. & Fichtner, W. (2012). Model based Analysis of the Impact of Capacity Markets. In *9th International Conference on the European Energy Market.*

Gerbracht, H. U., Möst, D. & Fichtner, W. (2010). Impacts of Plug-in Electric Vehicles on Germany's Power Plant Portfolio - A Model Based Approach. In *7th International Conference on the European Energy Market.*

Gondelach, S. J. Gerssen & Faaij, A. P. (2012). Performance of batteries for electric vehicles on short and longer term. *Journal of Power Sources, 212,* 111-129.

Goodfellow, M.-J., Williams, H.-R. & Azapagic, A. (2011). Nuclear renaissance, public perception and design criteria: An exploratory review. *Energy Policy, 39,* 6199–6210.

Graeber, B. (2002). *Grenzübergreifende integrierte Elektrizitätsplanung im südlichen Afrika.* Dissertation, Fakultät Energietechnik der Universität Stuttgart.

Grobbel, C. (1999). *Competition in Electricity Generation in Germany and Neighboring Countries from a System Dynamics Perspective* (Bd. 2460). Peter Lang GmbH - Europäischer Verlag der Wissenschaften.

GRT. (2000). *La mobilité quotidienne des Belges (Mobel).* Transportation Research Group (GRT) of the University of Namur (FUNDP) and Langzaam Verkeer, Institut Wallon and University of antwerp (UIA).

Hacker, F., Harthan, R., Matthes, F. & Zimmer, W. (2009). *Environmental impacts and impact on the electricity market of a large scale introduction of electric cars in Europe - Critical Review of Literature -.* (ETC/ACC Technical Paper 2009/4)

Handl, A. (2010). *Multivariate Analysemethoden* (2. Aufl.). Springer Verlag.

Hartmann, N. & Özdemir, E. (2011). Impact of different utilization scenarios of electric vehicles on the German grid in 2030. *Journal of Power Sources, 196,* 2311–2318.

Hauke, W., Thaele, R. & Reck, G. (1998). *RWE Energie Bau-Handbuch* (12. Aufl.). Energie-Verlag GmbH.

Haupt, H. & Bärwaldt, G. (2009). Electromobility – absorbing capacity of a distribution grid. In *Symposium Kraftwerk Batterie – Lösungen für Automobil und Energieversorgung.*

HCFG. (2011). *Hungarian Customs and Finance Guard: Gesetz über die Zulassungssteuer in Ungarn.* Zugriff am 27. Juli 2012 auf `http:// vam.gov.hu/loadBinaryContent.do?binaryId=19168`

Hedegaard, K., Ravn, H., Juul, N. & Meibom, P. (2012). Effects of electric vehicles on power systems in Northern Europe. *Energy, in press,* 1-13.

Heinrichs, H., Frey, A. Eßer, Jochem, P. & Fichtner, W. (2011). Zur Analyse der langfristigen Entwicklung des deutschen Kraftwerkparks – Zwischen europäischem Energieverbund und dezentraler Erzeugung. *Optimierung in der Energiewirtschaft, VDI-Berichte 2157,* 19-30.

Heinrichs, H. & Trommer, S. (2011). *Abstimmung der Energie- und Verkehrsszenarien bis 2030.* Bericht des Flottenversuchs Elektromobilität, im Auftrag des Bundesministeriums für Umwelt, Naturschutz und Reaktorsicherheit.

Heinzow, T., Tol, R.-S.-J. & Brümmer, B. (2005). *Offshore-Windstromerzeugung in der Nordsee - eine ökonomische und ökologische Sackgasse?* (Working Paper FNU-85)

Held, A. (2006). On the success of policy strategies for the promotion of electricity from renewable energy sources in the EU. *Energy & Environment, 17* (6), 849-868.

Helms, H. & Hanusch, J. (2010). *Energieverbrauch von Elektrofahrzeugen - Grundlagendaten und Ergebnisse.* Bericht des Flottenversuchs Elektromobilität, im Auftrag des Bundesministeriums für Umwelt, Naturschutz und Reaktorsicherheit.

Herrmann, A., Homburg, C. & Klarmann, M. (2008). *Handbuch Marktforschung: Methoden- Anwendungen- Praxisbeispiele* (3. Aufl.). Gabler Verlag.

Herry, M. & Sammer, G. (1998). *Mobilitätserhebung österreichischer Haushalte*. Bundesministerium für Wissenschaft und Verkehr.

Hobohm, J., Koepp, M., Peter, F., Arndt, O. & Steden, P. (2005). *Energie- und regionalwirtschaftliche Bedeutung der Braunkohle in Ostdeutschland*. Prognos AG im Auftrag der Vattenfall Europe AG.

Hundt, M., Barth, R., Sun, N., Wissel, S. & Voß, A. (2009a). Hemmschuh für den Ausbau Erneuerbarer? *BWK*, *61* (11), 49-53.

Hundt, M., Barth, R., Sun, N., Wissel, S. & Voß, A. (2009b). *Verträglichkeit von erneuerbaren Energien und Kernenergie im Erzeugungsportfolio*. IER Stuttgart im Auftrag der E.ON Energie AG.

IEA. (2007). *IEA Energy Technology Essentials - Nuclear Power*.

IEA. (2009). *Technology Roadmap: Electric and plug-in hybrid electric vehicles*. International Energy Agency. Zugriff am 01. Dezember 2009 auf `http://www.iea.org/papers/2009/EV_PHEV _Roadmap.pdf`

IEA. (2010). *World Energy Outlook 2010*.

IEA. (2011). *Technology Roadmap - Eletric and plug-in hybrid electric vehicles - Update June 2011*. Zugriff am 26. Juli 2012 auf `http:// www.iea.org/papers/2011/EV_PHEV_Roadmap.pdf`

IEA/NEA. (1989). *Projected Costs of Generating Electricity - 1989 Update*. International Energy Agency (IEA) / Nuclear Energy Agency.

IEA/NEA. (1998). *Projected Costs of Generating Electricity - 1998 Update*. International Energy Agency / Nuclear Energy Agency.

IEA/NEA. (2005). *Projected Costs of Generating Electricity - 2005 Update*. International Energy Agency / Nuclear Energy Agency.

IEA/NEA. (2010). *Projected Costs of Generating Electricity - 2010 Edition*. International Energy Agency / Nuclear Energy Agency.

IFEU. (2010). *Fortschreibung und Erweiterung Daten- und Rechenmodell: Energieverbrauch und Schadstoffemissionen des motorisierten Verkehrs in Deutschland 1960-2030 (TREMOD, Version 5)*.

infas & DLR. (2010). *Mobilität in Deutschland 2008: Tabellenband*.

IVS, IVT, WVI, KBA & P.U.T.V. (2002). *Kraftfahrzeugverkehr in Deutschland (KiD)*. (Befragung der Kfz-Halter im Auftrag des Bundesministeriums für Verkehr, Bau- und Wohnungswesen)

Jochem, P., Kaschub, T. & Fichtner, W. (2013). How to integrate electric vehicles in the future energy system? In M. Hülsmann & D. Fornahl (Hrsg.), *Evolutionary Paths Towards the Mobility Patterns of the Future*. Springer Verlag.

Jochem, P., Kaschub, T., Paetz, A.-G. & Fichtner, W. (2012). Integrating Electric Vehicles into the German Electricity Grid – an Interdisciplinary Analysis. In *EVS26*. Los Angeles.

Jochem, P., Poganietz, W.-R., Grunwald, A. & Fichtner, W. (2013). *Alternative Antriebskonzepte bei sich wandelnden Mobililitätsstilen*. Tagungsband des Workshops Alternative Antriebskonzepte bei sich wandelnden Mobililitätsstilen vom 08./09. März 2012 am KIT Zentrum Energie, Karlsruhe.

Kalhammer, F. R., Kopf, B. M., Swan, D. H., Roan, V. P. & Walsh, M. P. (2007). *Status and Prospects for Zero Emissions Vehicle Technology - Report of the ARB Independent Expert Panel 2007*. California Environmental Protection Agency - Air Resources Board.

Kaltschmitt, M., Streicher, W. & Wiese, A. (Hrsg.). (2006). *Erneuerbare Energien* (4. Aufl.). Springer Verlag.

KBA. (2012a). *Bestand an Personenkraftwagen am 1. Januar 2012 gegenüber 1. Januar 2011 nach Segmenten und Modellreihen (Zulassungen ab 1990)*.

KBA. (2012b). *Der Fahrzeugbestand im Überblick am 1. Januar 2012 gegenüber 1. Januar 2011*. Zugriff am 26. Juli 2012 auf `http://www.kba.de/cln_033/nn_125398/DE/Statistik/Fahrzeuge/Bestand/2011__b__ueberblick__pdf,templateId=raw,property=publicationFile.pdf/2011_b_ueberblick_pdf.pdf`

KBA. (2012c). *Fahrzeugzulassungen (FZ) Neuzulassungen und Besitzumschreibungen von Kraftfahrzeugen nach Emissionen und Kraftstoffen. Jahr 2011.* Zugriff am 26. Juli 2012 auf `http:// www.kba.de/cln_033/nn_191064/DE/Statistik/Fahrzeuge/ Publikationen/2011/fz14__2011__pdf,templateId=raw ,property=publicationFile.pdf/fz14_2011_pdf.pdf`

Kihm, A. (2012). *Expertengespräche zur Herleitung einer Marktpenetration von Elektromobilität.* Flottenversuch Elektromobilität, im Auftrag des Bundesministeriums für Umwelt, Naturschutz und Reaktorsicherheit.

Kihm, A., Trommer, S. & Mehlin, M. (2013). Calculating Potential Emission Reductions Through the Introduction of Electric Vehicles. In *The 91st annual meeting of the transportation research board (trb), washington, d.c., 13-17 january 2013.*

Kiviluoma, J. & Meibom, P. (2010). Influence of wind power, plug-in electric vehicles, and heat storages on power system investments. *Energy, 35,* 1244–1255.

Kiviluoma, J. & Meibom, P. (2011). Methodology for modelling plug-in electric vehicles in the power system and cost estimates for a system with either smart or dumb electric vehicles. *Energy, 36,* 1758-1767.

Kleest, J. & Reuter, E. (2002). *Netzzugang im liberalisierten Strommarkt* (1. Aufl.). Wiesbaden: Deutscher Universitäts Verlag GmbH.

Kley, F. (2011). *Ladeinfrastrukturen für Elektrofahrzeuge: Entwicklung und Bewertung einer Ausbaustrategie auf Basis des Fahrverhaltens.* Dissertation, Karlsruher Institut für Technologie (KIT).

Krey, V. (2006). *Vergleich kurz- und langfristig ausgerichteter Optimierungansätze mit einem multi-regionalen Energiesystemmodell unter Berücksichtigung stochastischer Parameter.* Dissertation, Ruhr-Universität Bochum.

Lanati, F., Benini, M. & Gelmini, A. (2011). Impact of the penetration of electric vehicles on the Italian power system: a 2030 scenario. In

Power and energy society general meeting, 2011 IEEE.

Leitinger, C. & Litzlbauer, M. (2011). Netzintegration und Ladestrategien der Elektromobilität. *Elektrotechnik & Informationstechnik, 1-2*, 10-15.

Linßen, J., Schulz, A., Mischinger, S., Maas, H., Günther, C., Weinmann, O. et al. (2012). *Netzintegration von Fahrzeugen mit elektrifizierten Antriebssystemen in bestehende und zukünftige Energieversorgungsstrukturen - Advances in Systems Analysis 1* (Bd. 15). Jülich.

Link, J. (2011). *Elektromobilität und erneuerbare Energien: Lokal optimierter Einsatz von netzgekoppelten Fahrzeugen.* Dissertation, Technische Universität Dortmund. Verfügbar unter https://eldorado.tu-dortmund.de/bitstream/2003/29350/1/Dissertation.pdf

Lovdata. (2011). *Kraftfahrzeugsteuern für Elektrofahrzeuge und konventionelle Fahrzeuge in Norwegen.* Zugriff am 27. Juli 2012 auf http://www.lovdata.no/for/sf/sv/td-20101125-1535-005.html#1

Lüth, O. (1997). *Strategien zur Energieversorgung unter Berücksichtigung von Emissionsrestriktionen - Entwicklung eines Energie-Emissions-Modells für kleine Länder bzw. Regionen.* Fortschrittsberichte VDI, Reihe 16: Technik und Wirtschaft, Nr. 93.

Lunz, B., Yan, Z., Gerschler, J. B. & Sauer, D. U. (2012). Influence of plug-in hybrid electric vehicle charging strategies on charging and battery degradation costs. *Energy Policy, 46* (0), 511–519.

Matthes, F. C. (2006). *Analyse der Wirtschaftlichkeit von Kraftwerksinvestitionen im Rahmen des EU-Emissionshandels.* Öko-Institut e.V.

Matthes, F. C. (2008). *Nutzungsgrenzen für CDM- und JI-Gutschriften im Rahmen des EU-Emissionshandelssystems für Deutschland im Zeitraum 2008-2020.* Berlin: Öko-Institut e.V.

Matthes, F. C., Graichen, V., Harthan, R. O., Horn, M., Krey, V., Markewitz, P. et al. (2008). *Energiepreise und Klimaschutz - Wirkung hoher*

Energieträgerpreise auf die CO_2-Emissionsminderung bis 2030 (Bd. 09/08). Umweltbundesamt.

Maurer, C. & Haubrich, H.-J. (2010). Laufzeitverlängerung für Kernkraftwerke – Risiko oder Chance für die erneuerbaren Energien? *Energiewirtschaftliche Tagesfragen, 3*, 40-44.

MDF. (2007). *Encuesta de movilidad de las personas residentes en España (Movilia 2006/2007).* Zugriff am 06. Oktober 2011 auf `http://www.fomento.gob.es/MFOM/` `LANG_CASTELLANO/ESTADISTICAS_Y_PUBLICACIONES/` `INFORMACION_ESTADISTICA/Movilidad/Movilia2006_2007/`

Ministerio de Industria, Turismo y Comercio. (2011). *Estrategia Integral Para el Impulsp del Vehiculo Electrico en Espana.*

Ministry of Finance Finnland. (2009). *Taxation in Finland 2009.*

Molt, M. (2001). *Entwicklung eines Instrumentes zur Lösung großer energiesystemanalytischer Optimierungsprobleme durch Dekomposition und verteilte Berechnung.* Dissertation, Universität Stuttgart.

Möst, D. (2006). *Zur Wettbewerbsfähigkeit der Wasserkraft in liberalisierten Elektrizitätsmärkten: eine modellgestützte Analyse dargestellt am Beispiel des schweizerischen Energieversorgungssystems.* Dissertation, Universität Karlsruhe (TH), Peter Lang Verlag, Frankfurt am Main.

Möst, D. (2010). *Energy economics and energy system analysis.* Habilitation, Karlsruher Institut für Technologie (KIT), Karlsruhe.

Möst, D. & Fichtner, W. (2010). Renewable energy sources in European energy supply and interactions with emission trading. *Energy Policy, 38*, 2898–2910.

Möst, D., Jochem, P. & Fichtner, W. (2010). Dezentralisierung der Energieversorgung - Herausforderungen an die Systemanalyse und -steuerung. *Technikfolgenabschätzung - Theorie und Praxis, 19* (3), 22-29.

Mullan, J., Harries, D., Bräunl, T. & Whitely, S. (2011). Modelling the impacts of electric vehicle recharging on the Western Australian electricity supply system. *Energy Policy*, *39*, 4349–4359.

NABEG. (2011). *Netzausbaubeschleunigungsgesetz Übertragungsnetz vom 28. Juli 2011 (BGBl. I S. 1690)*.

NAP-I. (2004). *National Allocation Plans: First Phase (2005-2007)*. Zugriff am 29. August 2012 auf `http://ec.europa.eu/clima/policies/ets/allocation/2005/documentation_en.htm`

NAP-II. (2006). *National Allocation Plans: Second Phase (2008-2012)*. Zugriff am 29. August 2012 auf `http://ec.europa.eu/clima/policies/ets/allocation/2008/documentation_en.htm`

Nationale Plattform Elektromobilität. (2011). *Zweiter Bericht der Nationalen Plattform Elektromobilität*.

Naunin, D., Sporckmann, B., Regar, K.-N., Muntwyler, U. & Ledjeff, K. (2007). *Hybrid-, Batterie- und Brennstoffzellen-Elektrofahrzeuge : Technik, Strukturen und Entwicklungen* (4. Aufl.; K. Ledjeff, Hrsg.). Renningen: expert-Verl.

NEA. (2008). *Uranium 2007: Resources, Production and Demand.* A Joint Report by the OECD Nuclear Energy Agency (NEA) and the International Atomic Energy Agency (IEA).

NEA. (2010). *Uranium 2009: Resources, Production and Demand.* A Joint Report by the OECD Nuclear Energy Agency (NEA) and the International Atomic Energy Agency (IEA).

NEA. (2012a). *Nuclear energy data.* Nuclear Energy Agency (NEA).

NEA. (2012b). *Nuclear Energy Data 2011.* Nuclear Energy Agency (NEA).

NEP. (2012). *Netzentwicklungplan Strom 2012 Entwurf der Übertragungsnetzbetreiber.* Zugriff am 27. Juli 2012 auf `http://www.netzentwicklungsplan.de/content/netzentwicklungsplan-2012`

Nina, M.-B.-N. (2010). *Introduction of Electric Vehicles in Portugal - A Cost-benefit Analysis*. Dissertation, Instituto Superior Técnico Universidade Técnica de Lisboa.

Oeding, D. & Oswald, B.-R. (2011). *Elektrische Kraftwerke und Netze* (7. Aufl.). Berlin Heidelberg: Springer Verlag.

Ottmann, P. (2010). *Abbildung demographischer Prozesse in Verkehrsentstehungsmodellen mit Hilfe von Längsschnittdaten*. KIT Scientific Publishing.

Paetz, A.-G., Jochem, P. & Fichtner, W. (2012). Demand Side Management mit Elektrofahrzeugen – Ausgestaltungsmöglichkeiten und Kundenakzeptanz. In *12. Symposium Energieinnovation, 15.-17.2.2012, Graz/Austria*.

Pforte, R. (2010). *Untersuchungen zur Integration der fluktuierenden Windenergie in das System der Elektroenergieversorgung*. Dissertation, Karlsruher Institut für Technologie (KIT). Verfügbar unter `http://digbib.ubka.uni-karlsruhe.de/volltexte/1000022516`

Platts. (2009). *World Electric Power Plants Database*.

Pollok, T., Matrose, C., Dederichs, T., Schnettler, A. & Szczechowicz, E. (2011). Classification and Comparison of Multi Agent Based Control Stratefies for Electric Vehicles in Distribution Networks. In *21st International Conference and Exhibition on Electricity Distribution (CIRED 2011)*.

Portuguese Ministry for Economy and Innovation. (2009). *MOBI.E Portuguese Electric Mobility Program*. Autor.

Pratt, A. (2011). *Electric Vehicle Demand - Global forecast through 2030*.

PRIMe CAR-e. (2011). Zugriff am 26. Juli 2012 auf `http://www.car-e.lu`

Rübbelke Dirk & Vögele Stefan. (2011). Impacts of climate change on European critical infrastructures: The case of the power sector. *Environmental Science & Policy, 14* (1), 53–63.

Richter, J. & Lindenberger, D. (2010). *Potenziale der Elektromobilität bis 2050 – Eine szenarienbasierte Analyse der Wirtschaftlichkeit, Umweltauswirkungen und Systemintegration.*

Roland Berger Strategy Consultants. (2011). *E-mobility in Central and Eastern Europe Maturity and potential of electric vehicle markets in CEE.*

Rosen, J. (2007). *The future role of renewable energy sources in European electricity supply.* Dissertation, Universität Karlsruhe (TH).

Rosenthal Richard. (2012). *GAMS - A User's Guide.* GAMS Development Corporation, Washington, DC.

RWS. (2009). *Mobiliteitsonderzoek Nederland 2008 - Tabellenboek* (Bericht). Rijkswaterstaat / Ministerie van Verkeer en Waterstaat.

Schäfer, H. (2007). Die wachsende Bedeutung elektrischer Antriebe bei der Traktion von Kraftfahrzeugen, in Neue elektrische Antriebskonzepte für Hybridfahrzeuge. expert-Verl.

Schill, W.-P. (2011). Electric vehicles in imperfect electricity markets: The case of Germany. *Energy Policy, 39,* 6178–6189.

Schneider, L. (1998). *Stromgestehungskosten von Großkraftwerken - Entwicklungen im Spannungsfeld von Liberalisierung und Ökosteuern.* Öko-Institut e.V.

Scholz, Y. (2010). *Potenziale zusätzlicher erneuerbarer Elektrizität für einen Ausbau der Elektromobilität in Deutschland - Endbericht.*

Service Public Fédéral Belge. (2011). *Tarifs taxe de circulation (2011-2012).* Zugriff am 27. Juli 2012 auf `http://minfin.fgov.be/portail2/fr/themes/transport/vehicles-tariffs.htm`

Shell. (2009). *Shell PKW-Szenarien bis 2030 Fakten, Trends und Handlungsoptionen für nachhaltige Auto-Mobilität.* Zugriff am 26. Juli 2012 auf `www.shell.de/pkwszenarien`

Shortt, A. & O'Malley, M. (2009). Impact of optimal charging of electric vehicles on future generation portfolios. In *IEEE PES/IAS Sustainable Alternative Energy Conference.*

Shortt, A. & O'Malley, M. (2012). Quantifying the Long-term Power System Benefits of Electric Vehicles. In *IEEE ISGT Conference*.

SIKA. (2007). *Swedish Institute for Transport and Communications Analysis: RES 2005-2006 - The National Travel Survey.*

SKAT. (2010). *Ministry of Taxation Denmark: Vehicle tax incentives in Denmark.*

SKAT. (2011). *Ministry of Taxation Denmark - Tool zur Berechnung der Zulassungssteuer.* Zugriff am 27. Juli 2012 auf `http://www.skat` `.dk/SKAT.aspx?oId=64&vId=0&newwindow=true`

SKATSE. (2011). *The Swedish Tax Agency: Vehicle tax tables.* Zugriff am 27. Juli 2012 auf `http://www.skatteverket.se/download/18` `.616b78ca12d1247a4b280001607/fordonsskattetabeller+` `fr%C3%A5n+20110101+%28nu+g%C3%A4llande%29.pdf`

Solomon, S., Qin, D., Manning, M., Alley, R.-B., Berntsen, T., Bindoff, N.-L. et al. (2007). Climate Change 2007: The Physical Science Basis. Contribution of Working Group I to the Fourth Assessment Report of the Intergovernmental Panel on Climate Change. Cambridge, United Kingdom and New York, NY: Cambridge University Press.

Spring, E. (2003). *Elektrische Energienetze.* VDE Verlag GmbH.

StatBank Norway. (2011). *Statistics Norway: Prices on heating oils and engine fuel.* Zugriff am 27. Juli 2012 auf `http://www.ssb.no/english/subjects/10/10/10/` `petroleumsalg_en/tab-2011-04-15-02-en.html`

Statistik der Kohlenwirtschaft e.V. (2012). *Braunkohle in der Europäischen Union.*

StromNZV. (2005). *Verordnung über den Zugang zu Elektrizitätsversorgungsnetzen (Stromnetzzugangsverordnung - StromNZV).* Bundesgesetzblatt, (I):2243.

Tennet. (2012). *Netzsituationen nach § 13.1 EnWG: Redispatch und Countertrading TenneTs.* Zugriff am 29. August 2012 auf `http://www` `.tennettso.de/site/Transparenz/veroeffentlichungen/`

berichte-service/netzsituationen-nach-par-13.1

The World Bank. (2011). *State and Trends of the Carbon Market 2010*. Zugriff am 29. August 2012 auf `http://siteresources .worldbank.org/INTCARBONFINANCE/Resources/State_and _Trends_of_the_Carbon_Market_2010_low_res.pdf`

The World Bank. (2013). *State and Trends of the Carbon Market 2012.*

TPS-PTV. (2005). *ITALY NHTS*. Ministero delle Infrastrutture e dei Trasporti.

Trommer, S., Kihm, A., Hebes, P. & Mehlin, M. (2010). Policy driven demand for sales of plug-in hybrid electric vehicles and battery-electric vehicles in Germany. In *European Transport Conference*. Glasgow.

Tudor, H. (2011). *Status of Emobility in Luxembourg.*

UCTE. (2009). *UCTE System Adequacy Forecast 2009-2020.*

UNFCCC. (2012). *2012 Annex I Party GHG Inventory Submissions (CRF).* Zugriff am 26. Juli 2012 auf `http:// unfccc.int/national_reports/annex_i_ghg_inventories/ national_inventories_submissions/items/6598.php`

United Nations. (1998). *Kyoto Protocol to the United Nations Framework Convention on Climate Change.*

United States Census Bureau. (2011). *Journey to Work: (Census 2000 Brief).* Zugriff am 14. November 2012 auf `http://www.census .gov/prod/2004pubs/c2kbr-33.pdf`

U.S. Advanced Battery Consortium. (2010). *USABC Goals for Advanced Batteries for EVs.*

U.S. Commercial Service Global Automotive Team. (2011). *Electric Vehicles - Europe in Brief A Reference Guide for U.S. Exporters, 2010-2011 Edition.*

UVEK-BAFU. (2012). *Verordnung über die Reduktion der CO_2-Emissionen (CO_2-Verordnung), Erläuternder Bericht.* Schweizerische Eidgenossenschaft, Eidgenössisches Departement für Umwelt, Verkehr, Energie und Kommunikation UVEK, Bundesamt für Umwelt BAFU Abteilung Klima.

VDI. (1997). *Optimierung in der Energieversorgung.* VDI-Verlag.

VDI. (2001). *Optimierung in der Energieversorgung.* VDI-Verlag.

VDI. (2003). *Optimierung in der Energieversorgung.* VDI-Verlag.

VDI. (2005). *Optimierung in der Energiewirtschaft.* VDI-Verlag.

Velenje. (2008). *Velenje Coal Mine - Annual Report 2008.*

Ventosa, M., Baíllo, l., Ramos, A. & Rivier, M. (2005). Electricity market modeling trends. *Energy Policy, 33* (7), 897 - 913. Verfügbar unter http://www.sciencedirect.com/science/article/pii/S0301421503003161

Vetršek Jure. (2007). *Status and impact of Slovenian lignite industry.* focus - association for sustainable development.

Vetter, J., Novak, P., Wagner, M., Veitb, C., Möller, K.-C., Besenhard, J. et al. (2005). Ageing mechanisms in lithium-ion batteries. *Journal of Power Sources, 147,* 269-281.

Voß, B. H. (Hrsg.). (2005). *Hybridfahrzeuge.* Renningen: expert-Verlag.

VRT. (2011). *What are the VRT rates on electic vehicles and motorbikes?* Zugriff am 27. Juli 2012 auf http://www.vrt.ie/vrtDetail.php?page=22

VW-AT. (2011). *Volkswagen Österreich: Information zu §6a NoVAG.* Zugriff am 27. Juli 2012 auf http://cc.volkswagen.at/nwapp/nws/ICC3/VW!de!!!V!!!/?MODELL=5K12D292&rel=statCc_Der%20Golf#

VW AT. (2011). *Volkswagen Österreich, Preislisten.* Zugriff am 5. Mai 2011 auf http://www.volkswagen.at/modelle/golf/der_golf/zahlen_fakten/preise/

VW BE. (2011). *Volkswagen Belgien Car Configurator, Preislisten.* Zugriff am 20. Mai 2011 auf www.vw.be

VW CH. (2011). *Volkswagen Schweiz, Preislisten.* Zugriff am 16. April 2011 auf www.volkswagen.ch

VW CZ. (2011). *Volkswagen Tschechien, Preislisten.* Zugriff am 5. Mai 2011 auf `http://www.volkswagen.cz/pdf_gen/golf.pdf`

VW DE. (2011). *Volkswagen Deutschland, Preislisten.* Zugriff am 5. Mai 2011 auf `http://www.volkswagen.de/de/models/golf/trimlevel_overview.s9_trimlevel_detail.suffix.html/der_golf~2Ftrendline.html#/tab=8a5a5f8a18f732e8fba8a19976464e27`

VW DK. (2011). *Volkswagen Daenemark, Preislisten.* Zugriff am 5. Mai 2011 auf `http://www.volkswagendanmark.dk/Modeller/Golf/Priser-og-Brochure/`

VW ES. (2011). *Volkswagen Spanien, Preislisten.* Zugriff am 3. Mai 2011 auf `www.vokswagen.es`

VW FI. (2011). *Volkswagen Finnland, Preislisten.* Zugriff am 5. Mai 2011 auf `http://www.volkswagen.fi/VVAuto/VW4.nsf/0/AA18B41A70E23B41C225724500350496?OpenDocument`

VW FR. (2011). *Volkswagen Frankreich, Preislisten.* Zugriff am 3. Mai 2011 auf `www.volkswagen.fr`

VW GR. (2011). *Volkswagen Griechenland, Preislisten.* Zugriff am 9. Mai 2011 auf `http://www.volkswagen.gr/media/country/gr/x/models/common/pdf.Par.0021.File.pdf/model_guide_golf.pdf`

VW HU. (2011). *Volkswagen Ungarn, Preislisten.* Zugriff am 6. Mai 2011 auf `http://cc.porscheinformatik.com/nwapp/nws_hu/ICC3/VW!hu!!!V!!!/?MGN=050&AUVN=`

VW IE. (2011). *Volkswagen Irland, Preislisten.* Zugriff am 17. Mai 2011 auf `www.volkswagen.ie`

VW IT. (2011). *Volkswagen Italien, Preislisten.* Zugriff am 20. Mai 2011 auf `http://it.volkswagen.com/it/models/golf/cataloghi.html`

VW NL. (2011). *Volkswagen Niederlande, Preislisten.* Zugriff am 15. Mai 2011 auf `www.volkswagen.nl`

VW NO. (2011). *Volkswagen Norwegen, Preislisten.* Zugriff am 5. Mai 2011 auf `http://www.volkswagen.no/media/country/no/x/models/golf.Par.0123.File.pdf/prisliste_golf_pr.pdf`

VW PL. (2011). *Volkswagen Polen, Preislisten.* Zugriff am 5. Mai 2011 auf `http://cenniki.konfiguratorvw.pl/pdf/golf_5-drzwiowy.pdf`

VW PT. (2011). *Volkswagen Portugal, Preislisten.* Zugriff am 21. Mai 2011 auf `http://www.volkswagen.pt/gama/golf/new_golf/versions/trendline.shtml`

VW SE. (2011). *Volkswagen Schweden, Preislisten.* Zugriff am 5. Mai 2011 auf `http://personbilar.volkswagen.se/sv/models/golf/CC5.html`

VW SI. (2011). *Volkswagen Slowenien, Preislisten.* Zugriff am 6. Mai 2011 auf `http://www.volkswagen.si/modeli/golf/golf_1/stevilke_opisi/cene/`

VW SK. (2011). *Volkswagen Slowakei, Preislisten.* Zugriff am 5. Mai 2011 auf `http://www.vw.sk/files/sk/download/datei/vw_golf_cennik_12_4_2011.pdf`

VW UK. (2011). *Volkswagen Großbritannien, Preislisten.* Zugriff am 15. Mai 2011 auf `www.volkswagen.co.uk`

Wietschel, M. (1995). *Die Wirtschaftlichkeit klimaverträglicher Energieversorgung - Entwicklung und Bewertung von CO_2-Minderungsstrategien in der Energieversorgung und -nachfrage.* Erich Schmidt Verlag.

Wietschel, M. (2000). *Produktion und Energie: Planung und Steuerung industrieller Energie- und Stoffströme.* Habilitation, Universität Karlsruhe (TH)

Wietschel, M., Bünger, U. & Weindorf, W. (2010). *Vergleich von Strom und Wasserstoff als CO_2-freie Endenergieträger (Endbericht).* Karlsruhe: Fraunhofer-Institut für System- und Innovationsforschung (ISI), Ludwig-Bölkow-Systemtechnik GmbH (LBST), Studie im Auftrag der RWE AG).

Wietschel, M., Dallinger, D., Peyrat, B., Noack, J., Tübke, J., Schnettler, A. et al. (2008). *Marktwirtschaftliche Analysen für Plug-In-Hybrid Fahrzeugkonzepte*. Fraunhofer Institut für System- und Innovationsforschung (ISI), Fraunhofer Institut für Chemische Technologie (ICT), Institut für Hochspannungstechnik (IFHT) RWTH Aachen, im Auftrag der RWE Energy AG.

Wietschel, M., Fichtner, W. & Döring, C. (2009). *Possible Developments of Market Conditions Determining the Economics of Large Scale Compressed Air Energy Storage (>100 MW)*. Fraunhofer ISI, Karlsruher Institut für Technologie KIT, Fraunhofer Umsicht.

Wilsdorf, S. (1989). Handbuch der soziologischen Forschung. In H.-F. Wolf & A. Ullmann (Hrsg.), (S. 344-360). Akademie-Verlag.

Wissel, S., Nagel, S. Rath, Blesl, M., Fahl, U. & Voß, A. (2008). *Stromerzeugungskosten im Vergleich*. Universität Stuttgart - Institut für Energiewirtschaft und Rationelle Energieanwendung.

Zhou, C., Qian, K., Allan, M. & Zhou, W. (2011). Modeling of the Cost of EV Battery Wear Due to V2G Application in Power Systems. *IEEE Transactions on Energy Conversion, 26* (4), 1041-1050.

Zumkeller, D., Chlond, B., Ottmann, P., Kagerbauer, M. & Kuhnimhof, T. (2007). *Deutsches Mobilitätspanel (MOP)*. Institut für Verkehrswesen, Universität Karlsruhe. Zugriff am 18. Juni 2009 auf http://mobilitaetspanel.ifv.uni-karlsruhe.de

PRODUKTION UND ENERGIE

Karlsruher Institut für Technologie (KIT)
Institut für Industriebetriebslehre und Industrielle Produktion
Deutsch-Französisches Institut für Umweltforschung

ISSN 2194-2404

Die Bände sind unter www.ksp.kit.edu als PDF frei verfügbar
oder als Druckausgabe zu bestellen.

Band 1   National Integrated Assessment Modelling zur Bewertung
          umweltpolitischer Instrumente.
          Entwicklung des otello-Modellsystems und dessen Anwendung
          auf die Bundesrepublik Deutschland. 2012
          ISBN 978-3-86644-853-7

Band 2   Erhöhung der Energie- und Ressourceneffizienz und
          Reduzierung der Treibhausgasemissionen in der Eisen-,
          Stahl- und Zinkindustrie (ERESTRE). 2013
          ISBN 978-3-86644-857-5

Band 3   Frederik Trippe
          Techno-ökonomische Bewertung alternativer Verfahrens-
          konfigurationen zur Herstellung von Biomass-to-Liquid (BtL)
          Kraftstoffen und Chemikalien. 2013
          ISBN 978-3-7315-0031-5

Band 4   Dogan Keles
          Uncertainties in energy markets and their
          consideration in energy storage evaluation. 2013
          ISBN 978-3-7315-0046-9

Band 5   Heidi Ursula Heinrichs
          Analyse der langfristigen Auswirkungen von
          Elektromobilität auf das deutsche Energiesystem
          im europäisschen Energieverbund. 2013
          ISBN 978-3-7315-0131-2